U0192020

"十四五"时期国家重点出版物出版专项规划项目

新时代地热能高效开发与利用研究丛书

总主编　庞忠和

砂岩热储工程技术与应用

Sandstone Geothermal Reservoir Engineering Technology and Utilization

康凤新　等　著

華東理工大學出版社
EAST CHINA UNIVERSITY OF SCIENCE AND TECHNOLOGY PRESS
·上海·

图书在版编目(CIP)数据

砂岩热储工程技术与应用 / 康风新等著.—上海:
华东理工大学出版社,2022.7
(新时代地热能高效开发与利用研究丛书 / 庞忠和
总主编)
ISBN 978-7-5628-6488-2

Ⅰ.①砂… Ⅱ.①康… Ⅲ.①砂岩-热储-工程技术
Ⅳ.①P314

中国版本图书馆 CIP 数据核字(2022)第 008250 号
审图号:GS(2021)8306 号

内 容 提 要

本书系统总结了 20 余年来砂岩热储勘查研究和地热尾水回灌领域的创新成果,建立了地热尾水回灌和维护保养的关键技术体系,提出了地热水可持续开采量的概念、计算原则与计算步骤,并辅以若干回灌工程和地热田可持续开采量计算实例,对实现地热田“采灌均衡、可持续开发”具有较强的参考借鉴价值。本书可供地热能勘查、开发利用与回灌领域的科学研究人员和工程技术人员使用,也可作为高等院校相关专业的参考用书。

项目统筹 / 马夫娇 李佳慧
责任编辑 / 陈 涵
责任校对 / 石 曼
装帧设计 / 周伟伟
出版发行 / 华东理工大学出版社有限公司
地址:上海市梅陇路 130 号,200237
电话:021-64250306
网址:www.ecustpress.cn
邮箱:zongbianban@ecustpress.cn
印 刷 / 上海雅昌艺术印刷有限公司
开 本 / 710 mm×1000 mm 1/16
印 张 / 22.5
字 数 / 432 千字
版 次 / 2022 年 7 月第 1 版
印 次 / 2022 年 7 月第 1 次
定 价 / 228.00 元

新时代地热能高效开发与利用研究丛书
编委会

砂岩热储工程技术与应用编委会

主　编　康凤新　赵季初

编　委　周群道　杨询昌　冯守涛　白　通
　　　　黄　星　郑婷婷　高宗军　张平平
　　　　刘　帅　夏　璐　刘志涛　杨亚宾

本书为国家自然科学基金项目
（编号 42072331、U1906209）资助的成果

总序一

地热是地球的本土能源，它绿色、环保、可再生；同时地热能又是五大非碳基能源之一，对我国能源系统转型和“双碳”目标的实现具有举足轻重的作用，因此日益受到人们的重视。

据初步估算，我国浅层和中深层地热资源的开采资源量相当于26亿吨标准煤，在中东部沉积盆地中，中低温地下热水资源尤其丰富，适宜于直接的热利用。在可再生能源大家族里，与太阳能、风能、生物质能相比，地热能的能源利用效率最高，平均可达73%，最具竞争性。

据有关部门统计，到2020年年底，我国地热清洁供暖面积已经达到13.9亿平方米，也就是说每个中国人平均享受地热清洁供暖面积约为1平方米。每年可替代标准煤4100万吨，减排二氧化碳1.08亿吨。近20年来，我国地热直接利用产业始终位居全球第一。

做出这样的业绩，是我国地热界几代人长期努力的结果。这里面有政策因素、体制机制因素，更重要的，就是有科技进步的因素。即将付印的“新时代地热能高效开发与利用研究丛书”，正是反映了技术上的进步和发展水平。在举国上下努力推动地热能产业高质量发展、扩大其对于实现“双碳”目标做出更大贡献的时候，本丛书的出版正是顺应了这样的需求，可谓恰逢其时。

丛书编委会主要由高等学校和科研机构的专家组成，作者来自国内主要的地热研究代表性团队。各卷牵头的主编以“60后”领军专家为主体,代表了我国从事地热理论研究与生产实践的骨干群体,是地热能领域高水平的专家团队。丛书总主编庞忠和研究员是我国第二代地热学者的杰出代表,在国内外地热界享有广泛的影响力。

丛书的出版对于加强地热基础理论特别是实际应用研究具有重要意义。我向丛书各卷作者和编辑们表示感谢,并向广大读者推荐这套丛书,相信它会受到我国地热界的广泛认可与欢迎。

中国科学院院士 汪集暘

2022年3月于北京

总序二

党的十八大以来，以习近平同志为核心的党中央高度重视地热能等清洁能源的发展，强调因地制宜开发利用地热能，加快发展有规模、有效益的地热能，为我国地热产业发展注入强大动力、开辟广阔前景。

在我国“双碳”目标引领下，大力发展地热产业，是支撑碳达峰碳中和、实现能源可持续发展的重要选择，是提高北方地区清洁取暖率、完成非化石能源利用目标的重要路径，对于调整能源结构、促进节能减排降碳、保障国家能源安全具有重要意义。当前，我国已明确将地热能作为可再生能源供暖的重要方式，加快营造有利于地热能开发利用的政策环境，可以预见我国地热能发展将迎来一个黄金时期。

我国是地热大国，地热能利用连续多年位居世界首位。伴随国民经济持续快速发展，中国石化逐步成长为中国地热行业的领军企业。早在2006年，中国石化就成立了地热专业公司，经过10多年努力，目前累计建成地热供暖能力8000万平方米、占全国中深层地热供暖面积的30%以上，每年可替代标准煤185万吨，减排二氧化碳352万吨。其中在雄安新区打造的全国首个地热供暖“无烟城”，得到国家和地方充分肯定，地热清洁供暖“雄县模式”被国际可再生能源机构(IRENA)列入全球推广项目名录。

我国地热产业的健康发展，得益于党中央、国务院的正确领导，得益于产学研的密切协作。中国科学院地质与地球物理研究所地热资源研究中心、中国地球物理学会地热专业委员会主任庞忠和同志，多年深耕地热领域，专业造诣精深，领衔编写的“新时代地热能高效开发与利用研究丛书”，是我国首次出版的地热能系列丛书。丛书作者都是来自国内主要的地热科研教学及生产单位的地热专家，展示了我国地热理论研究与生产实践的水平。丛书站在地热全产业链的宏大视角，系统阐述地热产业技术及实际应用场景，涵盖地热资源勘查评价、热储及地面利用技术、地热项目管理等多个方面，内容翔实、论证深刻、案例丰富，集合了国内外近 10 年来地热产业创新技术的最新成果，其出版必将进一步促进我国地热应用基础研究和关键技术进步，推动地热产业高质量发展。

特别需要指出的是，该丛书在我国首次举办的素有“地热界奥林匹克大会”之称的世界地热大会 WGC2023 召开前夕出版，也是给大会献上的一份厚礼。

中国工程院院士 马永生

2022 年 3 月 24 日于北京

丛书前言

20世纪90年代初,地源热泵技术进入我国,浅层地热能的开发利用逐步兴起,地热能产业发展开始呈现资源多元化的特点。到2000年,我国地热能直接利用总量首次超过冰岛,上升到世界第一的位置。至此,中国在21世纪之初就已成为成为名副其实的地热大国。

2014年,以河北雄县为代表的中深层碳酸盐岩热储开发利用取得了实质性进展。地热能清洁供暖逐步替代了燃煤供暖,服务全县城10万人口,供暖面积达450万平方米,热装机容量达200 MW以上。中国地热能产业在2020年实现了中深层地热能的规模化开发利用,走进了一个新阶段。到2020年年末,我国地热清洁供暖面积已达13.9亿平方米,占全球总量的40%,排名世界第一。这相当于中国人均拥有一平方米的地热能清洁供暖,体量很大。

2020年,我国向世界承诺,要逐渐实现能源转型,力争在2060年之前实现碳中和的目标。为此,大力发展低碳清洁稳定的地热能,以及水电、核电、太阳能和风能等非碳基能源,是能源产业发展的必然选择。中国地热能开发利用进入了一个高质量、规模化快速发展的新时代。

“新时代地热能高效开发与利用研究丛书”正是在这样的大背景下应时应需地出笼的。编写这套丛书的初衷,是面向地热能开发利用产业发展,给从事地热能勘查、开发和利用实际工作的工程技术人员和项目管理人员写的。丛书基于三横四纵的知识矩阵进行布局：在横向上包括了浅层地热能、中深层地热能和深层地热能；在纵向上，从地热勘查技术，到开采技术，再到利用技术，最后到项目管理。丛书内容实现了资源类型全覆盖和全产业链条不间断。地热尾水回灌、热储示踪、数值模拟技术，钻井、井筒换热、热储工程等新技术，以及换热器、水泵、热泵和发电机组的技术，丛书都有涉足。丛书由10卷构成，在重视逻辑性的同时，兼顾各卷的独立性。在第一卷介绍地热能的基本能源属性和我国地热能形成分布、开采条件等基本特点之后，后面各卷基本上是按照地热能勘查、开采和利用技术以及项目管理策略这样的知识阵列展开的。丛书体系力求完整全面、内容力求系统深入、技术力求新颖适用、表述力求通俗易懂。

在本丛书即将付梓之际，国家对"十四五"期间地热能的发展纲领已经明确，2023年第七届世界地热大会即将在北京召开，中国地热能产业正在大步迈向新的发展阶段，其必将推动中国从地热大国走向地热强国。如果本丛书的出版能够为我国新时代的地热能产业高质量发展以及国家能源转型、应对气候变化和建设生态文明战略目标的实现做出微薄贡献，编者就甚感欣慰了。

丛书总主编对丛书体系的构建、知识框架的设计、各卷主题和核心内容的确定，发挥了影响和引导作用，但是，具体学术与技术内容则留给了各卷的主编自主掌握。因此，本丛书的作者对书中内容文责自负。

丛书的策划和实施，得益于顾问组和广大业界前辈们的热情鼓励与大力支持，特别是众多的同行专家学者们的积极参与。丛书获得国家出版基金的资助，华东理工大学出版社的领导和编辑们付出了艰辛的努力，笔者在此一并致谢！

庞忠和

2022年5月12日于北京

前 言

地热能源作为一种绿色清洁环保的可再生能源，具有储量大、分布广、稳定可靠等特点，是当前极有前景的清洁能源。2017 年 12 月，国家发展改革委、国家能源局等十部委共同发布《北方地区冬季清洁取暖规划（2017—2021 年）》，对北方地区冬季清洁供暖方案做出了具体安排，将地热列为可再生能源清洁供暖热源的第一位。2021 年 9 月 10 日，国家发展改革委、国家能源局等八部委共同发布的《关于促进地热能开发利用的若干意见》提出：到 2025 年，地热能供暖（制冷）面积比 2020 年增加 50%；到 2035 年，地热能供暖（制冷）面积及地热能发电装机容量力争比 2025 年翻一番。

我国地热资源十分丰富，按热储类型可分为隆起山地对流型与沉积盆地传导型两大类，其中北方的大型沉积盆地如华北平原、汾渭盆地、松辽平原、河套平原及准噶尔盆地等地区蕴藏丰富的中低温地热资源已被广泛用于冬季供暖。据不完全统计，中国北方现有地热井约 3000 眼，采用地热水供暖的建筑面积约 1.3×10^8 m^2，地热水资源开采量为 4×10^8 m^3/a，替代燃煤 3×10^6 t/a，减排 CO_2 6.7×10^6 t/a、减排 SO_2 5×10^4 t/a，对减轻北方冬季雾霾发挥了积极作用。

沉积盆地中的地热水具有补给条件极差、含盐量高等特点，目前各主要地热田均发生了显著的热储压力下降情况，如西安市地热水水位下降幅度一般为 65~200 m，最大降幅达 224.6 m。天津市明化镇组热储最大水位埋深达 94 m，馆陶组热储中心水位埋深为 102～106 m，每年下降 3～4 m。山东省德州市城区馆陶组热储水位埋深达 93 m，2010 年 3 月至 2017 年 3 月下降速度达 8.2 m/a。为实现地热资源的绿色可持续开发利用，必须对地热供暖尾水进行回灌处理，从而避免因地热尾水直接排放引起的热污染和化学污染，并维持热储压力、缓解地热水水位的大幅持续下降，保证地热田的可持续开采。

本书取名为《砂岩热储工程技术与应用》，总结了 20 余年来砂岩热储勘查研究和地热尾水回灌领域的创新成果，建立了地热尾水回灌和维护保养的关键技术体系，提出了地热水可持续开采量的概念、计算原则与计算步骤，并辅以若干回灌工程和地热田可持续开采量计算实例，对实现地热田"采灌均衡、可持续开发"具有较强的参考借鉴价值。

本书为国家自然科学基金项目（编号 42072331、U1906209）资助的成果。第 1 章、第 4 章由周群道、康凤新编写，第 2 章、第 3 章由赵季初、康凤新、黄星编写，第 5 章由杨询昌、康凤新、周群道编写，第 6 章、第 7 章由冯守涛、康凤新、周群道、高宗军、夏璐、张平平编写，第 8 章由康凤新、郑婷婷编写，第 9 章由白通、黄星、刘帅、刘志涛、杨亚宾编写，结束语由康凤新、赵季初编写。全书由康凤新、赵季初统稿。在本书撰写过程中，得到了汪集暘院士、多吉院士及丛书总主编庞忠和研究员等地热专家学者的指导帮助，在此致以诚挚谢忱！限于笔者水平，加之技术的不断更新，书中难免存在疏漏和错误之处，恳请读者批评指正，意见建议请发至 kangfengxin@ 126.com。

2021 年 6 月于济南

目 录

第 1 章

绪　论

1.1 地热资源开发利用

1.1.1 地热资源及利用概况

我国地热资源十分丰富，按热储类型可分为隆起山地对流型与沉积盆地传导型两大类。隆起山地对流型热储主要分布于我国西南的青藏高原、东南沿海及其他基岩出露区，其中青藏高原是我国高温地热资源的主要分布区，该类热储一般不作为供暖开发的目标热储。沉积盆地传导型地热资源以中低温地热资源为主，主要分布于华北平原、汾渭盆地、松辽平原、淮河平原、苏北盆地、江汉盆地、四川盆地、银川平原、河套平原、准噶尔盆地等地区。根据热储的岩性特征，主要可分为两大类：砂岩热储以古、新近纪砂岩—砂砾岩或中生代侏罗—白垩纪中细砂岩为主；岩溶裂隙热储以古生代寒武—奥陶纪或中元古代蓟县纪雾迷山组为主。其中埋深为 2000 m 以浅，地温梯度大于 3 ℃/100 m 的地热异常区内储存的地热能量达 73.61×10^{20} J，相当于标准煤 2.5×10^{11} t。地热水可开采量为每年 4.9×10^{9} m^{3}，地热能量为 628×10^{15} J/a，折合每年2.142×10^{7} t标准煤的发热量。

自 20 世纪 70 年代初以来，在李四光的倡导下，我国进行了大规模的地热资源勘查与开发利用。尤其是 21 世纪初，随着国家城镇化建设的不断深入，为满足北方基础设施尚不健全的新建城区建筑物的供暖需求，华北平原、汾渭盆地及松辽平原区内的城区大规模开采地热水进行冬季供暖。其中天津、河北、山东等地开发利用的热储主要为新近纪明化镇组、馆陶组，古生代寒武—奥陶纪或中元古代蓟县纪雾迷山组。西安、咸阳等地利用新近纪蓝田灞河组、高陵群(组)、古近纪白鹿塬组。据不完全统计，中国北方现有地热井约 3000 眼，采用地热水供暖的建筑面积约为 1.3×10^{8} m^{2}，地热水资源开采量为 4×10^{8} m^{3}/a，替代燃煤 3×10^{6} t/a，减排 CO_2 6.7×10^{6} t/a、减排 SO_2 5×10^{4} t/a，在减轻北方冬季雾霾方面发挥了积极作用。其中，山东省共有地热井 1160 余眼，供暖面积达 6.1×10^{7} m^{2}，主要开采新近纪馆陶组砂岩热储；天津市共有地热供暖小区 384

个，供暖面积达 3.84×10^7 m²，主要开采中元古代蓟县纪雾迷山组岩溶热储，新近纪馆陶组、明化镇组砂岩热储。

1.1.2 地热资源利用存在的主要问题

地热资源的开发利用对缓解能源紧张状况、节能减排及大气环境的改善具有极为重要的意义。但由于前期地热资源粗放的开发利用方式，地热供暖尾水的大量排放不但造成了资源的浪费，还导致热储压力不断下降、抽水耗能不断增加，高矿化度的地热尾水也对周边地表水、地下水及土壤环境带来了负面影响。如西安市地热水水位下降幅度一般为 65～200 m，最大降幅达 224.6 m。天津市 2019 年明化镇组热储最大水位埋深达 109 m，馆陶组热储最大水位埋深为 143 m，年降幅为 3～4 m；雾迷山组热储最大水位埋深已达 178 m 左右，年降幅达 6 m。山东省德州市城区馆陶组砂岩热储水位埋深已达 93 m，2010 年 3 月至 2017 年 3 月年下降速度达 8.2 m/a（图 1－1）。同时，高矿化度地热供暖尾水（TDS① 为 3～10 g/L）未经任何处理直接排放，对城区和周边环境造成了热污染和化学污染。

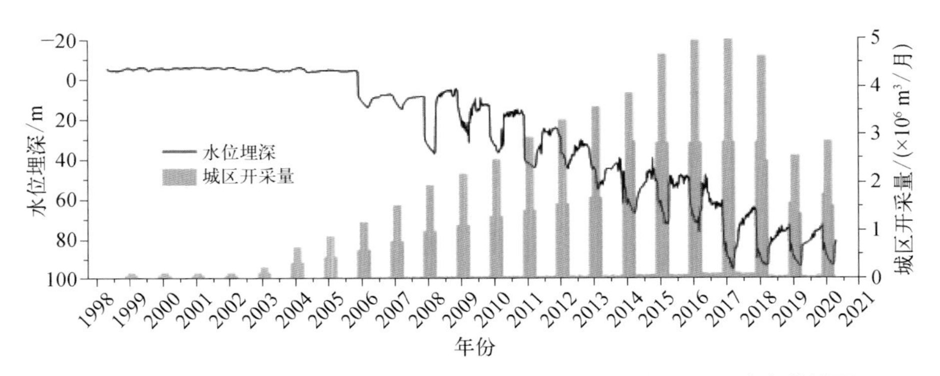

图 1－1 山东省德州市城区馆陶组砂岩热储水位埋深与开采量动态曲线图

① total dissolved solids，表示总溶解固体。

1.2　研究现状与发展趋势

1.2.1　地热尾水回灌研究现状

回灌是地热发电站日常运行的重要组成部分，国内外学者针对地热发电后尾水的回灌技术开展了广泛的研究工作，这些研究成果多针对基岩裂隙对流型热储的回灌，研究重点是防止回灌过程的硅酸岩、碳酸岩结垢及过早发生热突破等问题。2015 年世界地热大会上，新西兰奥克兰大学的 Alexandre Rivera Diaz 等系统总结了全世界 126 个地热电站的回灌经验与教训。相对于岩溶热储而言，砂岩热储地热尾水回灌难度更大，是供暖地热尾水回灌研究的重点。

1. 国外研究现状

首先实现砂岩热储大规模生产性回灌的国家是德国，据 Peter Seibt 等介绍，德国 1984 年就在其北部盆地的瓦伦镇（Waren）建成了第一座供热站，此后陆续建立了新勃兰登堡（Neubrandenburg）、新鲁平（Neuruppin）、诺伊施塔特-格莱沃（Neustadt-Glewe）等数个供热站。利用热储为中生代砂岩热储，热储埋深为 1270～2195 m，温度为 54～99 ℃，地热水的矿化度为 134～219 g/L，水化学类型为 Cl－Na 型。地热流体通过热储岩芯的实验证明，回灌过程中最可能发生的矿物沉淀是当有氧气进入时产生的铁矿物沉淀，其他矿物沉淀如硫酸盐、碳酸盐和硅酸盐沉淀不会产生，因此防止空气进入地热开采-回灌封闭系统是保证可持续回灌的关键。研究者提出了在回灌井的水面以上空间采取充氮保护的措施，并在生产过程中证明了该方法能有效防止回灌率下降问题；研究者还提出了裸孔完井、填砾完井与射孔完井 3 种完井工艺，但认为裸孔完井工艺只能用于成岩较好的稳定砂岩热储，并且会面临较大的技术风险，建议回灌井采用后两种完井工艺。由于地热水的矿化度高，地表管线的防腐是保证地热站及尾水回灌连续运行的关键。此外，研究者还对回灌井的维持措施进行了研究，试验表明通过 HCl 酸洗可阶段性地恢复热储的回灌性能。

2. 国内研究现状

我国在天津、德州、西安、咸阳、大庆、保定、沧州、衡水、东营、威海、开封等地相继开展过地热尾水回灌工作,并在地热井钻探成井工艺及回灌工艺方面进行了相关探索。其中天津、咸阳、衡水、开封、德州对砂岩热储地热尾水回灌进行了深入的研究。

(1) 天津地区

天津市地质矿产勘查开发局在1982—1986年先后对明化镇组热储进行地热流体对井回灌、多井回灌数值模拟及回灌理论研究工作,对推动天津地热尾水回灌研究起到了一定作用。1987—1989年,天津地热勘查开发设计院、大港石油管理局和南开大学在大港油田水电厂对新近纪明化镇组和馆陶组热储进行了4次单井和对井的回灌试验,采用了泵管内回灌、井管回灌和泵管与井管环状间隙回灌3种不同方式。回灌试验研究了自然状态下和在各种干扰因素影响下的馆陶组热储层的回灌能力,分析了回灌水温度、回灌方式、回灌类型和回灌压力等因素对地层回灌能力的影响,对回灌量的衰减进行了拟合,并建立了新近纪馆陶组热储回灌数学模型。这次试验工作证实在中低温孔隙型热储中进行低压回灌是可行的。

在此基础上,王光辉等在2004年对塘沽区新近纪馆陶组砂岩热储TGR-28井(射孔成井)和TGR-30井(滤水管成井)分别进行了回灌试验,发现该地层成岩性好、胶结程度高,采用射孔成井优于滤水管成井。曾梅香等在2007年通过室内模拟试验对填砾成井工艺中筛网规格和填砾规格等方面进行了探索。朱家玲等在2004年申请了专利“用于第三系砂岩回灌的井口系统”,该专利主要采用两级并联构成的粗效过滤器组和精效过滤器组与加压泵和强制排气罐串联组成的回灌系统。此发明可防止物理、化学、微生物等因素产生的气阻,可使回灌率提高约30%以上。2008年,林黎等在回灌试验中,通过设置过滤器及除铁除菌等装置,有效缓解了回灌水中悬浮物颗粒堵塞含水层引起的回灌率降低问题;同时,减缓了在回灌水运移过程中因地热水中大量微生物与水中化学组分气体繁衍和累积而产生沉淀堵塞管道的现象。王连成等在2011年通过研究天津地区馆陶组砂岩热储回灌实际操作规程,确定了回灌运行方式主要有:间歇回灌、定流量回灌、加压回灌运行等。江国胜等在2014年对天津地区明化镇组砂岩热储层钻探成井工艺进行研究,发现:天津地区明化镇组热储层以粉细砂为主,胶结程度差,涌砂情况严重,回灌难度很大。目前,天津地区共有4眼明化镇组地热井采用单层滤水管成井工艺,滤水管外包单层60目①铜网成功防砂,且出水量较大,但管外包双层60目铜网,出水量明显受影响,这两类滤水管成井均不利于回灌。天津市东丽区某地热回灌井采用填砾成井在2010年的回灌试验中,回灌水温为48 ℃,最大回灌量为66 m^3/h,填砾成井工艺回灌效果良好。

（2）陕西地区

自20世纪90年代初以来,关中盆地地热资源的开发利用逐渐兴起,至20世纪90年代末达到高潮。2006年2月,咸阳市被命名为全国首座"中国地热城";同年8月,又被国家发展改革委确定为国家级地热资源综合开发利用示范区。截至目前,据统计咸阳市已成功开凿地热井100多眼,地热水年开采量为3×10^6 m^3,西安市已有热水井200多眼,年开采热水量超过7×10^6 m^3,并且以5~10眼/a的速度增加。

随着开采井数不断增加,地热井取水深度加大,开采量逐年攀升,地下热水下降漏斗迅速扩展,平均下降20 m/a,平均累计下降幅度已达500 m,最大累计下降幅度已达700 m(东汤裕),地热水开采量已衰减过半,水温下降30%以上。据相关部门测算,西安地下热水若合理开发利用,可用20 a;若掠夺式无度开采,仅可用5~10 a。因此,为缓解地热水资源的衰减,陕西相关部门进行了多次的回灌试验,对地热回灌井及回灌工艺进行了研究。

徐胜强等在2014年对WH_1井进行回灌试验,WH_1取水层为蓝田灞河组,采用筛管完井工艺,其回灌水量仅为10 m^3/h时水位就已达到井口,回灌效果较差。WH_1井后经射孔,增大取水层的孔隙及裂隙,并进行长时间洗井供水后,再次进行回灌,发现其回灌量可达55 m^3/h,回灌水位稳定。

西安关中盆地第三系及第四系砂岩热储层主要由灰色泥页岩、细砂岩、中粒粗粒砂岩互层及部分含砾层构成。2000年,曾铁军对热储层的地热井钻井

---

① 60目=0.3 mm。

工艺进行了分析总结,发现:① 对于埋藏较深且致密的岩层,钻进过程中牙轮钻头的齿形应采用夹角较小的楔形齿,相反应采用夹角较大的楔形齿;② 托盘之间包扎优质牛皮及海带止水,这种方法效果可靠,起到了隔离上部低温热水、防止下泄的作用;③ 采用 PAC 泥浆护壁,PAC 泥浆中的活性基团如—$CONH_2$、—OH 等能够自由吸附在泥页岩中黏土颗粒上,使黏土表面形成强固的保护膜,减少黏土颗粒絮凝成团(增稠现象),有效地抑制岩屑分散和泥页岩的水化膨胀,固结井壁减少对热储层的泥封,同时还具有抗钙、抗盐、抗高温、改善泥浆流变特性的作用。

(3) 河北地区

衡水市针对砂岩孔隙热储曾进行过一次回灌试验,主要热储层为新近纪馆陶组。回灌工艺方面,地热水开采后经旋流除砂器除砂,通过板式换热器交换热量,最后经过二级过滤、排气,灌入回灌井中。试验时间相对较短,采用自然回灌方式和加压回灌方式进行地热资源循环利用。该试验在自然回灌条件下稳定回灌量达到 21.00 m^3/h,在加压条件下稳定回灌量达到 34.22 m^3/h,堵塞相对严重,短期回灌试验后,未进行生产性的回灌试验。

(4) 河南地区

朱红丽等在 2011 年对开封市中心城区桃园小区进行超深层地热水人工回灌试验。回灌层为馆陶组砂岩热储 800 ~ 1000 m 深度含水层,取水段有效厚度为 102 m,热储层岩性以细砂、中细砂、粉细砂为主,以浅层地下水和自来水注入蓄水罐混合排气后的水作为回灌水源,采用的回灌方式为自然回灌,缺少过滤装置和专业的排气装置。该试验先用小流量进行回灌,待含水层的渗透系数达到稳定后,再增大回灌水量,提高了灌水效率。

(5) 山东地区

山东省自 2006 年首次对德州市德城区馆陶组砂岩热储开展地热回灌试验以来,山东省地质矿产勘查开发局第二水文地质工程地质大队对砂岩热储回灌井钻、成井工艺、回灌工艺、回灌系统建设等方面进行了深入的研究,积累了大量的工作经验。

2006 年,德州市德城区(馆陶组砂岩孔隙热储)、威海市宝泉汤(基岩裂隙热储)以及东营市城区进行了三组地热回灌试验,在回灌层位(同层或异层)、回灌压力与回灌量等方面进行了研究。2011 年,德州市城区和经济开发区进行了 2 组回灌试验,试验增加了除砂设备和除污器,回灌量有一定幅度的提高。德州市平原县魏庄社区在 2012 年对山东省首眼填砾地热井进行了施工,其钻探与成井工艺与区内以往胶皮伞式止水成井相比,增大了地热井的渗透能力,从而增大了其开采能力。为控制井斜保证所填砾料到达目的层位,钻孔直径增大,采用抽水填砾的方式,使得所填砾料密实,成井后较传统地热井回灌效果显著提升。2016 年,德州市城区建立砂岩热储回灌示范工程,采用一采一灌的对井模式,回灌井采用大口径填砾成井方式,目前已实现 4 个供暖季地热尾水 100%回灌。在该工程的示范带动下,德州市人民政府于 2017 年印发《德州市地热资源管理办法》,首次要求“开采地热资源应采灌结合,以灌定采,地热尾水要实现同层回灌”。山东省自然资源厅联合山东省水利厅出台了《关于切实加强地热资源保护和开发利用管理的通知》(鲁国土资规〔2018〕2 号),要求“申请开采孔隙热储、岩溶热储型地热资源,采矿权申请人必须制定回灌方案,落实以灌定采措施,确保回灌质量。开采孔隙热储型地热资源的回灌率不低于 80%,开采岩溶热储型地热资源的回灌率不低于 90%”。在该文件的指导下,德州市对地热开发企业进行了清理整顿,要求保留开采井均配套回灌井,目前已建成回灌工程 284 处,采用一采一灌的对井或多采多灌的群井开发模式,地热尾水回灌率均达到 80%以上。

综上所述,国内在回灌井钻探工艺、成井结构、回灌工艺、回灌技术、回灌方法上取得了可靠的实践经验,为砂岩热储工程技术与应用研究提供了技术支撑。

1.2.2　地热尾水回灌研究发展趋势

1. 开采井—回灌井井间距研究

开采井—回灌井井间距合理是地热尾水回灌工程成功的关键。从回灌量角度考虑,两井的间距越小,越有利于回灌;但从防止热突破现象发生的角度考虑,两井的间距越大越好。

地热回灌是通过一定的压力差,将外界水注入热储中。根据其运动机理的不同,可分为以下三大类。

第一类,当地下水径流条件较好时,注入热储中的水符合地下水渗流运动规律中的达西(Darcy)定律,即

$$v = KI \tag{1-1}$$

式中,v 为回灌水渗流速度,m/d;K 为热储渗透系数,m/d;I 为回灌时井周水力坡度,无量纲。热储的回灌能力受热储渗透系数及回灌水力坡度的控制。

第二类,当地下水基本上处于静止状态(径流条件极差)时,注入热储中的水不符合达西定律,而是热储中地热水在回灌压力作用下压缩,从而为注入的水提供储水空间,即

$$\Delta V = \Delta pV/E \tag{1-2}$$

式中,ΔV 为回灌压力下热储的体积压缩量,m^3;Δp 为回灌压力,MPa;V 为受回灌压力影响的热储体积,m^3;E 为热储的平均体积压缩模量,MPa^{-1}。

第三类,介于第一类与第二类之间,同时受两种机理的作用。

由于沉积盆地砂岩热储中地热水在天然状态下基本上处于静止状态,当开采井离回灌井很远时,回灌水在热储中的运动偏第二类情况,又由于热储的体积压缩模量大,增大回灌量所需要的压力也大。当回灌井处于开采井的影响范围边界附近时,在抽水与回灌两者在热储中造成的压力差的作用下,回灌水在热储中的运动属于第三类情况,且随着两井间距的减小,渗流作用逐渐占主导地位。渗流所需的压力差要远小于热储中地热水的压缩所需要的压力差。因此,增大回灌量的最佳措施是合理地布置开采井—回灌井井间距,促使开采井与回灌井之间形成水力循环。

2. 砂岩热储回灌堵塞机理研究

砂岩热储相对基岩裂隙热储而言,其回灌难度要大得多。其中回灌量随时间衰减迅速是造成回灌工程失败的主要原因。国内外学者针对回灌过程中砂岩热储回灌率衰减问题展开了深入研究。Pierre Ungemach 将砂岩热储回灌过程中回

灌井与热储的损伤原因归结为回灌水与热储流体不匹配、微生物的作用、砂岩的水敏性、悬浮物和细颗粒在热储中的迁移、气体堵塞、空气进入、存在不匹配的化学添加剂或阻垢剂、温度与压力等热动力条件改变、回灌速率慢及洗井不彻底等 11 个方面，此外，详细分析了造成回灌堵塞的细颗粒的种类及来源。其他学者也对回灌过程中热储孔隙度减小、渗透性能降低的原因展开了深入研究。

3. 回灌井钻完井技术研究

赵苏民等总结了天津地区多年的回灌试验研究成果，对比了 12 眼砂岩热储回灌井（其中 9 眼为射孔成井工艺，3 眼为填砾成井工艺）的回灌效果，得出了射孔成井工艺的回灌效果明显高于填砾成井工艺的结论。赵季初等对比分析了回灌条件下裸孔胶皮伞、射孔及填砾三种成井工艺细颗粒物的运移规律，认为填砾成井工艺是砂岩热储回灌井的最佳成井工艺。康凤新等基于山东省德州市平原县回灌试验的成功经验，认为大口径填砾是鲁北平原区成岩性较差的馆陶组热储回灌井的最佳成井工艺。

4. 回灌系统设计研究

林黎等强调了地面回灌系统的设计对砂岩热储回灌成功的重要作用。回灌工程设施一般包括回灌井、开采井、回灌管路、过滤设备和监测设备等，回灌管路的铺设应密闭连接，防止空气进入。过滤设备有除砂器、粗效过滤器、精效过滤器、压力计和温度表等，主要作用是滤除地热尾水中的细小颗粒及气体，防止回灌井堵塞。

回灌设备中除砂器和过滤器对水中的细小砂粒、悬浮物及微生物的过滤起到至关重要的作用。因此，选取与热储层岩性粒径、孔隙特征相对应的过滤精度可有效避免回灌中堵塞的发生。

回灌系统需要进行定期的维护保养，保持设备的工作效率。其维护项主要包括回灌井、回灌管道、除砂器、粗效过滤器、精效过滤器等。

砂岩热储工程技术的关键是对地热供暖尾水进行回灌处理。地热供暖尾水回灌既是防止地热开发对环境造成不良影响的必要措施，也是维持热储压力、提高热资源采收率的关键技术。为实现砂岩热储工程科学、高效地建设，应重点从开采井—回灌井井间距、砂岩热储回灌堵塞防治、回灌井钻完井技术、回灌系统四个方面进行设计。

第 2 章

砂岩热储特征

2.1 砂岩热储分布

我国砂岩热储主要分布在各大沉积盆地中,其中热盆有6个,分别为华北平原、淮河平原、苏北平原、松辽盆地、下辽河平原和汾渭盆地;温盆有6个,分别为鄂尔多斯盆地、四川盆地、江汉盆地、河套盆地、银川平原和西宁盆地;冷盆有3个,分别为准噶尔盆地、塔里木盆地和柴达木盆地。

东部地区的华北平原、松辽盆地、苏北平原沉积巨厚,发育多层叠置的热储系统,其中砂岩热储层是中、新生界砂岩孔隙型热储。中部包括四川盆地、江汉盆地与鄂尔多斯盆地等,地壳总体较厚,砂岩热储层是中生界砂岩孔隙型热储,一般为低温热水,深凹陷地带赋存中温热卤水。西部包括塔里木盆地、柴达木盆地、准噶尔盆地等,主要热储层是新生界砂砾孔隙型热储,一般矿化度较高,常为卤水。目前进行大规模开发利用的砂岩热储位于华北平原、关中平原与松辽平原。

2.1.1 华北平原

华北平原砂岩热储主要为新近纪明化镇组、馆陶组热储,古近纪东营组热储,沙河街组热储。华北平原地区砂岩热储开发利用程度较高的地区为天津、河北、山东等,其中天津地区开发利用的砂岩热储主要为新近纪明化镇组和馆陶组、古近纪东营组热储,具有成岩性好、胶结程度高等特点。山东省鲁西北平原区开发利用的砂岩热储主要为新近纪馆陶组、古近纪东营组热储,具有岩性结构松散、成岩性差、胶结程度差等特点。河北省开发利用的砂岩热储主要为新近纪明化镇组、馆陶组热储。

1. 天津地区

下面以天津市滨海新区为例,介绍其热储特征。

(1) 明化镇组

明化镇组热储层是天津地区埋藏最浅的热储层,在宁河—宝坻断裂以南普遍分布,顶板埋深为300~600 m,底板埋深为589~1996 m,以半胶结的粉细砂、细砂岩和杂色泥岩不等厚互层为主,其中砂层厚度为80~260 m。孔隙度为25%左右,涌水量为40~100 m^3/h,出水温度为40~80 ℃,地热流体化学类型(按舒卡列夫分类)为HCO_3-Na型、HCO_3·Cl-Na型和SO_4·Cl-Na型,矿化度一般小于1500 mg/L,局部地区大于3000 mg/L,硬度约为35 mg/L,多为无腐蚀性至轻微腐蚀性热流体。

(2)馆陶组

馆陶组上段热储段顶板埋深为1455~1900 m,一般厚度为100 m左右,区域上岩性变化较大。其热储砂岩具微细斜层理和斜层理,局部具较细波状交错层理,普遍含黄铁矿微晶集合体,炭质条带发育。富水段岩性以粉—细砂岩为主,孔隙度为26%~30%,渗透率为430×10^{-3}~1979.8×10^{-3} μm^2,水温为50~63 ℃,单井涌水量约为60~110 m^3/h,水化学类型多为HCO_3·Cl-Na型,矿化度为1200~2000 mg/L。

馆陶组下段热储段顶板埋深为1850~1950 m,一般厚度为60~150 m,其热储上部含砾砂岩偶尔夹薄层泥岩,下部以杂色底砾岩为主。砾石成分主要由石英、燧石组成。富水岩性以含砾砂岩、砂砾岩为主,孔隙度为25%~30%,渗透率为800×10^{-3}~1500×10^{-3} μm^2,井口水温约为64~70 ℃,单井涌水量为60~120 m^3/h,水化学类型多为HCO_3-Na型,矿化度为1500~2000 mg/L。

(3)东营组

东营组热储层顶板埋深为2000 m左右,厚度为240~300 m。岩性为一套灰白色、灰绿色砂岩与深灰绿色泥岩呈不等厚频繁交错互层,砂岩多为薄层,厚度为1~4 m,且砂岩泥质含量较高。间夹黑色油页岩,薄层灰黑、棕黄、紫红色泥岩等暗色泥岩。流体化学类型为HCO_3·Cl-Na型,矿化度为1659 mg/L,硬度为28.0 mg/L(以$CaCO_3$计),pH为8.35。

2. 鲁西北平原

(1)新近纪馆陶组热储

除宁津潜隆局部地段有部分缺失外,其余地区皆有分布。顶板埋深一般为700~1000 m,局部地段最深可达1300 m。底板埋深一般为1000~1700 m,最深可达2300 m。地层厚度为300~600 m。

热储含水层厚度占地层厚度的37%~45%,单层平均厚度为10~20 m。岩性主要为河流相、冲积扇相的细砂岩、粗砂岩、含砾砂岩、砂砾岩,砾石呈半圆状,磨圆度中等。热储在垂直方向上具有上细下粗的正旋回特征;在水平方向上具有南部、东部颗粒粗,中部、西部颗粒细的特征。在取水段 1000~1500 m 的深度内,单井出水量为 40~80 m^3/h。热水矿化度为 3.97~18.52 g/L,水化学类型以 Cl - Na 型为主,由西向东矿化度逐渐增高。井口水温一般为 45~65 ℃,属低温热水—热水型地热资源。

(2) 古近纪东营组热储

古近纪东营组热储分布不稳定,主要分布在沾化—车镇、东营、惠民、临清坳陷等的潜凹区内,在埕宁隆起,以及济阳坳陷和临清坳陷的凸起区缺失。顶板埋深一般为 1000~1700 m,局部地段最深可达 2300 m。层底埋深为 1200~2800 m,潜凹区中心地带一般为 1500~2500 m,以沾化潜凹埋深最大,德州潜凹、临清—冠县潜凹和东营潜凹次之,地层厚度为 0~800 m。受基底起伏和区域构造的控制,总的分布特征:在潜凹盆地中心厚度最大,达 600~700 m,向边缘地带渐薄,有自西向东、自南向北由薄变厚的趋势。形成了以东营潜凹、沾化潜凹、德州潜凹、临清—冠县潜凹、临邑潜凹等为中心的东营组热储发育区。

热储含水层岩性为细砂岩、砂砾岩,累计厚度为 10~200 m,东营、滨州等地富水性较强,其他地区富水性较弱。单井出水量为 30~70 m^3/h,矿化度为 7~20 g/L,水化学类型为 Cl - Na 型、SO_4 · Cl - Na · Ca 型,井口水温为 50~70 ℃,属温热水—热水型地热资源。

3. 河北省

馆陶组孔隙热储顶底界埋深、沉积厚度变化与基岩起伏相一致,总体呈现凹陷区顶底界埋深较大、沉积较厚,凸起区埋深较小、沉积较薄的规律。其顶界埋深一般为 1000~1300 m,平原区西部以及断凸部位埋深较浅,一般小于 1000 m。凹陷部位顶界埋深较大,达到 1800~2000 m。大部分地区底界埋深为 1400~1600 m。其中,在一些凹陷部位埋深较大,一般大于 1800 m,局部地区如饶阳、霸州、深州以及黄骅坳陷北部等区域,达到 2200~2400 m。近山前区域,以及临清坳陷、沧县台拱区域底界埋深较小,一般为 1000~1200 m,局部小于 1000 m。

馆陶组沉积厚度一般为 200~400 m。其中一些凹陷部位沉积厚度达 500~800 m。而隆起部位沉积厚度较小,一般小于 200 m。砂岩厚度呈现凹陷区较厚、凸起区较薄的规律。如冀中坳陷馆陶组热储厚度为100~200 m,沧县台拱馆陶组热储厚度为80~120 m。

馆陶组热储的温度特点:山前平原区热储中部温度一般小于45 ℃,其他区域热储中部温度一般为50~60 ℃,冀中凹陷的饶阳、肃宁、安平、深州、任丘等地温度大于75 ℃。目前,井口水温最高点位于饶阳县城,达90 ℃。

馆陶组热储的富水性:除凹陷区的边缘地带富水性较好外,其他大部分地区富水性较差。如冀中凹陷中部单位涌水量一般为1~2 m^3/(h·m),南部边缘地带增大到3.0 m^3/(h·m)左右。

馆陶组热水矿化度变化较大,总体呈现自西北向东南矿化度增高趋势。西北部矿化度较低,一般小于2~3 g/L,东南部矿化度较高,大于5 g/L,最高点位于邯郸市临漳县,达12 g/L。热水pH为7.1~8.75,呈弱碱性。水化学类型以HCO_3·Cl-Na型和Cl-Na型为主。

2.1.2 关中平原

陕西砂岩热储地热资源主要热储层为新生界第三系陆相碎屑岩,主要开发利用的为西安—咸阳地热田,该地热田位于关中平原中部西安凹陷的东部,为沉积盆地传导型地热田。西安凹陷位于咸阳,以及西安市所辖的周至、鄠邑区、长安一带,面积约为2700 km^2,在地貌上展现为秦岭山前洪积平原和渭河冲积平原,由沪河向西断陷渐深,并在西安市长安区斗门镇、周至、鄠邑区以北一带形成次一级的小凹陷。凹陷最深处在周至—鄠邑区间,新生界厚大于2700 m。凹陷的形成,为深部热储创造了有利条件。

西安—咸阳地热田的热储温度随热储埋藏深度增加,地热水主要靠盆地周边地下水径流和上覆岩层中地下水的越流补给。地热田北以渭河为界,南以临潼—长安断裂为界,东以沪濡河断裂为界,西以皂河断裂为界,面积约为466 km^2。热储层为层状,在垂向上与隔热层交替出现,具有层次多、总厚度大、分布面积广且较稳定等特征。据近年来地热田勘探、开发资料证实,该地热田自上而下可划分为以下五个热储层。

第一热储层段为第四系下更新统三门组（Q_1s），埋深为 311.5 ~ 806.5 m，厚度为 96.7 ~ 475.5 m，平均厚度为 288.49 m。该热储层段为一套半胶结的河湖相堆积物，有砂、砂砾石 4 ~ 16 层，累计厚度为 96.25 m。砂、砂砾石占全层厚度的 33.66%，平均地温为 43.4 ℃，现有热水井单井出水量为 75.2 m^3/h，地热水水温为 30.5 ℃。

第二热储层段为上第三系上更新统张家坡组（N_2z），沪河以东为蓝田溺河组，埋深为 511.0 ~ 1282 m，平均厚度为 675.53 m。岩性以泥岩、砂质泥岩与砂岩互层为主，有砂岩 5 ~ 18 层，累计厚度变化为 4.9 ~ 158.1 m，平均厚度为 115.79 m，占全层厚度的 17.41%，平均地温为 60.8 ℃，现有热水井单井出水量为 44 ~ 60 m^2/h。

第三热储层段主要为上第三系上更新统蓝田濡河组（N_2l+b），顶板埋深为 923 ~ 1747 m，平均厚度为 701.12 m。该热储层段为一套以河湖相为主的粗砂岩、砂砾岩与泥岩互层，砂岩、砂砾岩平均厚度为 163.3 m，占全层厚度的 23.29%，平均地温为 82.5 ℃，单井出水量为 50 ~ 200 m^3/h，为西安—咸阳地热田的主要开采层。

第四热储层段为下第三系高陵群（N_2g），顶板埋深为 1595 ~ 2391 m，揭露最大厚度为 711.6 m，由泥岩、粉、细砂岩组成，砂岩层占全层厚度的 13.3%，平均地温为 101 ℃，地热井一般与上覆灞河组混合开采，单井出水量为 70 m^3/h 左右。

第五热储层段为白鹿塬组（E_3b），顶板埋深为 2900 ~ 3100 m，是一套河湖相沉积为主的地层。岩性为暗紫色、灰黄色泥岩与灰白色中细砂岩，含砾粗砂岩互层。

2.1.3　松辽平原

松辽平原是克拉通内断坳转化型复合沉积的地台型裂谷盆地。盆地内孔隙热储层以泥质砂岩、粉砂岩、中细砂岩和砂砾岩为主的白垩纪的砂岩热储，这类热储层的透水性和富水性差异较大。其中，低温热储层主要为白垩纪姚家组、青山口组的青二三段、泉头组的泉三段及泉四段的砂岩。姚家组和青山口组的青二三段地层埋藏较深，顶板埋深为 835.4 ~ 1947.0 m，地层厚度为 237.0 ~ 448.0 m，热储层温度为 42 ~ 82 ℃。泉头组的泉三段和泉四段埋藏较深，泉四段顶板埋深为 1479.0 ~ 2389.0 m，热储层温度为 54 ~ 92 ℃。

姚家组：该地层沉积时，松辽平原属于补偿时期，地层分布广泛，沉积厚度稳定，为弱还原—氧化环境下沉积的一套滨浅湖相沉积，岩性为粉砂岩、粉质砂岩、灰色泥岩、黑色泥岩，平均孔隙度为0.20~0.28，平均渗透率为50×10^{-3}~400×10^{-3} μm^2。

青山口组的青二三段：属氧化—弱还原条件下的曲流河相—滨浅湖相沉积，岩性为紫红、深灰、灰绿色泥岩与浅灰色粉砂质泥岩、泥质粉砂岩、灰白色粉—细砂岩组成不等厚互层，与下伏地层为整合接触，平均孔隙度为0.22~0.28，平均渗透率为50×10^{-3}~800×10^{-3} μm^2。

泉头组的泉三段和泉四段：灰绿、灰白、紫灰色粉砂岩，细砂岩与紫红、少量灰绿、黑色泥岩及粉砂质泥岩呈不等厚互层，上部泥岩较为发育，下部砂岩较为集中，泉三段厚度为300~400 m，泉四段厚度为60~100 m，平均孔隙度为0.10~0.24，平均渗透率为1×10^{-3}~400×10^{-3} μm^2。

2.2 砂岩热储沉积环境

2.2.1 层序体系域划分

砂岩是典型的沉积岩，沉积岩的形成受地质构造运动、海平面的升降变化、沉积物供应和气候等因素控制，其中构造沉降为沉积物的沉积提供了可容空间，全球海平面变化控制了地层与岩相的分布模式，沉积物供给速率控制了沉积物的充填过程和盆地古水深的变化，气候控制了沉积物类型以及沉积物的沉积数量。为研究沉积环境与沉积物特征之间的关系，层序地层学应运而生：以不整合面或其对应的整合面限定的一组相对整合的、具有成因联系的地层序列为研究对象，研究沉积物的搬运、沉积过程。一个地层层序中一般在垂向上依次出现低水位体系域、水进体系域与高水位体系域（Ⅰ类层序），或陆架边缘体系域、海侵体系域和高水位体系域（Ⅱ类层序）。随着层序地层学的不断发展，学者们对高水位体系域与低水位体系域在相对海平面时间曲线上的划分位置进行了调整，并对低水位体系域提出了不同的进一步划分方案。国景星等以济阳坳陷为代表，对新近纪冲积—河流沉积环境下的地层层序特征进行了研究，提出层序内部构成具有四分性，即一个完整的层序可由低水位体系域、水进体系域、高水位体系域和水退体系域组成。

1. 体系域特征

（1）低水位体系域（lowstand systems tract）又称为低位体系域，是层序中位置最低、沉积最老的体系域，是在相对海平面下降到最低点并且开始缓慢上升的时期形成的。一般情况下，低水位体系域以重力流与非重力流沉积为特色，这种重力流沉积作用是一种海退事件沉积的产物。沉积时水体深度较浅、沉积体系分布于盆地低部位，主要沉积相类型有低水位扇、斜坡扇、低水位楔状体和深切谷充填沉积，沉积物以粗粒为主。由图 2－1 可知，学者们对低水位体系域在相对海平面曲线上的划分位置由最初的海平面海退的拐点前移到海平面最高位置处。该体系域二分方案未变，但不同学者根据沉积特征进行了不同的命名。

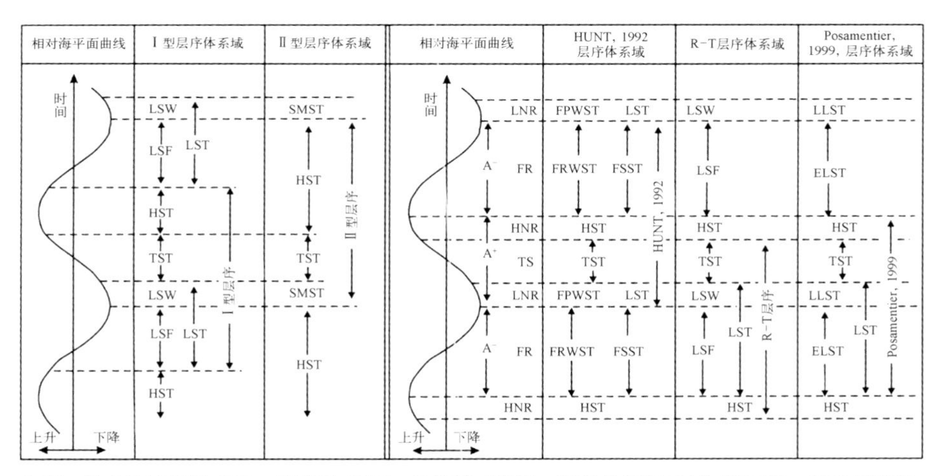

LST—低水位体系域；LSF—低位扇；LSW—低位楔；SMST—陆架边缘体系域；FRWST—强迫型海退楔体系域；FPWST—低位进积楔体系域；FSST—下降阶段体系域；ELST—早期低位体系域；LLST—晚期低位体系域；TST—海侵体系域；HST—高位体系域；HNR—高位正常海退；FR—强迫型海退；LNR—低位正常海退；TS—海侵；A^-—可容空间减小；A^+—可容空间增大

图 2－1　不同层序体系域划分方案图

（2）海侵体系域（transgressive systems tract）又称为扩张体系域，是层序发育中期的沉积体系域，其底部以初始海泛面与低水位或陆棚边缘体系域为界，顶部以最大海泛面与高水位体系域为界。海侵体系域以一个或多个退积准层序组为特征，其内部的准层序向陆方向上超于层序界面之上，向盆方向下超于初始海泛面之上，一般具有向上、向盆减薄的特点。海侵体系域在陆相湖泊层序中对应于湖侵体系域。

（3）高位体系域（highstand systems tract）是Ⅰ型或Ⅱ型层序中的上部体系

域。这个体系域通常广泛分布在陆架上，并且以一个或多个加积式准层序组、继之以一个或多个具有前积斜层几何形态的进积准层序组为特征。高位体系域又称高水位体系域，是层序发育晚期的沉积体系域。

2. 沉积旋回特征

层序界面限定的地层旋回特征表现如下：① 砂岩层组向上变薄或变厚，② 砂、泥岩之比向上减少或增大，③ 粒度向上减小或增大。沉积旋回特征受沉积物可容纳空间增长速率与沉积物供给速率之间的相互关系控制，可分为进积沉积型序列、加积沉积型序列与退积沉积型序列。

（1）进积沉积型序列：该类沉积型序列是在沉积物的供给速率大于可容空间增长速率的情况下形成的，新的沉积物不断向盆地中心推进，超覆于老沉积物之上，具单砂层厚度向上增大，粒度变粗的反旋回沉积特征。水退过程中发育的岩性组合，反映了水体逐渐变浅、沉积能量逐渐增强的沉积背景，测井曲线的幅值由下向上依次增大，自然电位曲线呈高幅箱形组合、漏斗形。

（2）加积沉积型序列：该类沉积型序列是在沉积物的供给速率基本等于可容空间的增长速率的情况下形成的，相同的沉积韵律重复出现，砂、泥岩沉积厚度与砂泥岩比值在垂向上几乎没有明显变化，测井曲线的幅值变化不大，曲线呈箱形。加积沉积旋回通常是高位体系域早期或陆棚边缘体系域的沉积响应。

（3）退积沉积型序列：该类沉积型序列是在沉积物供给速率小于可容空间增长速率的情况下形成的，沉积层向陆地方向超覆，为海侵体积域的沉积响应。沉积物表现为单砂层厚度由下向上减薄、粒度由粗变细的正旋回沉积特征，测井曲线的幅值向上减少，曲线呈钟形。

3. 馆陶组热储层序与体系域划分

（1）地层层序界面划分

地震剖面特征：馆陶组与下伏地层之间存在一个沉积间断，为不整合接触，该不整合面在地震剖面上表现为强反射（T_1）、连续性好、分布广泛，可作为层序的起始界面，即低水位体系域的底界面。在界面之上的馆陶组沉积时期，整个渤海湾地区进入以坳陷作用为主的演化阶段。

馆陶组与明化镇组之间属于过渡性质，无明显的沉积间断。但在垂向上的岩性组合存在较为明显的变化，明化镇组岩性以泥岩为主，砂岩单层厚度一般较小。而馆陶组地层砂岩占地层的百分比高，两套地层的分界面在地震剖面上反映为中等强度或中等偏弱强度的反射（T_0），连续性较差（图 2－2）。

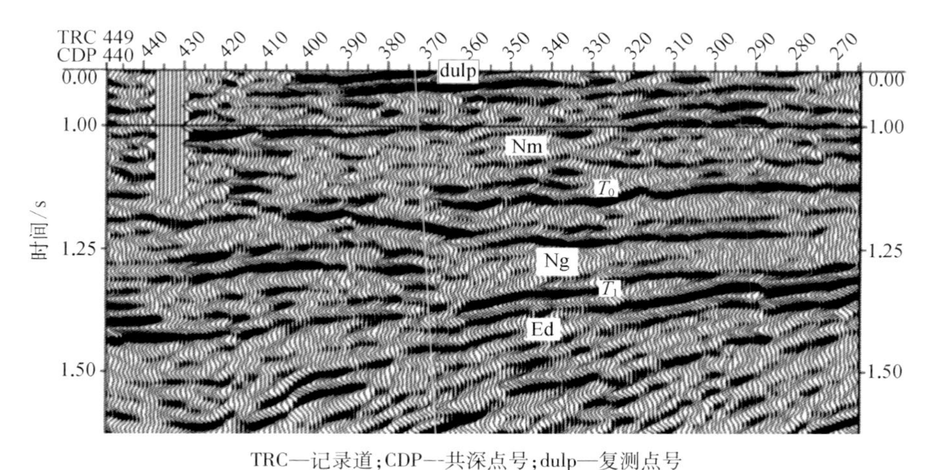

TRC—记录道；CDP—共深点号；dulp—复测点号

图 2－2　馆陶组底板与明化镇组底板地震剖面图（德州市德城区）

（2）馆陶组底界面识别：馆陶组底不整合界面在地震剖面上的反映明显，据钻探及物探资料，馆陶组底部的不整合接触面的识别标志主要可分为两大类：第一类是馆陶组底部发育了巨厚的底砾岩段，该段岩性粗，与下伏地层的岩性存在显著差别，测井曲线中自然电位（SP）曲线表现为箱形的低值，视电阻率曲线表现为钟形的高值，底部的不整合接触面电阻率呈尖峰高值［图 2－3（a）］；第二类是馆陶组与下伏的变质岩、碳酸盐岩等坚硬岩的不整合接触面，界面上下岩性差别大，这类不整合接触面易分辨［图 2－3（b）］。

（3）层序及体系域划分

馆陶组沉积时期，整个渤海湾地区进入坳陷阶段，地层超覆于老地层之上，馆陶组与下伏地层呈角度不整合接触，该界面属于Ⅰ型层序界面。以济阳坳陷馆陶组热储为例进行层序及体系域的划分，区内馆陶组由 1 个长期基准面旋回（三级层序）构成，其顶、底界面分别为长期基准面旋回的顶界面（SB_2）和底界面（SB_1），SB_1 相当于 T_1 地震反射界面，在整个渤海湾盆地表现为区域性的角度不整合；SB_2 相当于 T_0 地震反射界面。

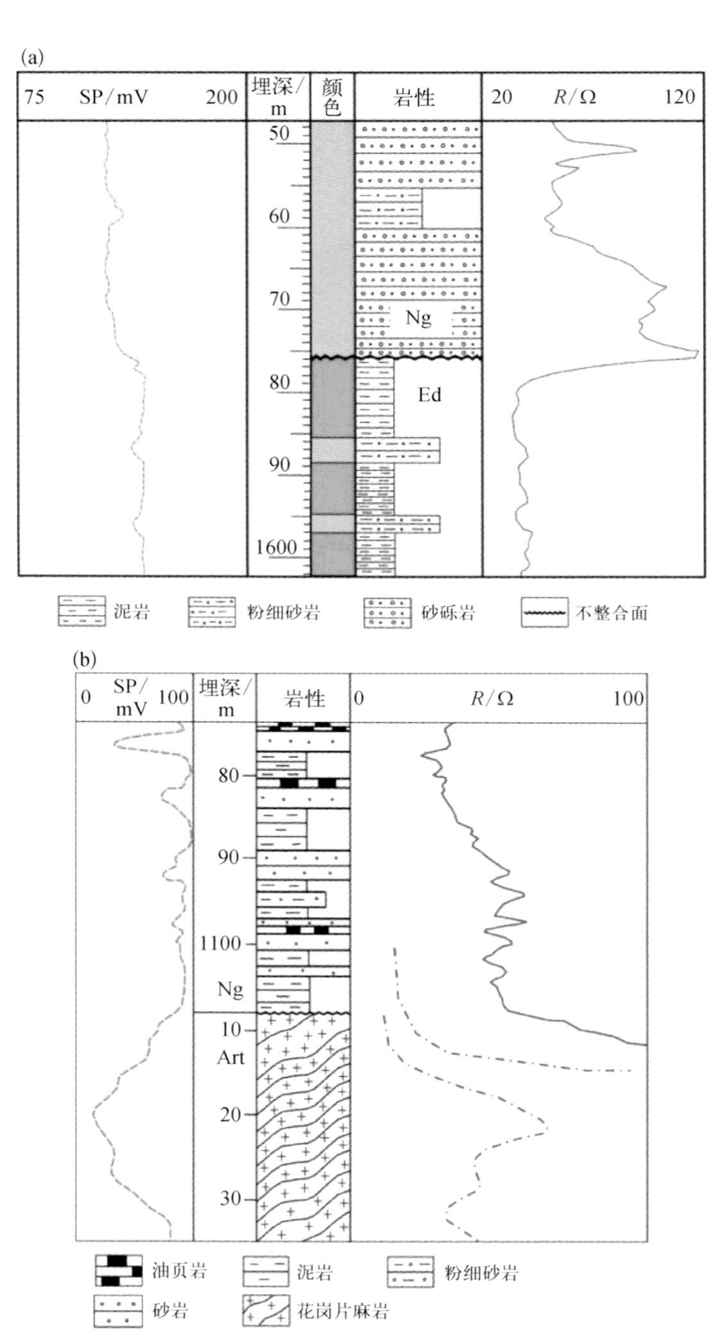

(a) 底砾岩型不整合接触面;(b) 下伏基岩型不整合接触面

图 2-3 馆陶组底部不整合接触面

低水位体系域发育于馆陶组沉积下段，馆陶组沉积初期，受区域坳陷构造活动影响，海平面缓慢上升，在盆地中心开始接受周边碎屑物的填充，沉积物的供给速率大于可容空间增长速率，形成进积型沉积序列。盆地周边基准面之上的岩体发生风化侵蚀，碎屑物被河流搬运输送到基准面下的坳陷内部，形成一套低可容纳空间条件下的粗粒辫状河道沉积模式。测井曲线上 SP 曲线出现大段的箱形低值，高值段呈窄的指状，馆陶组下段的岩性特征是大段砂岩与薄层泥岩相间分布（图2－4）。在近物源的坳陷周缘，沉积物快速堆积形成冲积扇；砂体纵向上相互叠置、横向上连片，厚度较大，含泥少，均质程度高（图 2－5）。

水进体系域发育于馆陶组沉积中、晚期，基准面上升速率增加，形成中等可容纳空间条件下的曲流河模式。馆陶组沉积中期，河道砂体由较为发育逐渐转变为较少叠置，砂层厚度以中等为主，岩性及岩相组合特征表现为下部是曲流河道侧向加积

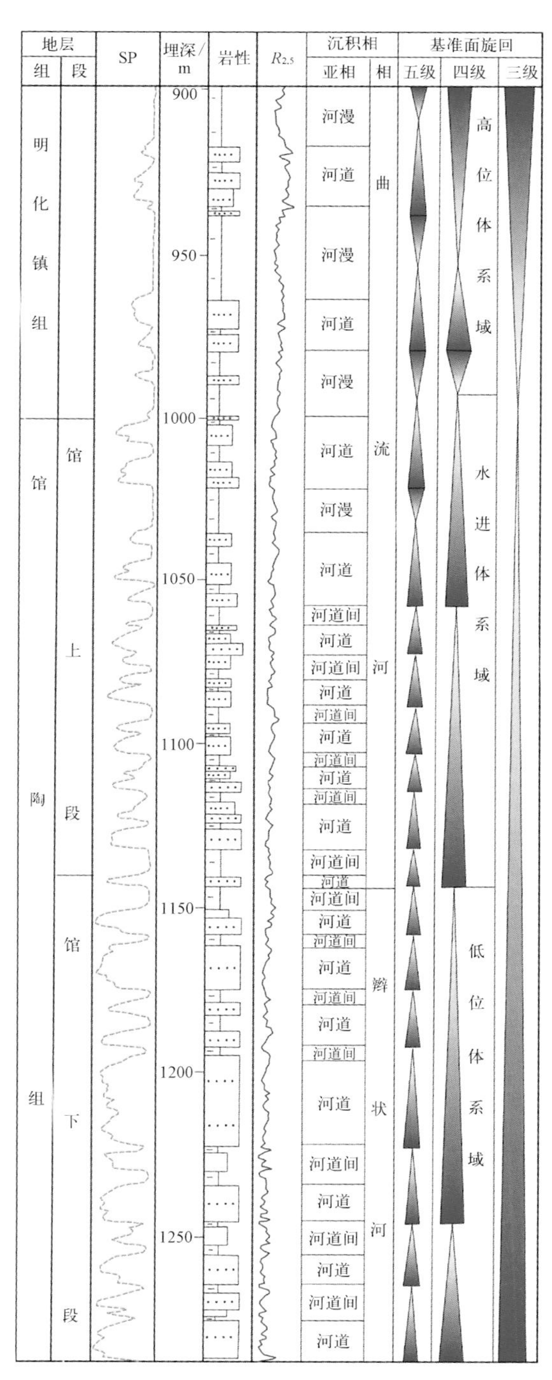

图 2－4　馆陶组热储体系域划分示例（永 8 井）

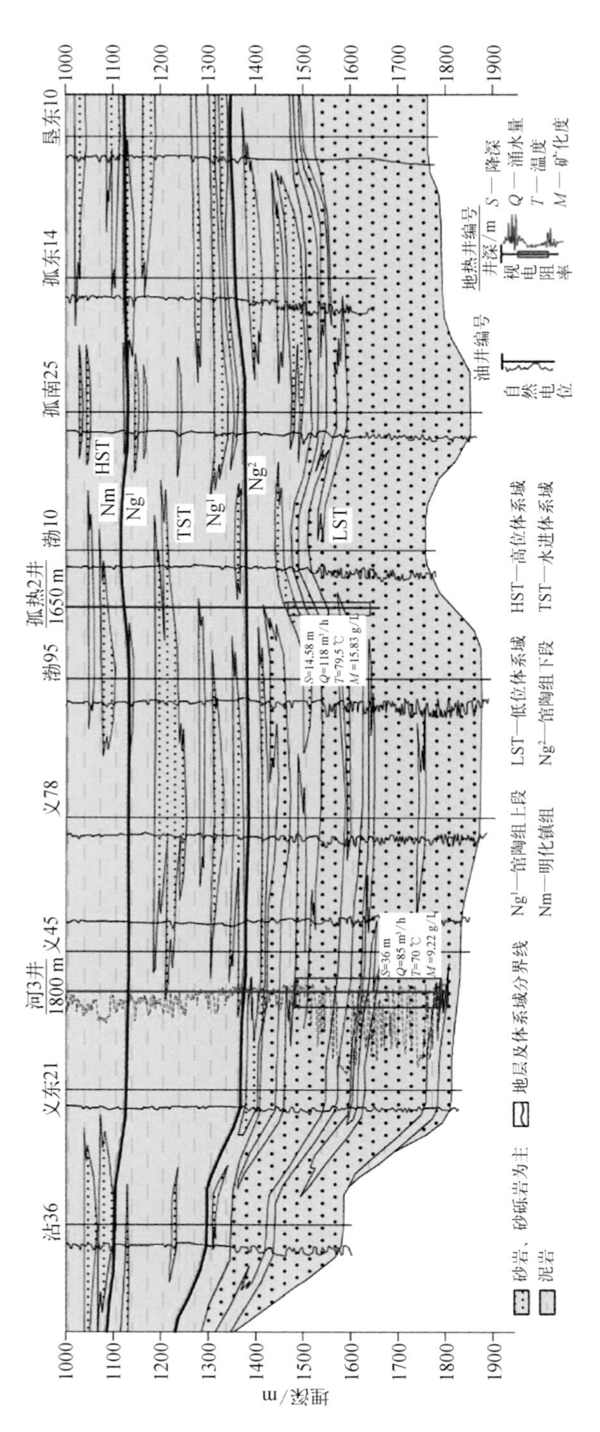

图2-5 济阳坳陷馆陶组热储体系域划分剖面（沾化凹陷）

形成的点砂坝微相砂岩,上部是河漫滩微相泥岩,部分层段是夹有决口扇微相粉砂岩。测井曲线SP曲线呈现约等宽的高、低值波动,岩性特征为约等厚的砂岩与泥岩呈互层分布。其低值的幅度也略小于馆下段SP曲线低值的幅度,说明砂岩的岩性较馆陶下段细(图2-4)。

馆陶组沉积晚期,随着基准面的上升速度进一步加剧,形成较高可容空间条件下的网状河模式,沉积序列以加积型与退积型沉积序列为主。测井曲线SP曲线呈现宽幅的箱形高值,岩性以厚层泥岩为主。砂岩的SP曲线呈典型的下部低值幅度大,上部幅度小的钟形,反映了下粗上细的正旋回沉积特征。总体上,低值异常的宽度较小,地层的砂厚比小。平面上河道砂体很少叠置,基本上表现为相对孤立的状态,并且砂层厚度小,非均质性强(图2-5);位于坳陷周缘地势高的地区由于沉积物仍供给充足,砂体纵向上相互叠置,厚度较大。

2.2.2 沉积环境沉积相

构造沉降控制盆地物质聚集分布规律及沉积特征、盆地类型及沉积特征控制沉积体系与沉积相展布、沉积相带指示储层发育规模及物性等特征,即分别为构造控盆、盆地控相、相控储层。不同的沉积环境与沉积相下沉积形成的砂岩,其空间分布、矿物组分、粒径级配、分选性及磨圆度等均不同。陆地和海洋是地球表面最大的沉积单元,前者包括河流、湖泊、冰川等沉积环境,后者可分为滨海、浅海、半深海和深海等沉积环境。被搬运的碎屑物质的沉积方式可以分为因介质物理条件发生变化,如流速、风速的降低和冰川的消融等而发生堆积的机械沉积;因物理、化学条件发生变化导致水介质中以胶体溶液和真溶液形式搬运的物质产生沉淀的化学沉积;以及因生物的生命活动过程中或生物遗体的分解过程中,引起介质的物理、化学环境发生变化,从而使某些物质沉淀或沉积的生物沉积。我国馆陶组砂岩热储以河流相沉积作用为主。

1. 河流的沉积作用

河流的沉积作用自上游至下游普遍存在。发生沉积作用的原因,归纳起来有三点:一是流速减小;二是流量减小;三是进入河流的碎屑过多,超出河流的搬运能力。前两者都会使河流因活力降低而发生沉积。据此分析,河流发生沉积作用有三个主要场所:一是河流汇入其他相对静止的水体处,如河流入海、入湖以及支流入主流处;二是河床纵剖面坡度由陡变缓处,一般来说河流中、下游地势较平坦,沉积作用明显;三是河流的凸岸,单向环流侵蚀凹岸产生的碎屑在凸岸沉积。根据沉积场所与沉积物的性质,河流沉积主要分为以下四大类。

(1) 河道沉积:滞留砾石沉积在河流上游,由于坡降大,河流具有较大的动能。细粒物质被冲走,粗粒物质留下来成为滞留沉积。其沉积物以河床砾石为主,成分复杂,砾石呈叠瓦状排列,一般厚度不大,常呈透镜体分布于河道之中。Schumm 根据河流对沉积物的搬运方式及底负载百分比将河流分为悬载河道、混载河道与底载河道。Galloway 在考虑负载的同时还考虑了悬浮负载,进一步将河流划分为如下几种:① 底床负载河流,河道充填沉积物中,底负载大于11%,黏土、粉砂含量小于5%;② 混合负载河流,底负载占总负载的3%~11%,黏土、粉砂含量占总负载的5%~20%;③ 悬浮负载河流,底负载小于3%,黏土、粉砂含量大于20%(图2-6)。

河流对碎屑物的机械搬运有3种运动方式:① 悬移搬运,颗粒悬浮于水中随水流而搬运,其悬移物称为悬移质;② 推移搬运,颗粒依附于床面,随水流作滑动或滚动,其推移物称为推移质;③ 跃移搬运,这是介于上述两者之间的过渡状态,颗粒时而被悬移,时而被推移,以跳跃的方式前进,其跃移物被称为跃移质。物质的搬运方式随水动力的大小变化,当水动力减小时,某些悬移质变为跃移质,某些跃移质变为推移质,当水动力增大,变化情况相反。据试验,被搬运物的球状颗粒质量(m)与起动它的水流流速(v)的六次方成正比,即

$$m = cv^6 \tag{2-1}$$

式中,c 为系数(不同河流数值略有不同)。式2-1表明,当河流流速增加1倍时,被搬运物的球状颗粒质量将增大至原质量的64倍。

(2) 边滩沉积与河漫滩:河流在迁移弯曲的过程中,所挟带的碎屑物在凸岸一侧沉积下来。一开始仅仅形成浅滩,随着河流不断侧向迁移,浅滩不断增长,最后

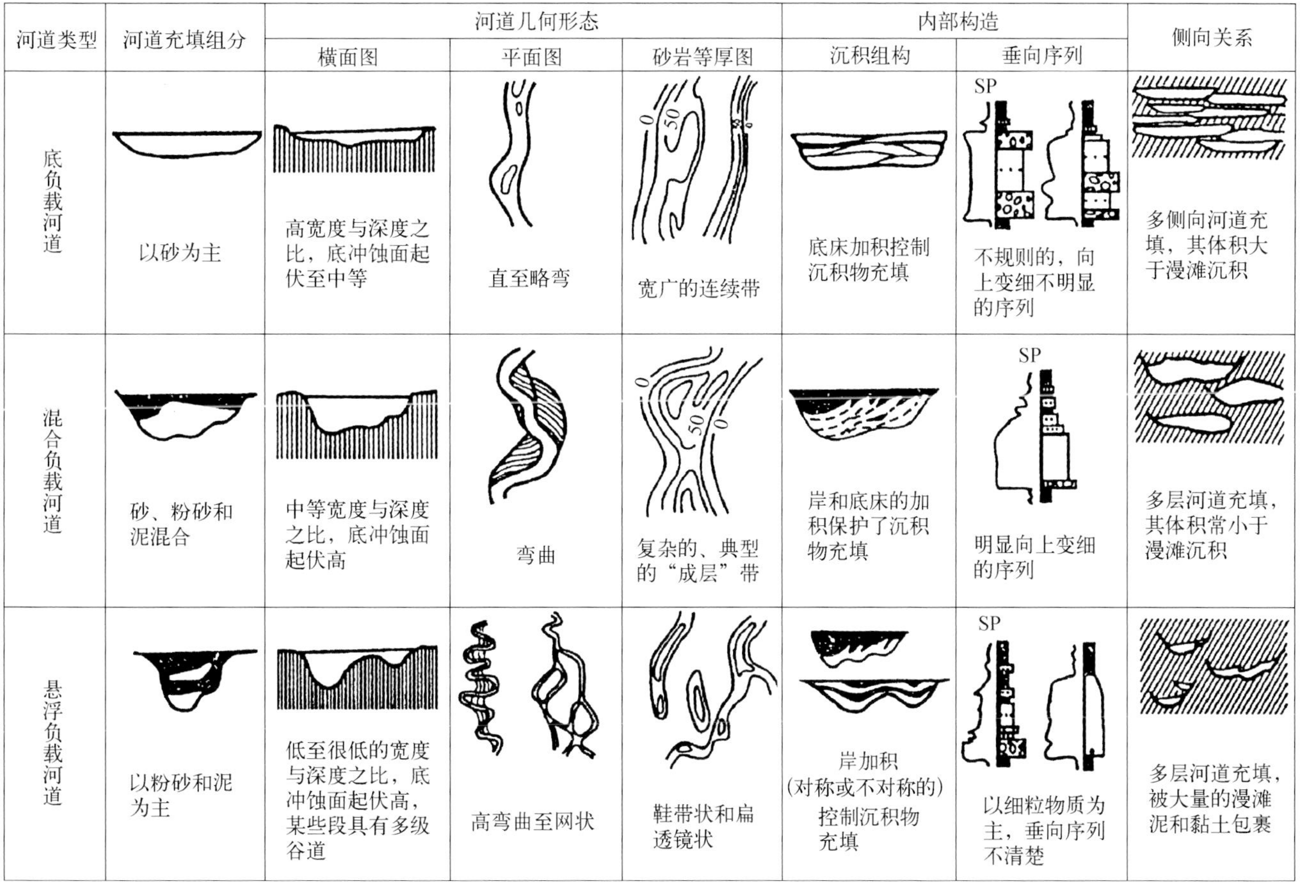

河道类型	河道充填组分	河道几何形态			内部构造		侧向关系
		横面图	平面图	砂岩等厚图	沉积组构	垂向序列	
底负载河道	以砂为主	高宽度与深度之比，底冲蚀面起伏至中等	直至略弯	0 50 宽广的连续带	底床加积控制沉积物充填	SP 不规则的，向上变细不明显的序列	多侧向河道充填，其体积大于漫滩沉积
混合负载河道	砂、粉砂和泥混合	中等宽度与深度之比，底冲蚀面起伏高	弯曲	0 50 0 复杂的、典型的“成层”带	岸和底床的加积保护了沉积物充填	SP 明显向上变细的序列	多层河道充填，其体积常小于漫滩沉积
悬浮负载河道	以粉砂和泥为主	低至很低的宽度与深度之比，底冲蚀面起伏高，某些段具有多级谷道	高弯曲至网状	鞋带状和扁透镜状	岸加积（对称或不对称的）控制沉积物充填	SP 以细粒物质为主，垂向序列不清楚	多层河道充填，被大量的漫滩泥和黏土包裹

图 2-6　依据沉积物搬运方式的河流分类

形成宽阔的边滩(图2-7)。边滩沉积物成分复杂,常含有植物碎片。粒度变化范围大,规模较大的河流的边滩沉积,都以砂为主,有少量的砾石和粉砂;规模较小的河流的边滩沉积,粒度可至砾石级。边滩沉积中的层理以大型板状交错层理为主。

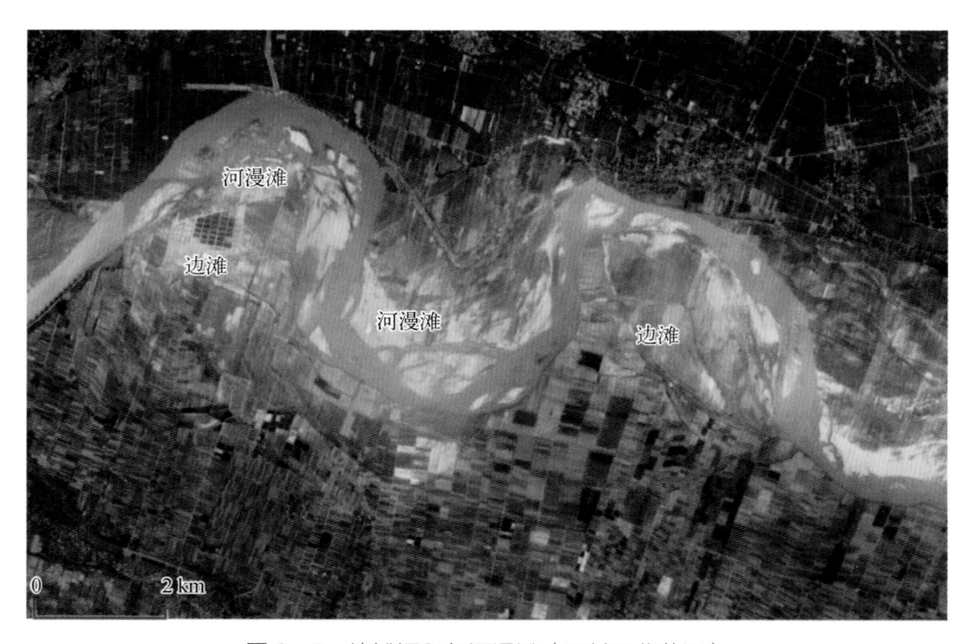

图2-7　边滩沉积与河漫滩(开封西北黄河)

河漫滩的形成是河床不断侧向移动和河水周期性泛滥的结果。在河流作用下,河床常常一岸受到侧蚀,另一岸发生堆积,于是不断发生侧移。受到堆积的一岸,由河床堆积物形成边滩,随着河床的侧移,边滩不断扩大。洪水期间,水流漫到河床以外的滩面,由于水深变小,流速减慢,悬移的细粒物质便沉积下来,在滩面上留下一层细粒沉积。河漫滩上部由洪水泛滥时沉积下来的细粒物质组成,下部由河床侧向移动过程中沉积下来的粗粒物质组成,形成下粗上细的沉积物二元相结构。上部的细粒物质称为河漫滩相沉积,多为亚砂土或亚黏土;下部的粗粒物质称为河床相沉积,多为砂、砾。

(3)天然堤与决口扇沉积:洪水期河水漫越河岸,由于河水变浅、流速骤减,河水所挟带的大量悬浮物质很快在岸边沉积下来,形成天然堤。天然堤主要发育在蛇曲河流中,沉积物为粉砂和泥,两者常呈互层。决口扇是洪水冲决天然堤后,在天然堤外侧斜坡上形成的扇状堆积物。

决口扇沉积呈舌状体，在河流相剖面中表现为透镜状砂体，厚度为数十厘米至几米。沉积物的粒度比天然堤的大，主要为细砂和粉砂。可见各种小型交错层理，局部有中型交错层理，另见冲刷及充填构造。植物及其他化石是河水带来的。根据发育位置、沉积特征，决口扇可进一步分为内扇和外扇（图 2－8）。

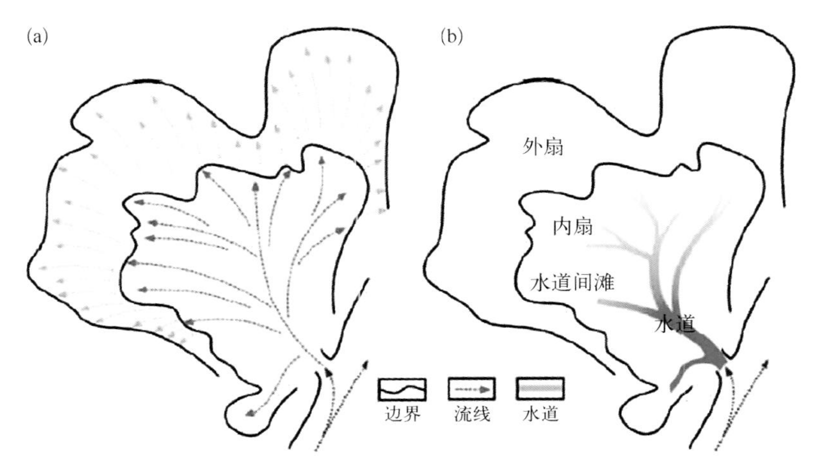

（a）洪水高峰期，片流形成内扇和外扇；（b）洪水末期，内扇形成水道和水道间滩

图 2－8　决口扇形态示意图

内扇是决口扇位于决口附近、水道发育、沉积物粒度较粗（主要为砂）的部分，可分为水道和水道间滩 2 个沉积单元。水道是洪水末期水流在内扇表面下切形成的泄洪通道，水道宽度一般为 10～100 m，呈树枝状分布，自决口向泛滥平原方向逐渐变浅、消失，水道沉积呈正粒序，发育交错层理、波痕等沉积构造。水道间滩（简称间滩）是内扇水道之间及水道前方的沙滩，主要由洪水高峰期的片流沉积形成，沉积物以细砂为主，垂直方向上，间滩沉积略显反粒序，间滩之上常覆盖3～5 mm 厚的泥，是洪水淹没间滩时期沉积的落淤层。

外扇是决口扇位于内扇之外的部分，以悬浮沉积的泥和粉砂为主，外扇与内扇的植被特征明显不同。外扇表面以泥为主，植被发育良好；内扇表面以砂为主，植被稀少。外扇沉积与泛滥平原沉积有差异，前者略粗，常见粉砂；后者则为较纯的泥。前者沉积速度比后者快。

（4）河口沉积：河流入海、入湖的地方叫河口，它是河流重要的沉积场所。未流入海、湖的内流河称为无尾河，可以没有河口。根据成因的不同，可把河口分为溺谷型河口、峡江型河口与三角洲河口。其中三角洲河口是河口沉积的主要形态。当河流进入河口时，水域骤然变宽，再加上海水或湖水对河流的阻挡作用，流速减小，机械搬运物便大量沉积下来，所形成的沉积体形态，从平面上看像三角形，故称为三角洲。从纵剖面上看，三角洲内部常具有三层构造，即顶积层、前积层和底积层。

2. 馆陶组热储沉积相划分

馆陶组热储以河流相沉积为主，由多个向上总体变细的河流沉积旋回构成，根据河流沉积旋回的垂向加积厚度及河道规模等，可进一步划分为曲流河、低弯度辫状河及大型泛滥盆地（平原）这 3 种河流沉积体系类型（图 2-9）。根据热储砂岩的颗粒大小、测井曲线形态，可划分为河道充填沉积、河道边缘沉积与泛滥盆地（平原）沉积这 3 种沉积环境。

（1）河道充填沉积：该沉积由砂坝（辫状河道砂坝）沉积、曲流砂坝（曲流河道砂坝）沉积及其底床滞留沉积组成，河道底滞留沉积为砾岩或含砾砂岩；辫状河道砂坝沉积主要由含砾粗砂岩、粗砂岩组成，自然电位曲线通常呈箱形，少数呈钟形；曲流河道砂坝沉积主要由中—粗砂岩、含砾粗砂岩组成，自然电位曲线呈钟形及箱形。

（2）河道边缘沉积：该沉积由反复发生的高位洪水作用而成，其沉积组合包括天然堤沉积和决口扇沉积两种微相类型。曲流河道天然堤沉积以细砂和粉砂为主，厚度为 1~3 m，向河道一侧颗粒较粗、厚度较大；朝堤外泛滥平原一侧粒度变小、厚度变小，自然电位曲线呈中幅指状。曲流河道边缘决口扇沉积多由中—细砂岩组成，其中发育有中—粗砂岩构成的决口水道沉积，决口扇自然电位曲线呈中等幅度为主的指状，决口水道呈钟形。

（3）泛滥盆地（平原）沉积：该沉积主要包括洪泛越岸沉积和泛滥平原湖泊沉积 2 种类型，越岸沉积由粉砂岩、细粉砂岩及泥岩组成，厚度较大，自然电位曲线平直；泛滥平原湖泊沉积由泥岩、粉砂质泥岩组成，自然电位曲线平直。

以济阳坳陷馆陶组底部沉积旋回为例（图 2-10），该沉积旋回是东营期末地壳运动后，区域遭受长期风化剥蚀后再次接受沉积，局限分布于济阳坳陷中的次

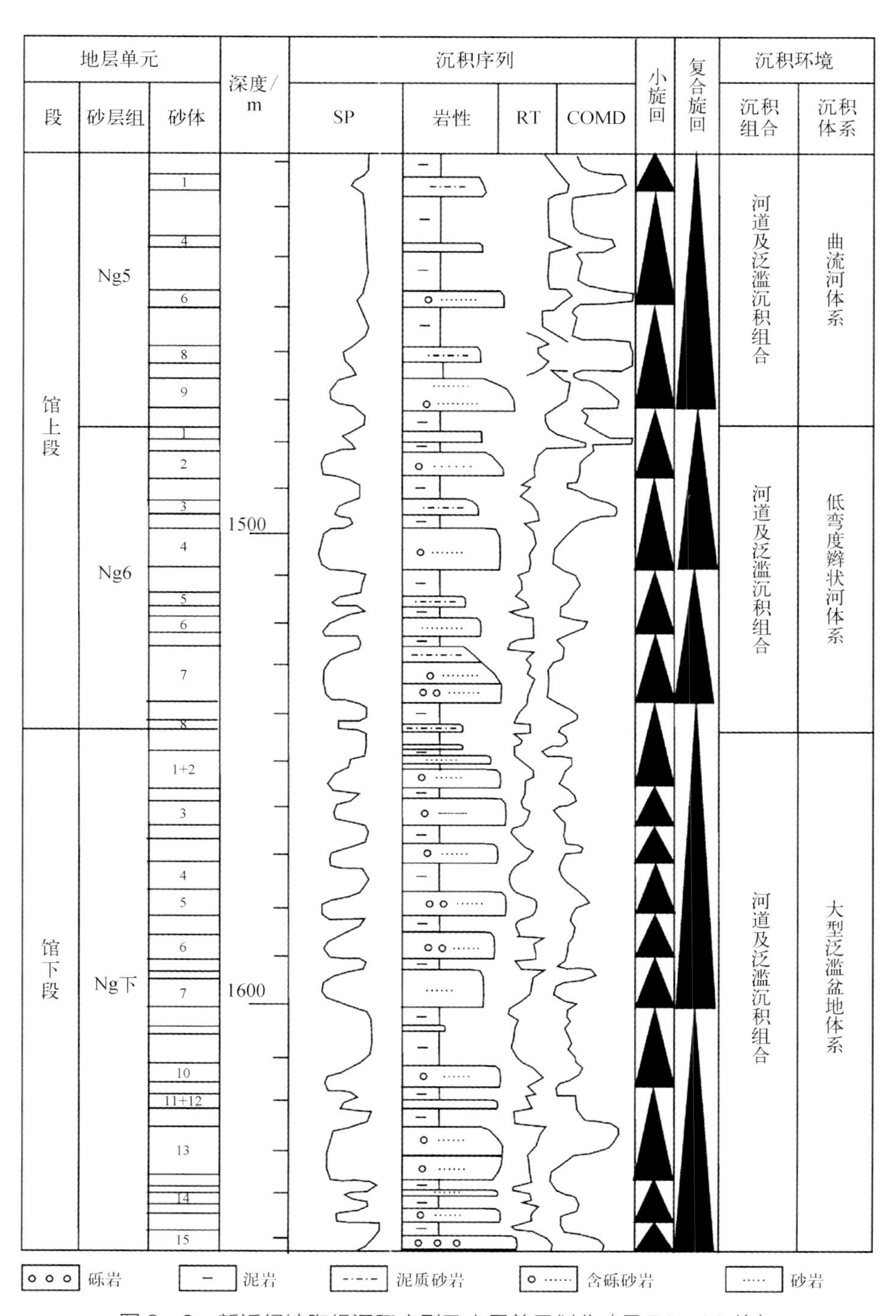

图 2-9　新近纪馆陶组沉积序列及小层单元划分（垦 71-14 井）

级盆地车镇、沾化与东营凹陷内，盆地四周被隆起所包围。中间东西向展布的陈家庄凸起将整个济阳坳陷分为南、北两个不同的沉积环境。北部的沾化、车镇凹陷沉积旋回地层厚达 140 m，地层岩性以砂岩为主，砂厚比达 0.7 左右，砂体最厚部位集中分布在车镇凹陷的西北部，形成环绕埕宁隆起南麓分布的 4 个扇体，4 个扇体之间被坡积物连接，形成较大规模冲积扇裙，在冲积扇裙的前缘，水流汇集成河，形成面积广泛的辫状河沉积。南部东营凹陷地层厚 40 ~ 50 m，砂厚比约 0.5，砂体多呈透镜状，其余大部分地区为泥质岩类沉积，属于冲积扇-洪泛平原沉积。

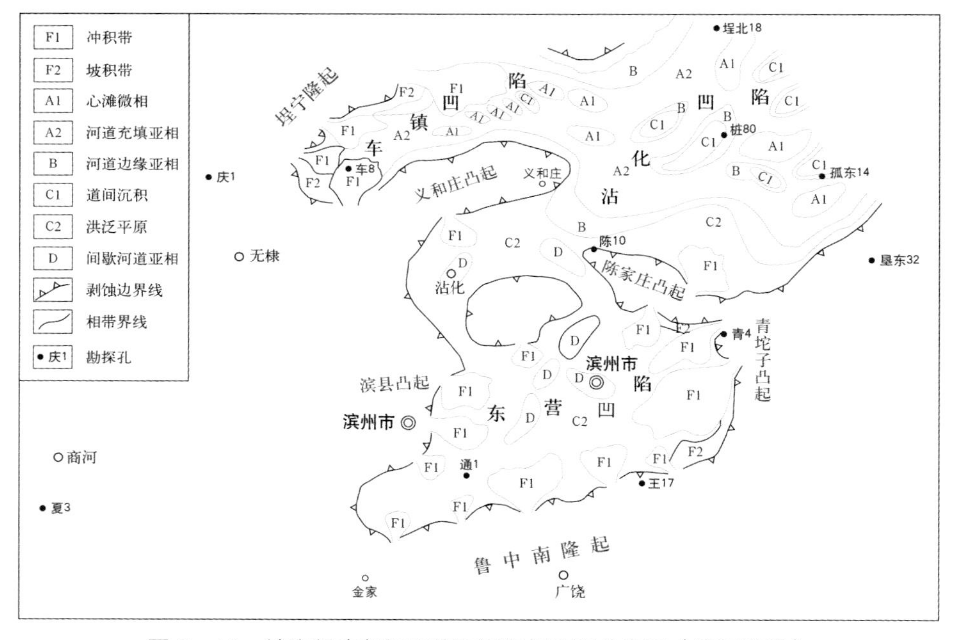

图 2-10 馆陶组底部沉积旋回沉积相平面分布图（济阳坳陷）

2.3 砂岩热储岩性特征

影响地热尾水回灌率的热储参数主要是热储的渗透性能、热储的单层厚度与分布范围等。其中热储砂岩颗粒大小、胶结成岩程度、孔隙度与孔喉直径等对热储的渗透性能起决定性作用。

2.3.1　热储砂岩类型

砂岩中碎屑组分是在不同的风化、搬运、沉积作用条件下形成的不同矿物组成。母岩在物理、化学及生物风化作用下破碎、脱落形成岩屑，不同的造岩矿物的抗风化稳定性不同（表 2－1），基性矿物最易被风化淋滤而从碎屑中分离带走，石英最稳定，其化学成分基本不发生变化，以机械破碎为主。以碎屑岩中最稳定组分的相对含量来标志其成分的成熟程度，碎屑岩成分成熟度是物源区地质条件、风化程度和搬运距离远近的反映，在砂岩研究中，常用石英+长石+其他岩屑的比率作为衡量成熟度的标志。不成熟的砂岩是靠近物源区堆积的，含有很多不稳定碎屑，如岩屑、长石和铁镁矿物。高成熟度的砂岩是经过长距离搬运，遭受改造的产物，几乎全部由石英组成。

表 2－1　造岩矿物抗风化稳定性一览表

相对稳定性	造　岩　矿　物
极稳定	石英
稳定	白云母、正长石、微斜长石、酸性斜长石
不大稳定	普通角闪石、辉石类
不稳定	基性斜长石、碱性角闪石、黑云母、普通辉石、橄榄石、海绿石、方解石、白云石、石膏

结合富克（Folk，1968）、黄鹂（2013）两人的观点，采用石英、长石与岩屑的体积百分含量将砂岩分为Ⅰ～Ⅶ七类。以德州市德城区馆陶组下段热储砂岩为例，采集岩芯进行矿物成分分析，结果表明石英含量为 52%～60%，长石（正长石+斜长石）含量为 35%～45%，为长石砂岩（图 2－11）。长石含量高，推测该热储砂岩具有近物源堆特征，东邻的埕宁隆起区可能为其物源区。

此外，根据黏土基质的含量，当黏土基质小于 10%时，为分选性良好的砂岩；当黏土基质含量为 15%～50%时，为分选性较差的杂砂岩；当黏土基质含量大于 50%时，为泥质岩。

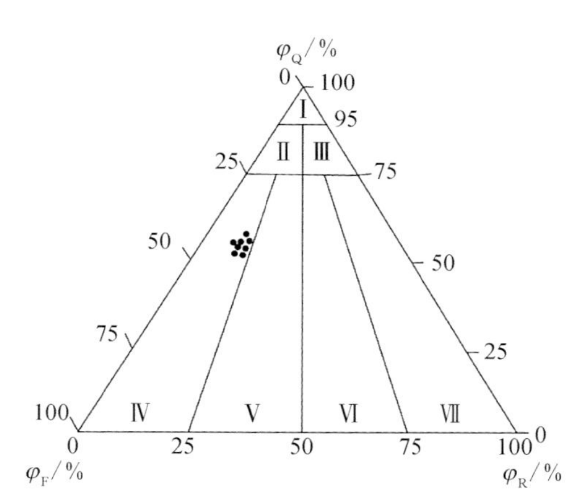

Ⅰ—石英砂岩；Ⅱ—长石石英砂岩；Ⅲ—岩屑石英砂岩；Ⅳ—长石砂岩；Ⅴ—岩屑质长石砂岩；Ⅵ—长石质岩屑砂岩；Ⅶ—岩屑砂岩；•岩芯样投影点；$\varphi_{(Q、F、R)}$—石英、长石、岩屑体积百分比

图2－11 馆陶组下段热储砂岩分类投影图（德州市德城区）

2.3.2 热储砂岩颗粒大小

砂岩颗粒大小反映了沉积物搬运介质的性质、水动力强弱及沉积底床坡度等，是沉积环境的重要显示标志。

1. 粒径分类

岩石中颗粒粒径采用砂岩薄片图像分析法进行测定，其视长直径 D 的测定是对单个颗粒，测量每隔15°圆周角方向与颗粒图像两边相切的两条平行线间的距离，选其中最大值为该颗粒的粒径。粒径分类国际上应用较广的是伍登-温特华斯（Udden-Wentworth）方案，该方案以1 mm为中心，采用乘以2或除以2来进行分级，也称为2的几何级数制（表2－2）。1934年克鲁宾（Krumbein）将伍登-温特华斯的粒级划分转化为 ϕ，即将2的几何级数制标度转化为中值标度：

$$\phi = -\log_2 D \tag{2-2}$$

式中，ϕ 为中值，无量纲；D 为颗粒的直径，mm。

我国采用十进制粒径分类方法，将粒径分为砾、砂、粉砂与黏土四大类（表2－2）。《工程地质手册》中土体的分类标准是按照不同粒径在土体中的质量将土体分为碎石土、砂土、粉土与黏性土四大类，根据颗粒形状与颗粒级配，其中碎石土又分为漂石、块石、卵石、碎石、圆砾与角砾（表 2－3）；砂土又分为砾砂、粗砂、中砂、细砂与粉砂（表 2－4）。由此可以将砂岩热储分为砾砂岩热储、粗砂岩热储、中砂岩热储、细砂岩热储与粉砂岩热储。

表 2－2　粒径分类一览表

岩性	十进制分类		2 的几何级数制分类	
	颗粒直径/mm	粒级划分	颗粒直径/mm	粒级划分
砾	>1000	巨砾	256	巨砾
	1000~100	粗砾	256~64	中砾
	100~10	中砾	64~4	砾石
	10~2	细砾	4~2	卵石
砂	2~1	巨砂	2~1	极粗砂
	1~0.5	粗砂	1~0.5	粗砂
	0.5~0.25	中砂	0.5~0.25	中砂
粉砂	0.25~0.1	细砂	0.25~0.125	细砂
			0.125~0.0625	极细砂
	0.1~0.05	粗粉砂	0.0625~0.0312	粗粉砂
			0.0312~0.0156	中粉砂
	0.05~0.005	细粉砂	0.0156~0.0078	细粉砂
			0.0078~0.0039	极细粉砂
黏土	<0.005	黏土	<0.0039	黏土

表 2－3　碎石土分类表

土的名称	颗粒形状	颗粒级配
漂石	圆形及亚圆形为主	粒径大于 200 mm 的颗粒质量超过总质量的 50%
块石	棱角形为主	
卵石	圆形及亚圆形为主	粒径大于 20 mm 的颗粒质量超过总质量的 50%
碎石	棱角形为主	
圆砾	圆形及亚圆形为主	粒径大于 2 mm 的颗粒质量超过总质量的 50%
角砾	棱角形为主	

表2-4　砂岩分类表

砂岩的名称	颗　粒　级　配
砾砂	粒径大于2 mm的颗粒质量占总质量的25%~50%
粗砂	粒径大于0.5 mm的颗粒质量超过总质量的50%
中砂	粒径大于0.25 mm的颗粒质量超过总质量的50%
细砂	粒径大于0.075 mm的颗粒质量超过总质量的85%
粉砂	粒径大于0.075 mm的颗粒质量超过总质量的50%

考虑到表2-4中砂岩分类中颗粒粒径质量比例具跳跃性，在实际分类中可以将上一级粒径百分比超过25%的参与到下一级的命名中，如粒径大于0.25 mm的颗粒质量超过总质量的50%，粒径大于0.5 mm的颗粒质量占总质量的25%~50%，则可命名为中粗砂岩。以德州市城区馆陶组热储的岩芯颗粒分析数据为例（表2-5），该孔上段热储岩性以粉细砂岩—中粗砂岩为主，下段热储岩性以中细砂岩—中粗砂岩为主，总体上来看，下段热储岩性较上段岩性粗。

表2-5　馆陶组热储颗粒分析及砂岩类型表（德州市城区）

地层	岩样编号	岩芯深度/m	颗粒所占比例/%					砂岩类型
			2~5 mm	0.5~<2 mm	0.25~<0.5 mm	0.075~<0.25 mm	<0.075 mm	
馆陶组上段	KF-1	1227.49~1227.69		3.1	12.7	39.2	45.0	粉细砂岩
	KF-2	1228.17~1228.37			8.4	73.2	18.4	细砂岩
	KF-3	1229.00~1229.20		5.3	38.8	44.8	11.1	中细砂岩
	KF-4	1232.00~1232.20		6.7	43.3	35.1	14.9	中砂岩
	KF-5	1233.00~1233.20		6.1	44.4	40.6	8.9	中砂岩
	KF-6	1234.00~1234.20		5.5	40.2	40.6	13.7	中细砂岩
	KF-7	1237.00~1237.20	28	7.4	21.0	12.8	30.8	砾岩
	ST-1	1226.81~1227.05		8.7	21.5	57.4	12.4	中细砂岩
	ST-2	1231.48~1231.65		24.9	47.6	20.2	7.3	中粗砂岩
馆陶组下段	KF-8	1276.00~1276.20	2.1	4.0	18.9	59.9	15.1	中细砂岩
	KF-9	1277.00~1277.20	2.1	3.7	19.1	54.4	20.7	中细砂岩
	KF-10	1281.00~1281.20		17.8	23.8	38.9	19.5	中细砂岩

续表

地层	岩样编号	岩芯深度/m	颗粒所占比例/%					砂岩类型
			2～5 mm	0.5～<2 mm	0.25～<0.5 mm	0.075～<0.25 mm	<0.075 mm	
馆陶组下段	KF－11	1285.00～1285.20		34.5	48.1	14.5	2.9	中粗砂岩
	KF－12	1286.20～1286.40		34.3	48.6	13.7	3.4	中粗砂岩
	KF－13	1286.80～1287.00		22.5	51.0	24.2	2.3	中粗砂岩
	KF－14	1287.30～1287.50		22.3	51.2	23.6	2.9	中粗砂岩
	KF－15	1287.90～1288.10		22.8	51.7	23.3	2.2	中粗砂岩
	KF－16	1289.00～1289.20		35.2	44.0	13.8	7.0	中粗砂岩
	KF－17	1290.50～1290.70		23.4	53.3	20.1	3.2	中粗砂岩
	KF－18	1291.00～1291.20		34.9	42.8	16.6	5.7	中粗砂岩
	KF－19	1292.00～1292.20		34.1	45.3	12.3	8.3	中粗砂岩
	KF－20	1293.50～1293.70		33.3	46.2	10.5	10.0	中粗砂岩
	KF－21	1296.00～1296.20		34.8	46.7	11.9	6.6	中粗砂岩
	ST－3	1274.00～1274.15		10.2	17.3	59.8	12.7	中细砂岩
	ST－4	1280.65～1280.83		20.2	44.7	22.6	12.5	中粗砂岩
	ST－5	1284.41～1284.65		5.1	22.4	58.4	14.1	中细砂岩
	ST－6	1288.63～1288.79	3	40.0	27.5	20.9	8.6	中粗砂岩
	ST－7	1295.98～1296.20		24.9	48.0	21.4	5.7	中粗砂岩
	ST－8	1295.03～1295.18		22.0	43.5	20.7	13.8	中粗砂岩

2. 砂岩沉积时颗粒迁移方式与粒径关系

（1）概率累积曲线

对热储岩芯样进行颗粒分析时，累积曲线与频率曲线可以用于统计分析各类粒径的颗粒在岩芯中所占的比例，为岩石的定名提供依据，如图 2－12 中累积曲线，累积质量大于 50% 的颗粒 ϕ 为 2.69，粒径为 0.155 mm，为中细砂岩。定量解译砂岩颗粒的迁移方式，对岩芯颗粒的分析结果绘制概率累积曲线，即以累积质量的百分比为纵坐标，以颗粒粒径 D（或 ϕ）为横坐标。概率累积曲线的纵坐标不是等间距的，而是以中央 50% 处为对称中心，向上、下两端相应地逐渐加大的，这样可将粗、细尾部放大表示出来。概率累积曲线可划分为三段：

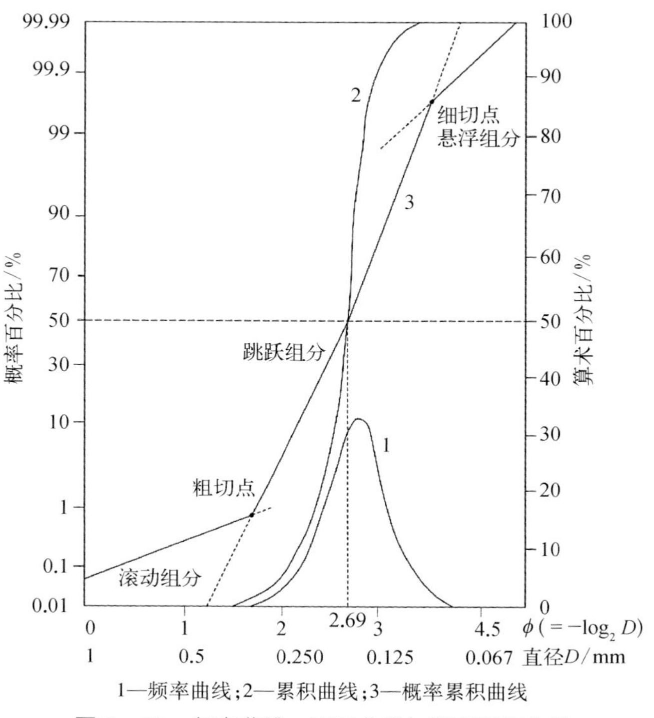

1—频率曲线;2—累积曲线;3—概率累积曲线

图2-12 频率曲线、累积曲线与概率累积曲线

粗颗粒段为滚动组分,中间为跳跃组分,细颗粒段为悬浮组分(图2-12)。粗切点表示能跳跃的最粗颗粒,反映水动力条件的强弱,水动力强则粗切点左移。细切点表示能悬浮的最粗颗粒。各直线段的陡缓反映分选性的好坏,线段陡(倾斜角度大于50°)表明分选性良好,线段缓(倾斜角度为20°~30°)表明分选性较差。悬浮搬运组分颗粒大小一般小于0.1 mm,为粉砂级别;跳跃搬运组分颗粒大小一般为0.1 mm<D<1 mm,该组分颗粒在动荡的水或流动的水中容易进行分选,因此跳跃总体的分选性最好。滚动搬运组分颗粒粗,贴在沉积顶面上滑动或滚动。

不同的沉积环境中,热储砂岩的概率累积曲线形态不同。河流相沉积的概率累积曲线多为两段式,悬浮组分较发育,跳跃组分的倾斜角度多为60°~65°,分选性良好,牵引载荷缺乏;在河道微相沉积中概率累积曲线可能出现三段式。以孤岛油田馆陶组上段热储河流的侧向加积砂坝(点砂坝、边滩)为例(图2-13),粒度特征表现为概率曲线是两段式,牵引载荷缺乏,跳跃组分段多存在两个斜率段,具中—高斜率,表明分选性良好;悬浮总体的斜率较低,分选性较差。

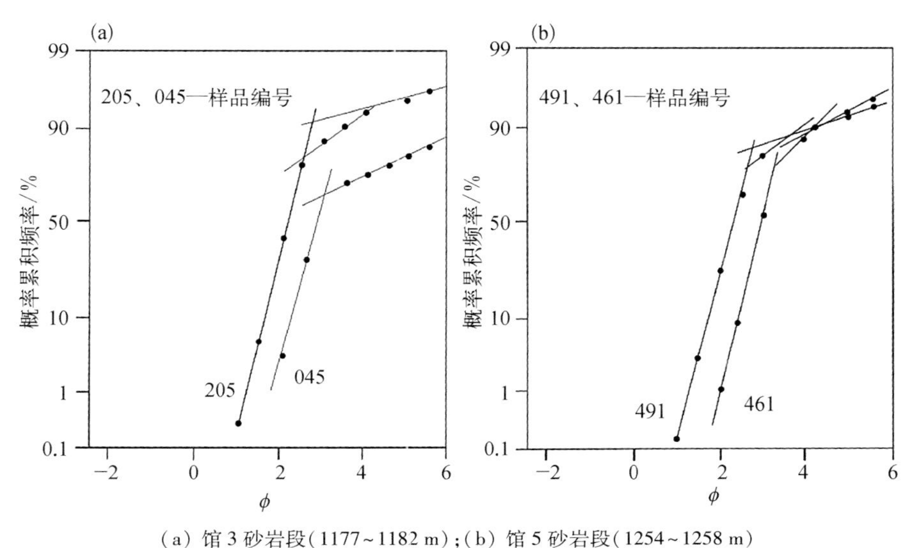

(a) 馆 3 砂岩段(1177~1182 m);(b) 馆 5 砂岩段(1254~1258 m)

图 2-13　河流相沉积概率累积频率图(孤岛油田,中 12-J411 孔)

(2) $C-M$ 图

帕塞加(Passega, 1969)提出用 $C-M$ 图来判断沉积岩的沉积环境。其中,C 为沉积岩中粗颗粒的粒径,取粒度分析累积曲线上颗粒质量的百分比为 1%处对应的粒径,代表了水动力搅动开始时搬运的最大能量;M 为沉积岩颗粒的平均粒径,取累积曲线上颗粒质量的百分比为 50%处对应的粒径,即粒度中值,代表了水动力的平均能量。单个样品的 $C-M$ 图是以 C(μm)为纵坐标、M(μm)为横坐标的双对数坐标上投的一个点。为确定地层的沉积成因,须从该地层成因单元取几十个样品(样品属同一沉积环境的产物),根据 $C-M$ 图形的形态、分布范围及图形与 $C-M$ 基线的关系特征,与已知沉积环境的典型 $C-M$ 图进行对比,结合其他岩性特征,分析该层沉积岩的沉积环境。帕塞加将搬运沉积物的底流分为牵引流与浊流两种形式。河流、海(湖)流、触及海(湖)底的波浪都属于牵引流,水动力以滚动或悬浮两种方式搬运沉积物。浊流是一种流速很快的高密度流,如洪流、泥石流或崩滑流等,主要以悬浮方式搬运沉积物,大量的泥、砂,甚至砾石、卵石都悬浮于其中。在

$C-M$图中，浊流沉积的图形以平行于$C-M$基线为特征；牵引流沉积的图形则只有较短的一部分平行于$C-M$基线，或者完全不与$C-M$基线平行（图2－14）。

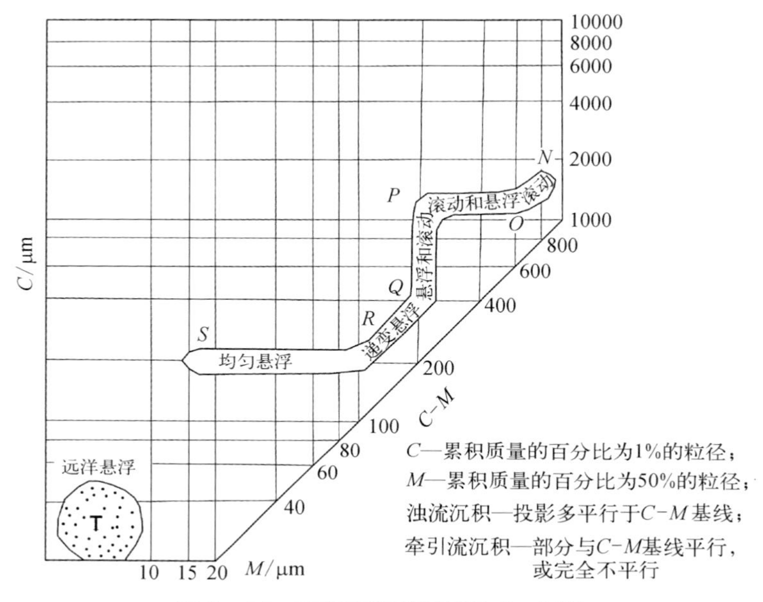

图2－14 帕塞加牵引流沉积$C-M$图

在$C-M$图中，牵引流沉积的典型图形可划分为$N—O—P—Q—R—S$各段。$Q—R$段代表递变悬浮沉积，递变悬浮搬运是指在流体中悬浮物质由下向上粒度、密度均逐渐变小；一般位于水流底部，常是由于涡流发育造成的；当涡流流速降低时，迅速发生流动；递变悬浮沉积物的一个最大特点是C与M成比例增加，从而使这段图形与$C-M$基线平行；在牵引流沉积中，C指示最大的地质营力，$Q—R$段C的最大值以C_s表示，代表底部的最大搅动指数；该段的最小值C_u代表底部的最小搅动指数。$R—S$段为均匀悬浮，是粒径和密度不随深度变化的完全悬浮；均匀悬浮常是递变悬浮之上的上层水流搬运方式；在弱水流中可能不存在递变悬浮，而是由均匀悬浮直接与底床接触；均匀悬浮的物质主要为粉砂和泥质的混合物，最粗粒度为细砂；由于均匀悬浮搬运常不受底流分选，在河流中从上游至下游沉积物的粒度成分变化不大，只是粗粒级含量相对减少，在$R—S$段中C往往基本不变，而M向S端减少；$R—S$段的最大C，即C_u代表均匀悬浮搬运的最大粒级。$P—Q$段仍以悬浮搬运为主,但含有少量滚动搬运组分;由上游至下游 C 变化而 M 不变,说明随着地质营力的减弱,越向下游滚动组分的颗粒越小;但由于滚动颗粒的数量并不多,因此 M 基本不变;P—Q 段 P 点附近的 C 以 C_r 表示,代表最易做滚动搬运的颗粒直径。O—P 段以滚动搬运为主,滚动组分与悬浮组分相混合;C 一般大于 800 μm,但由于滚动组分中有悬浮物的参加,从而使 M 有明显的变化。N—O 段基本上由滚动颗粒组成,C 一般大于 1 mm,常构成河流的砂坝砾石堆积物。

浊流沉积的 $C-M$ 图很好地平行于 $C-M$ 基线,浊流的流速很快,当流速降低时,悬浮物质移向底部,使底部密度不断增加,最终形成整体的沉积作用,形成未分选的沉积物。与牵引流的梯度悬浮沉积相区别的是浊流的 C 与 M 变化幅度均增大。在浊流沉积 $C-M$ 图点群中画一条平均线,平均线与 $C-M$ 基线的水平距离 L_m 代表浊流沉积的分选性。L_m 越小,说明沉积物的分选性越好。

国景星以济阳坳陷的单 63 井段为例(图 2-15),采集 1088~1134 m 的井段岩芯进行颗粒分析。结果表明,该孔馆陶组早期 $C-M$ 图主要发育 O—P—Q—R 段,缺失 R—S 段,沉积物主要由河床沉积和漫流沉积构成。

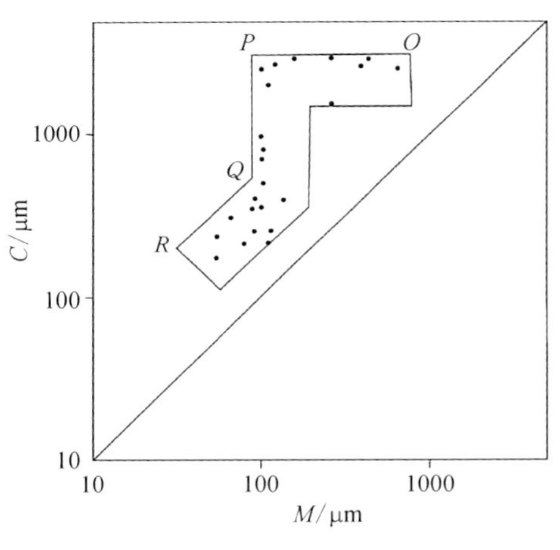

图 2-15　单 63 井段岩芯 $C-M$ 图

2.3.3　砂岩热储厚度特征

热储砂岩的厚度受沉积环境的控制,其中构造环境是主控因素,构造环境不同,砂岩的厚度变化较大,如济阳坳陷北部的沾化凹陷馆陶组热储砂岩平均厚度达 350 m 左右,车镇凹陷平均厚度为 230 m 左右,济阳坳陷南部的东营凹陷与惠民凹陷平均厚度为 180 m 左右。同一构造环境下,热储砂岩的厚度、单层砂岩厚度及砂岩与地层厚度的比值等与热储的沉积相密切相关。以济阳坳陷馆陶组热储为例(表 2-6),典型沉积相的热储厚度特征明显。

表2-6 济阳坳陷馆陶组热储厚度特征与典型沉积相对照表

沉积相	沉积亚相	砂层厚度/m	单砂层厚度/m	砂层厚度系数	砾岩及含砾砂岩厚度/m
山麓洪积相	冲积扇	>40	>30	>0.6	10~80
冲积平原	冲积平原	<45	<15	<0.45	—
	间歇性河道	>30	>6	>0.45	—
辫状河	河道	>60（或40）	>30（或16）	>0.4	—
	河道边缘	20~40	8~16	0.2~0.4	—
	道间	<30	<8	<0.25	—
曲流河	河道	>20	4~8(或16)	0.2~0.6	—
	河道边缘	10~20	2~6	0.1~0.2	—
	泛滥平原	<15	<4	<0.1	—
	废弃河道	>15	>4	>0.15	—

热储厚度及其在平面上的展布形态受河流沉积作用方式的影响，在平面上一般呈透镜体状分布（图2-16）。低水位体系域主要由辫状河流的砂砾质沉积物组成。辫状河是一种低弯曲度的多河道系统，流域的坡降较大，以粗粒的床底载荷为主，是一种高能河流。这种河流的稳定性较低，通常河道在侧向上可有较大距离的迁移和摆动，河道的彼此切割可形成范围很广、在垂向上互相叠覆、向上连片分布的席状砂体。水进体系域与高水位体系域对曲流河、网流河沉积有利，以溢岸细粒沉积占绝对优势的河道砂体通常为较窄的带状，两侧被天然堤所限。

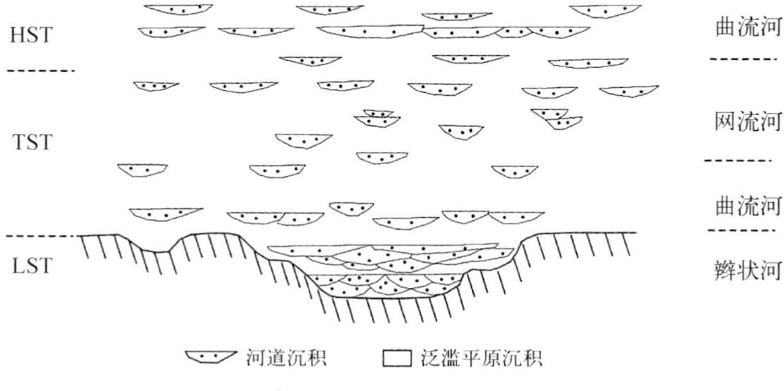

图2-16 河流沉积中河道砂岩空间展布概念模型

2.3.4　热储砂岩渗透性能

热储的孔隙度、渗透率、孔隙孔喉的直径等对回灌工程的设计具有重要意义，这 3 个热储参数具有紧密的内在联系。

1. 孔隙度

砂岩热储的孔隙按其成因类型可分为原生孔隙与次生孔隙。原生孔隙指砂岩沉积成岩时形成分布于颗粒、杂基及胶结物之间的粒间孔隙、层理层面之间的孔隙等，其中粒间孔隙是砂岩热储的主要孔隙类型。次生孔隙指岩石形成后，在淋滤作用、溶解作用、交代作用及重结晶等成岩作用下形成的孔隙和孔洞，以及各种构造作用形成的裂隙等。

（1）砂岩热储孔隙度分级

砂岩热储孔隙的多少采用孔隙度来衡量，孔隙度越大，说明岩石中孔隙空间越大。从实际应用出发，只有那些互相连通的孔隙才有实际意义。在一般压力条件下，允许流体在其中流动的孔隙体积之和与岩样总体积的比值称为有效孔隙度，其值略小于总孔隙度。实验室测定的热储岩芯孔隙度一般为总孔隙度，根据所测热储砂岩总孔隙度的大小，参照关于油田砂岩储层孔隙度的分类标准，结合地热资源开采与回灌实践，将砂岩热储分为高孔隙度、中孔隙度、低孔隙度热储（表 2－7）。

表 2－7　砂岩热储孔隙度分类一览表

分　类	高孔隙度	中孔隙度	低孔隙度
总孔隙度/%	>25	15～25	<15

（2）砂岩热储孔隙度演化

成岩作用是砂岩热储孔隙度演化的主导因素，在热储沉积物埋藏过程中，一般经历了压实作用、胶结作用、溶蚀作用与重结晶作用等。

砂岩的压实作用主要为上覆地层的机械压实作用，主要发生在沉积物埋藏早期，根据统计分析，砂岩在未压实之前的孔隙度范围为 28%～44%，埋深每增加 100 m，孔隙度降低 0.55%～0.75%，随着埋深的增加，孔隙度降低的速率变小，其关系曲线可采用公式 $\phi = ae^{bZ}$ 表示，式中 ϕ 为孔隙度，a、b 均为常数，Z 为埋深。

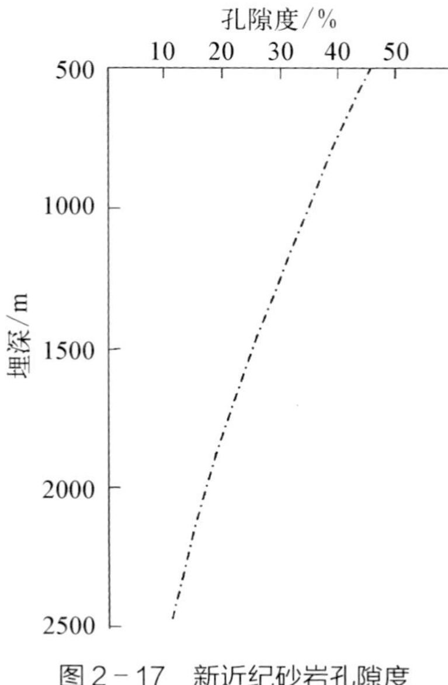

图 2－17　新近纪砂岩孔隙度随埋深变化图

陈墨香等对大港油田、胜利油田、华北油田及临清地区 13 个钻孔、159 个砂岩岩芯样品测试分析的结果表明，砂岩的孔隙度随埋深的增大而减小（图 2－17）。此外，接触点上骨架颗粒的溶解作用，也称为化学压实作用，可引起砂岩骨架颗粒体积缩小，同时会使骨架颗粒堆放得更紧密，粒间容积缩小，砂岩的孔隙度降低。

姚秀云等对不同岩性的砂岩孔隙度随深度的变化关系进行了统计分析，结果表明，砂岩的孔隙度随埋深的增加呈线性减小关系（表2－8），砂岩中泥质含量与关系式斜率成正比，表明含泥量高的砂岩孔隙度随深度增大而减少的速率大于含泥量低的砂岩。

表 2－8　各种砂岩 $\phi-Z$ 关系经验式表

岩　性	$\phi-Z$ 关系经验式	埋深变化范围/m
粉砂岩	$\phi = 35.73 - 0.0107Z$	963～2567
含泥粉砂岩	$\phi = 36.13 - 0.0119Z$	976～2587
砂岩	$\phi = 33.25 - 0.0123Z$	965～2486
含泥砂岩	$\phi = 40.08 - 0.0135Z$	976～2587
含钙细砂岩	$\phi = 33.8 - 0.011Z$	1030～2431

砂岩的胶结类型主要有方解石和白云石碳酸盐胶结、石英次生加大的硅质胶结及黏土和矿物胶结等，胶结作用对砂岩孔隙度的影响较大，胶结程度越高，砂岩的孔隙度越低。砂岩的孔隙度可定量地表示为颗粒粒间容积与胶结物体积之差。

溶蚀作用主要表现为长石和碳酸盐胶结物的溶蚀，形成次生孔隙，使砂岩的孔隙度增加。

2. 渗透率

砂岩热储的渗透率取决于砂岩孔隙结构特征，有效孔隙度越大，其渗透率越大。王永兴等以大庆油田高 122、检 45 井为例，对其岩芯的孔隙度与渗透率测试结果进行投影分析，结果表明砂岩渗透率与孔隙度的关系曲线呈指数型（图 2－18），拟合公式为 $k = e^{0.35\phi} \times 1.38 \times 10^{-4}$，式中，$k$ 为砂岩渗透率（$\times 10^{-3}$ μm² 或 mD），ϕ 为砂岩孔隙度（%）。

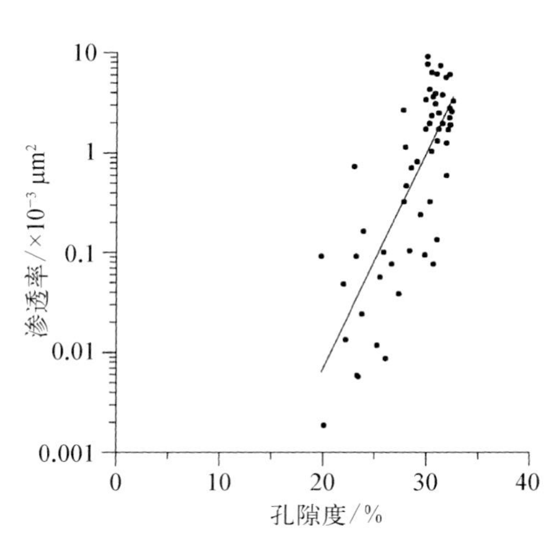

图 2－18　砂岩渗透率与孔隙度的关系曲线图（高 122、检 45 井岩芯）

柯兹尼对多孔地层的绝对渗透率进行研究，提出了渗透率的计算公式：

$$k = \frac{C\phi^3}{TS^2(1-\phi^2)} \tag{2-3}$$

式中，C 为柯兹尼常量，应用时可视作常数；T 为渗透路径的曲折度，即渗流运动的实际路径长度与岩样长度的比值；S 为地层固体骨架的比表面，即固体骨架曝露于孔隙流体中的表面积与固体骨架体积之比值。由于比表面 S 和柯兹尼常量 C 在应用中无法准确取得，Jorgensen 采用现场数据统计分析提出了渗透率的经验公式：

$$k = 84105\frac{\phi^{m+2}}{(1-\phi)^2} \tag{2-4}$$

式中，k 为岩石的渗透率，mD；m 为胶结指数，与孔隙结构、泥质含量等相关，取值为 1.09~2.53，计算时一般取值为 2。

砂岩热储的渗透系数与其渗透率之间的关系式为

$$k = \frac{\mu}{\rho g}K \tag{2-5}$$

式中，μ 为地热流体的动力黏滞系数，kg/(m·s)；ρ 为地热流体的密度，kg/m^3；g 为重力加速度，取 9.8 m/s^2；k 为砂岩热储的渗透率，m^2；K 为砂岩热储的渗透系数，m/s。

借鉴油藏分类标准，按砂岩热储的渗透率大小将砂岩热储分为高渗透性、中等渗透性与低渗透性三个等级(表 2-9)。

表 2-9 砂岩热储渗透率分级

等　级	高渗透性	中等渗透性	低渗透性
渗透率/($\times10^{-3}$ μm^2 或 mD)	>500	50~500	<50

3. 孔隙孔喉直径

超毛细管孔隙：直径>0.5 mm(500 μm)，液体在重力作用下自由流动。毛细管孔隙：直径为 0.0002(0.2 μm)~0.5 mm，由于毛细管力的作用，液体不能自由流动。微毛细管孔隙：直径<0.0002 mm，液体在非常高的剩余流体压力梯度下流动。

第 3 章

砂岩热储回灌井布局

3.1 回灌目的层可回灌性与目的层选择

砂岩热储由一系列成因上相互联系的砂、泥岩互层组成,在空间分布上具有各相异性的特点。砂岩多呈透镜体状展布,其单层厚度、粒径大小、孔隙度及渗透性能等是决定其回灌性能的关键因素。

3.1.1 回灌目的层物性参数确定

由于取芯钻探的施工难度大、成本高,在地热地质勘探过程中,多通过综合测井方式取得热储的物性参数。综合测井的项目一般为双感应-八侧向、视电阻率、自然电位、自然伽马、声波时差、声波幅度、井温、井径及井斜。

可通过综合测井判别地层岩性、计算热储的孔隙度、渗透率、单层厚度、泥质含量等,以德州市城区 DR1 回灌井为例,通过综合测井对馆陶组热储砂岩段的孔隙度、渗透率进行解译如表 3-1 所示。

表 3-1 鲁北院①办公地回灌井测井解译成果表

层号	起始深度/m	终止深度/m	厚度/m	电阻率/(Ω·m)	声波时差/(μs·m^{-1})	孔隙度/%	渗透率/($\times10^{-3}$ μm^2)	泥质含量/%	井温/℃	解译结论
1	1013.4	1022.3	8.9	7.7	382.2	28.7	390.9	20.5	48.8	水层
2	1043.4	1051.0	7.6	8.2	402.9	32.3	624.5	19.0	49.1	水层
3	1098.1	1104.6	6.5	5.7	376.6	24.1	216.2	37.3	49.6	水层
4	1131.9	1134.5	2.6	4.9	394.4	28.5	429.6	22.6	49.9	水层
5	1163.4	1168.8	5.4	5.6	372.7	25.4	275.4	22.4	50.2	水层
6	1204.9	1208.9	4.0	5.1	357.6	24.0	181.7	18.2	50.6	水层
7	1222.4	1227.9	5.5	4.8	351.0	23.9	200.6	15.1	50.8	水层
8	1285.8	1288.8	3.0	3.3	381.8	23.7	190.3	37.3	51.4	水层
9	1290.4	1311.4	21.0	4.1	388.2	29.9	394.3	21.3	51.6	水层

① 指山东省鲁北地质工程勘察院,下同。

续表

层号	起始深度/m	终止深度/m	厚度/m	电阻率/(Ω·m)	声波时差/(μs·m⁻¹)	孔隙度/%	渗透率/($\times10^{-3}$ μm²)	泥质含量/%	井温/℃	解译结论
10	1315.9	1318.4	2.5	3.7	392.0	27.7	345.8	22.3	51.7	水层
11	1321.0	1331.4	10.4	4.2	381.4	30.0	410.7	13.9	51.8	水层
12	1335.9	1339.3	3.4	3.6	382.2	29.4	412.2	11.5	51.9	水层
13	1340.4	1346.6	6.2	4.7	372.5	29.3	390.3	6.3	52.0	水层
14	1348.9	1494.4	145.5	5.1	343.0	24.2	167.0	14.2	52.8	水层

3.1.2 回灌目的层综合渗透性能确定

砂岩热储的综合渗透性能一般在勘探孔完井后，进行稳定流抽水试验或非稳定流抽水试验求取，通过涌水量与降深的关系曲线，求取热储的渗透系数、导水系数及释水系数等。以德州市城区 DR1 回灌井为例，热储渗透性能的确定过程如下。

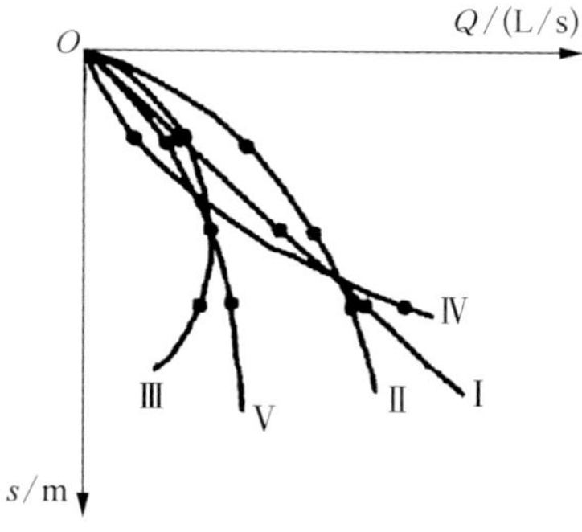

Ⅰ—承压水；Ⅱ—潜水或承压水受管壁（包括过滤器）阻力和三维流、紊流的影响；Ⅲ—水源不足，或过水断面在抽水过程中遭到堵塞；Ⅳ—当吸水龙头放置在过滤器进水部位时，表明抽水受三维流、紊流影响，属正常现象；当吸水龙头放置在过滤器进水部位以上时，表明抽水试验有错误，应重做试验；Ⅴ—表明某一降深值以下 s 增大，而 Q 不变，多由降深过大所造成。

图 3-1 $Q=f(s)$关系曲线类型图

1. 稳定流抽水试验

为求取热储的渗透系数，一般采用三次降深的稳定流抽水试验，并为评价热储的出水能力，其中一次降深接近 30 m 为宜。采用先大降深后小降深的正向抽水顺序，大降深的稳定时间不小于 24 h，小降深的稳定时间不小于 8 h。恢复水位观测至 3 次所测数字相同，或 4 h 内水位变化不超过 2 cm 即可，并以最终的稳定水位作为确定水位降深的初始水位。砂岩热储顶板埋深一般远大于抽水时的水位降深，统计结果表明，抽水试验的 $Q=f(s)$ 关系曲线受壁阻力，以及三维流、紊流的影响呈略向上凸的曲线，与图3-1中曲线类型Ⅱ相似，而图 3-2 的

$q=f(s)$ 关系曲线呈略向下倾斜的曲线。由于二次降深时流量的差异,地热水自热储流出井口时温度降略有差异,大降深时井口出水温度一般高于小降深时 1~2 ℃,该温度差下采用所观测到的水位降进行渗透系数求取时不会产生较大的误差,所以不必对抽水试验的水位降深进行温度校正。如 DR1 回灌井在洗井结束后随即开展 2 个落程(S_1、S_2)的稳定流抽水试验(表 3-2),2 个落程井口水温差为 1.5 ℃。热储渗透系数采用裘布依公式及承压水抽水试验影响半径经验公式进行估算:

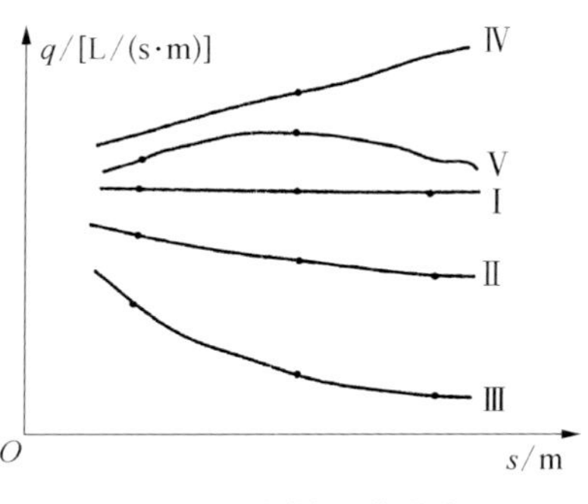

图 3-2　$q=f(s)$关系曲线类型图

$$K=\frac{0.366Q(\lg R-\lg r)}{Ms}$$

$$R=10s\sqrt{K}$$

$$T=KM \tag{3-1}$$

式中,r 为滤水管的半径,m;T 为导水系数,m^2/d;其他量和单位见表 3-2。

表 3-2　DR1 回灌井降压试验成果表

项　目	试 验 成 果	
抽水试验区段/m	1290.40~1494.40	
热储含水层累积厚度 M/m	162.00	
热水水位埋深/m	49.55	
抽水次序	S_1	S_2
水位降深 s/m	17.60	9.45
涌水量 Q/(m^3/h)	82.50	60.00
稳定时间/h	28	8
热储渗透系数 K/(m/d)	0.83	1.05
影响半径 R/m	160.10	96.61
水温/℃	55.5	54.0

根据式 3-1 计算得到其热储渗透系数介于 0.83 m/d 与 1.05 m/d 之间(表 3-2),导水系数介于 134.04 m^2/d 与 169.32 m^2/d 之间。

2. 非稳定流抽水试验

华北平原砂岩热储主要作为供暖开发的水热源，要求对供暖后的未污染地热尾水实行同层回灌处理，回灌井与开采井之间的距离一般在 500 m 左右，可采用一个大落程的非稳定流抽水试验方法准确求取热储的导水系数(T)与弹性释水系数(μ_e)。参数的计算采用泰斯公式和配线法，其原理与计算步骤如下：

$$s = \frac{Q}{4\pi T}W(u) \qquad \lg s = \lg W(u) + \lg \frac{Q}{4\pi T}$$

$$u = \frac{r^2}{4at} \qquad t = \frac{r^2}{4a} \cdot \frac{1}{u} \qquad \lg t = \lg \frac{1}{u} + \lg \frac{r^2}{4a} \tag{3-2}$$

$$a = \frac{T}{\mu_e}$$

在透明的双对数纸上绘制水位降深(s)与时间(t)曲线，并将其置于 $W(u)-1/u$ 双对数标准曲线之上，在保持对应坐标轴彼此平行的条件下相对平移，直至两曲线重合为止，采用匹配的任一点代入泰斯公式(式 3-2)计算热储的导水系数(T)与弹性释水系数(μ_e)。滑铁卢水文地质公司(Waterloo Hydrogeologic)开发的 Aquifer test 软件中包含了该方法，可简化配线计算过程。如以德州市鲁北院办公地 DR1 回灌井为抽水井，DR1 开采井为观测井，进行了一次非稳定流抽水试验。抽水前 DR1 回灌井初始水位埋深为 50.443 m，抽水流量约为 83 m^3/h，降深为 10.68 m。DR1 开采井初始水位埋深为 50.75 m，观测降深在 3.2 m 左右。抽水试验前，DR1 回灌井水温稳定在 19.7 ℃，抽水 10 h 后，水温稳定在 54.8 ℃。根据抽水时段 DR1 开采井观测水位降深进行泰斯配线，取得导水系数(T)为 2.22×10^2 m^2/d，渗透系数(K)为 1.37 m/d，弹性释水系数(μ_e)为 1.64×10^{-4}(图 3-3)。

3.1.3 回灌渗透性能影响因素

1. 孔隙度对回灌能力的影响

通过搜集国内砂岩热储回灌井资料(表 3-3)发现：砂岩热储地热回灌井的

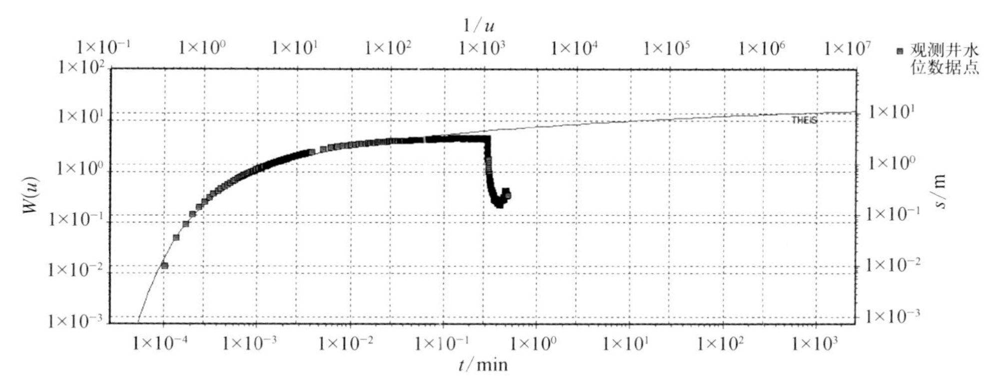

导水系数(T)为 2.22×10^2 m^2/d;弹性释水系数μ_e为 1.64×10^{-4};渗透系数(K)为 1.37 m/d。

图3-3 观测井(DR1开采井)抽水段Theis分析曲线

孔隙度一般大于20%。馆陶组回灌井孔隙度为22%~37%,其回灌量为43.68~69.2 m^3/h。

表3-3 地热回灌井取水段孔隙度、渗透率统计表

回灌井	热储层	孔隙度/%	渗透率/($\times10^{-3}$ μm²)	回灌段/m	滤水管/射孔长度/m	井深/m	回灌量/(m^3/h)
平原县魏庄社区回灌井	Ng	22.56~36.33	156.98~943.77	1130.70~1393.30	135.53	1400.94	69.20
鲁北院办公地回灌井	Ng	24.20~30.00	167.00~412.20	1290.40~1494.40	172.69	1494.40	43.68
武城二中①回灌井	Ng	25.48~38.15	265.74~906.62	1460.00~1681.10	170.10	1682.53	40.87
武城县畅和名居小区	Ng	23.24~31.43	554.70~906.62	1452.40~1586.00	100.00	1620.00	63.44
武城县宏图嘉苑小区	Ng	25.53~36.99	355.03~1742.00	1416.79~1573.71	110.99	1600.26	65.00
德州水文队家属院	Ng	31.40~35.40	225.30~391.70	1319.00~1525.00	169.58	1536.44	56.96

① 指山东省武城县第二中学,下同。

地热回灌工程中，热储层孔隙特征决定了其回灌能力的强弱。岩石中孔隙一般分为连通孔隙和封闭孔隙，只有那些互相连通的孔隙才有实际意义，有效孔隙度是指那些互相连通的、在一般压力条件下允许流体在其中流动的孔隙体积之和与岩样总体积的比值，以百分数表示。有效孔隙度小于其总孔隙度，有效孔隙度一般要比总孔隙度小5%~10%。多数含水层的孔隙度，变化区间为5%~30%，最普遍的是10%~20%。孔隙度不到10%的含水层，一般认为是没有回灌价值的。因此，结合国内砂岩热储孔隙度与回灌量的对比结果，得到孔隙度与砂层回灌能力关系，见表3-4。

表3-4 孔隙度与砂层回灌能力关系表

孔隙度	回灌能力	可选性
<10%	差	不应选取
10%~<15%	较差	不宜选取
15%~<20%	较好	宜选取
≥20%	好	应选取

2. 渗透率对回灌能力的影响

渗透率是表征介质导水能力的重要水文地质参数，与有效孔隙度成正比；渗透率越大，导水能力越强，回灌能力也越强。

砂岩热储地质参数资料显示，馆陶组回灌井渗透率为156.98×10^{-3}~$1742.0\times10^{-3}\ \mu m^2$。热储层的回灌能力与渗透率的关系见表3-5。

表3-5 渗透性能与砂层回灌能力关系表

渗透率/($\times10^{-3}\ \mu m^2$)	<50	50~<200	200~<500	≥500
回灌能力	差	较差	较好	好
可选性	不应选取	不宜选取	宜选取	应选取

3. 砂层厚度对回灌能力的影响

砂岩热储地热尾水回灌中，热储层砂岩单层厚度是决定回灌井回灌能力的地质要素之一。

根据牛顿黏性定律,同等条件下单层厚度越大,回灌的效果越好。在相同条件下,单层厚度越薄,意味着隔水层越多,其黏性阻力越大,回灌的效果就越差。

本文搜集鲁北院办公地回灌井和德热 1 回灌井(简称“德热 1 井”)资料,两者热储层岩性特征均为馆陶组,均采用填砾成井工艺,井身结构相似,取水层井径为 177.8 mm,孔径分别为 444.5 mm、450.0 mm,两者的热储层位置和筛管位置以及其他参数见表 3-6。

表 3-6　鲁北院办公地回灌井和德热 1 井过滤管位置

井号	层位	热储层位置/m	砂层厚度/m	筛管位置/m	长度/m
鲁北院办公地回灌井	1	1290.40~1311.40	21.00	1293.99~1385.58	91.59
	2	1315.90~1318.40	2.50		
	3	1321.00~1331.40	10.40		
	4	1335.90~1339.30	3.40		
	5	1340.40~1346.60	6.20		
	6	1348.90~1386.00	37.10		
	7	1413.00~1494.40	81.40	1409.11~1490.21	81.10
	合计	1290.40~1494.40	162.00	滤水管累计长度	172.69
德热 1 井	1	1319.00~1340.00	21.00	1343.40~1354.64	11.24
	2	1346.00~1360.00	14.00		
	3	1375.00~1407.00	32.00	1366.40~1524.74	158.34
	4	1410.00~1425.00	15.00		
	5	1428.00~1492.00	64.00		
	6	1495.00~1525.00	30.00		
	合计	1319.00~1525.00	176.00	滤水管累计长度	169

通过对比发现:鲁北院办公地回灌井和德热 1 井含水层厚度分别为 204 m、206 m,累计砂层厚度分别为 162 m、176 m,累计砂层厚度占含水层厚度的比例分别为 79.41%、85.44%,但两者的最大稳定回灌量分别为 43.68 m^3/h、56.54 m^3/h,回灌量相差较多。两者回灌量相差较多的原因是德热 1 井单层砂层厚度均大于 10 m,而鲁北院办公地回灌井单层砂层厚度小于 10 m 的共有三段,这说明热储层单层砂层厚度越大,越有利于回灌。

因此，根据华北地区馆陶组砂岩热储回灌井的取水段单层厚度，考虑实际所下滤水管长度规格、施工难易程度及施工成本，并结合实际回灌井回灌效果，形成了回灌目的层砂层单层厚度与回灌能力的关系，见表3－7。

表3－7　砂层单层厚度与回灌能力的关系

单层厚度/m	<5	5～<10	10～<20	≥20
回灌能力	差	较差	较好	好
可选性	不应选取	不宜选取	宜选取	应选取

综上所述，当回灌场地热储层满足以下条件时，可认为其可开展回灌工作。具体包括：砂岩层颗粒为细砂级（0.01 mm）以上、不均匀系数小于5、砂岩层孔隙度大于15%、砂岩层渗透系数大于200×10^{-3} μm^2、砂岩层单层厚度大于10 m条件的砂岩层，累计厚度大于80 m。这是一个最低条件，回灌井成井选层时尽量多取砂层。

3.2　采灌井距及影响因素

目前，国内外在孔隙热储回灌中，开展过专门的合理采灌井距研究的城市主要有西安、咸阳、天津和德州等。明确开采井和回灌井之间“热突破”情况，确定合理采灌井距，地热回灌对井示踪试验是研究这些问题最重要、最直观的工作方法。

3.2.1　合理采灌井距研究现状

1. 陕西砂岩热储合理采灌井距研究现状

（1）《西安地热田地热水回灌试验研究》（陈玉林，2012），该课题组于2011年1月首次在西安地热田XG小区对井同层位回灌试点进行了地热水示踪试验。

XG小区开采井和回灌井相距202 m，取水层段相同，均为新近纪蓝田灞河组砂岩。将开采井的地热尾水作为回灌水源，为自然压力下的回灌。开采井于 2008 年 9 月竣工，取水段为 1350.4～1741.2 m，出水量为 80.36 m^3/h，井口出水水温为 68 ℃，闭井井口压力为 0.18 MPa。回灌井于 1995 年 10 月竣工，取水段为 1393.7～1728.0 m，静水位埋深为 18.97 m，水温为 60 ℃。示踪剂试验条件为在开采井开采条件下，在回灌井中注入示踪剂，试验示踪剂选用硫酸氢铵。大约在 42 d时开采井中开始有示踪剂出现，52 d 时示踪剂浓度达到峰值。说明回灌井和开采井地热储层是连通的，示踪剂在地下运移的速度为 0.19 m/h。

（2）《深层孔隙型热储地热尾水回灌堵塞机理及示踪技术研究——以咸阳回灌二号井为例》（云智汉，2014），论文选取亟待进行地下热水回灌的全国地热名城——咸阳的深层孔隙型热储地下热水为研究对象，在对示踪剂进行热稳定性试验、配伍试验和吸附试验的基础上，选取硫氰酸铵作为示踪剂，开展深层孔隙型热储地热尾水回灌示踪试验的研究，研究开采井和回灌井之间热突破情况。

示踪试验示踪剂的投放井为位于咸阳市陕西财经职业技术学院东的咸阳 2 号回灌井（WH2），2013 年 10 月竣工，回灌层段为 1414.60～2656.5 m（其中 1414.60～1964.9 m 层段为蓝田灞河组）。回灌水取自该井西北方向 1104 m 处的开采井 WR7 经过换热后的地热尾水。示踪试验监测井为回灌井西南方向 503.5 m 处文热 1 井（WR1）、东南方向 804 m 处文热 2 井（WR2）与西南方向 414 m 处文热 9 井（WR9），示踪试验后期补加回灌井东南方向 1239 m 处陕西工业职业技术学院地热井作为监测井。2014 年 1 月 9 日正式投放试踪剂，1 月 13 日开始取样检测，持续至 3 月 15 日供暖期结束。WR1、WR2 和 WR9 水样检测示踪剂浓度始终在本底值附近上下波动，未见明显峰值。本次地热井示踪试验是国内 2700 m 深层孔隙热储、采灌井井距超过 400 m 条件下进行的一次探索性的地热尾水回灌示踪试验，回灌区对井井距最近为 414 m，实际采灌周期只有 65 d，人工流场对示踪剂的运移影响有限，在回灌周期内虽然没有检测到示踪剂响应，但此次尝试为后续的示踪试验积累了宝贵的经验。根据国内外同类型示踪试验经验，深层孔隙型地热回灌示踪试验井距一般以不大于 300 m 为宜。

2. 天津砂岩热储合理采灌井距研究现状

（1）《中低温孔隙型地热田回灌试验研究》（王坤，朱家玲，2001），论文以天津武清地热田为例探讨在孔隙介质地热田开展回灌的技术可行性。武清地热田主要开采层为新近纪馆陶组热储,热储温度为76~86 ℃,1998年总开采量达到1.18 Mm^3,1999年时水位埋深为65 m。论文计算了在回灌过程中各种不同情况下冷锋面的运移速度,采用一维模型计算热突破时间。经数学模拟预测,回灌水量为50.4 m^3/h时,冷锋面运移到距离回灌井800 m处需要39 a(热储平均厚度按12 m计,即热储总厚度的10%),即当生产井距离回灌井为800 m时,在20~30 a内不会引起热突破。但是,由于不知道透水通道的体积,这一结果还不确定。为此,需要进行示踪剂试验来进一步研究确定。另外,实际操作过程中,回灌工作只在冬季取暖期进行,其余时段回灌水将从岩体吸收更多的热量,进一步减缓热储冷却速度。根据以上分析,建议武清地热田的回灌井和生产井距离在800 m左右。

(2)《地热回灌井间压差补偿对回灌效率影响的分析》(朱家玲,2012),论文以天津滨海新区塘沽地区(533 km^2)馆陶组孔隙型地层为研究重点,建立地热热储概念模型和数学模型。利用TOUGH2软件拟合研究区内地热井的历史数据,模拟结果与监测数据吻合较好。在此基础上,进一步研究回灌率在60%和100%下,采灌井距从700 m减至250 m时地热流体的温度和压力变化。结果表明:随着井距的逐渐减小,开采井压力略有上升。当采灌井的间距由700 m逐步减小至500 m时,地热流体温度无明显变化;而当井距进一步缩小至250 m时,发生热突破,地热流体温度在3~5 a后出现明显下降。因此,综合考虑对井回灌压力补偿作用和温度场的影响,提出孔隙型热储地热采灌井的间距不宜小于500 m。

(3)《基于林甸地热田砂岩孔隙热储回灌的初步分析》(仝红伟,2011),论文从回灌井结构、热储特征、回灌压力、回灌工艺等重点方面分析研究林甸热田砂岩孔隙热储回灌的回灌模式及地热回灌对水质、水量、水温的影响。回灌试验采用对井同层回灌方式,采灌井距为1000 m,回灌试段埋深为1235.20~1953.60 m,热储层累计厚度为182.4~192.9 m,主要回灌目的层位为白垩纪上统青山口组、泉头组砂岩孔隙热储。在试验中期选择稳定阶段在回灌井中连续投放示踪剂,同时在水源井及观测井中观测示踪剂离子浓度。经过2个月的观测,两观测井均未出现示踪剂浓度峰值。说明在合理井距的前提下,回灌井和抽水井之间不会形成热突破。

3. 山东省砂岩热储合理采灌井距研究现状

山东省自 2006 年首次对德州市德城区馆陶组砂岩热储开展地热回灌试验以来，山东省地质矿产勘查开发局第二水文地质工程地质大队在砂岩热储回灌方面进行了深入的研究，积累了大量的实践经验。

(1)“山东省地热资源开发利用效应及模式调查研究”(梁伟，2006)项目组于 2006 年 10 月 20—28 日在德州市德城区进行了回灌压力分别为 0.1 MPa、0.34 MPa、0.45 MPa、0.6 MPa 的四个回灌试验。试验采用同层、对井加压回灌方法。回灌井与开采井相距 65 m，取水层位均为馆陶组热储。回灌井成井深度为 1558.87 m，取水段为 1468 ~ 1558 m；开采井成井深度为 1491.37 m，取水段为 1332 ~ 1464 m。

该项目的报告表明，回灌井的位置要根据热储的性质、地热水的运移特点和补给方向，以及开采井所在部位等因素来考虑。如回灌井与开采井间距过小，容易过早产生热突破，使开采井水温降低。对于孔隙型热储，回灌井与开采井间距一般应控制在 1000 m 左右。

(2)“山东省东营市城区地热资源人工回灌调查”(张新文，2006)项目组采用了自然回灌方式，并分别进行了同层回灌和异层回灌两组回灌试验。

回灌水源井为东热 12 井，取水段 1404 ~ 1636 m，为东营组热储。回灌井为东热 2 和东热 5 井，取水段分别为 1176 ~ 1284 m(馆陶组热储)、1427 ~ 1596 m(东营组热储)；回灌井(东热 2 和东热 5 井)与水源井的距离分别为 498.0 m、448.2 m。观测井为东热 14 和东热 15 井，取水段分别为 1590 ~ 1775 m(东营组热储)、1276 ~ 1500 m(馆陶组热储)；观测井与水源井和回灌井的距离均大于 2100 m。

回灌试验分同层和异层回灌两种，第一阶段 2006 年 10 月 13 日 8 时 30 分— 16 日 14 时，只进行异层回灌，即抽取东热 12 井(东营组热储)水向东热 2 井(馆陶组热储)内灌输；第二阶段 2006 年 10 月 19 日 7 时 30 分—24 日 11 时，同层回灌和异层回灌同时进行，即向东热 5 井(东营组热储)和东热 2 井(馆陶组热储)同时灌输。

试验确定东营市水源井与回灌井距离宜在 800 ~ 1000 m。

（3）“山东省地热资源可持续开发利用研究”（张平平，2008）项目组借助北京、天津、西安的回灌经验，以及“山东省地热效应及模式研究报告”的回灌资料，对德州市德城区馆陶组、东营市城区东营组层状孔隙热储和威海宝泉汤带状裂隙热储，分别利用常温自来水和地热尾水，采用自流（未密封）与加压相结合的回灌方法和同层、对井加压回灌方法，进行地热回灌试验研究。

研究认为裂隙型热储的渗透率大，水流速度快，回灌井与开采井间距不宜过小；对于孔隙型热储，回灌井与开采井间距一般应控制在1000 m左右。

（4）“山东省德州市城区地热资源回灌勘查”（张震宇，2010）项目组在德州城区水文地质二队和经济开发区东建德州花园小区院内进行了2组同层对井加压回灌试验。

水文地质二队院内以德热1－1井为水源井，以德热1井为回灌井，井距65 m。试验时间为2010年10月19—29日，静水位埋深为26.30 m，试验层位为馆陶组热储含水层，抽水试验段为1317.19～1460.57 m。东建德州花园小区以东建1井为水源井，东建2井为回灌井，井距为311.6 m。试验时间为2011年5月22—29日，静水位埋深为30.20 m，试验层位为馆陶组热储含水层，抽水试验段为1317.19～1460.57 m。

报告表明，对于孔隙型热储，当回灌水与热储温差在76～86 ℃时，回灌井与开采井间距控制在800 m左右，可以保证在20～30 a内不会出现热突破。另外根据《地热资源地质勘查规范》（GB/T 11615—2010），开采井与回灌井的距离宜大于2倍的开采影响半径。德州市城区内当开采量为60 m^3/h时，开采井影响半径为197.55 m，因此开采井与回灌井的距离宜大于400 m。综上所述，在维持开采井水位压力和保证不出现热突破的前提下，回灌井与开采井间的距离宜控制在800 m左右。

（5）“山东省鲁北地区地热回灌条件研究”（张平平，2012）项目组选取2010年德州市经济开发区东建德州花园小区进行的地热回灌试验和2012年在平原县魏庄社区进行的地热回灌试验（周群道，2012）进行研究。

平原县魏庄社区地热回灌试验为馆陶组热储同层自然对井回灌，开采井深为1450 m，回灌井深为1400 m，两井间直线距离为231 m。回灌试验层段为

1130.7～1393.3 m，岩性为新近纪馆陶组砂岩、砂砾岩热储层。试验自2012年10月13日开始，至12月15日结束。试验前回灌井静水位埋深为30.69 m，开采井静水位埋深为31.81 m，回灌水温为50～52 ℃。回灌持续时间在33360 min以上，累计回灌量为41625.62 m^3，最大自然稳定回灌量可达72.0～75.0 m^3/h。本次地热回灌试验，回灌井与开采井之间小于300 m，由于开采井与回灌井同时抽灌，水量稳定时，回灌井水位可基本达到稳定，形成对井回灌模式，从回灌效果看，没有出现热突破，对井回灌量也可维持稳定。

根据王坤等的研究和《地热资源地质勘查规范》（GB/T 11615—2010），在维持开采井水位压力和保证不出现热突破的前提下，若要在鲁北地区开展地热回灌，回灌井与开采井间的距离宜控制在800 m左右。

（6）“济南市孔隙热储地热尾水回灌试验”（张平平，2014）项目组在商河县旭润新城小区内进行了一组同层对井自然回灌试验。回灌井和开采井两井地面直线距离150.1 m，由于回灌井为斜井，340 m以深，东北方向倾斜，角度约为30°，两井热储层中点间距为500 m。回灌井成井深度为1514.00 m，开采井成井深度为1430.00 m，试验层段为1178.60～1469.39 m，岩性为新近纪馆陶组中细、中粗砂，砂砾岩。2014年1月15日起正式回灌，3月16日停止供暖，原水进行回灌测试。试验前回灌井静水位埋深为34.0 m，开采井静水位埋深为34.15 m。

该回灌试验两井地面间距150.1 m，但由于回灌井为斜井，经换算，两井热储层间距为500 m左右。整个回灌过程为半个供暖期，至供暖后期，开采井水温下降1 ℃左右，而相距580 m左右的武夷御泉名城至供暖期结束，水温没有变化，证明随着灌入回灌水的运移，回灌水温对热储层温度影响越来越小。结合王坤等的研究，考虑到工作区热储回灌层为馆陶组，同天津武清地热田具有相近地热地质条件，区内水源井与回灌井距离宜在800～1000 m。

（7）“山东省地热尾水回灌试验研究”（张平平，2014）项目组在2012年平原县魏庄社区地热回灌试验的前期试验基础上，于2013年11月14日—2014年3月15日在该处首次采用地热尾水进行了地热回灌试验。回灌水源为开采井所开采的地热水，经供暖管网后进行回灌，尾水温度为30～32 ℃，开采井水温恒定在 53 ℃。试验前回灌井静水位埋深为 37.6 m,开采井水位埋深为 38.83 m。

该地热尾水回灌试验,回灌井与开采井之间小于 300 m,由于开采井与回灌井同时抽灌,水量稳定时,可达到回灌井水位的稳定,形成对井回灌模式,从回灌效果看,32 ℃的地热供暖尾水回灌至热储层后,经过流量变换,并没有出现热突破,回灌量也可维持稳定。但这并不能说明该井距为区内回灌井与开采井的合理井距,因为开采井进行抽水试验时,回灌井是有一定的波动的,即两井有一定的连通性,但是波动幅度不大,基本稳定后不再受开采井抽水量小幅变化的影响。而 2014 年初商河县城进行的地热尾水回灌试验,从监测数据上看,回灌的低温地热尾水对地热开采井水温未产生影响。

从以上两组回灌试验可知,低温地热尾水回灌对开采井并未产生影响,但回扬过程中回灌井初期有短期的水温升高现象,随后随回扬时间的延长,水温逐渐降低。这说明低温地热尾水在水动力场和热力场的驱动下不断向四周扩散运移,形成一定范围的冷却场,但经过为期 120 d 的尾水回灌试验,不足以影响到开采井水温。从热量守恒的角度考虑,长期低温尾水回灌将无可避免地对整个热储层温度产生影响,但对热储层的影响范围及程度与回灌水的温度、单位时间内的回灌水量有关,并依此来判断合理采灌井间距。

若将开采井所在位置的热储温度降低 1 ℃视为热突破,在不考虑大地热流对热储温度的影响条件下,根据热储层一定范围内热储降低 1 ℃所释放的热量与单位时间内回灌水量升高 1 ℃所吸收的热量的关系,计算出平原试验场地回灌热突破时间为 24659 h,约 1027 d,按照每年回灌 120 d 计算,回灌第 9 年出现热突破。计算省内砂岩热储区平均 150 m 含水层厚度,30 ℃地热尾水回灌条件下,不同灌量发生热突破的时间,若将地热井的开采期限定为 100 a,回灌量为 60 m^3/h,采灌井间距应大于 800 m。因此,建议采灌井间距为 800 m。

(8)“山东省博兴县庞家镇地区砂岩热储地热回灌试验”(周海龙,2016)项目组在山东省博兴县庞家镇张庄社区西侧施工地热井 2 眼,进行了回灌试验。开采井深为 1492.00 m,取水段位置为 1235.00~1468.00 m,水温为 59.5 ℃,热储含水层累计厚度为 86.50 m。回灌井深为 1492.47 m,取水位置为 1141.00~1467.00 m,热储含水层累计厚度为 109.00 m,地热井出口水温为 59.0 ℃,两井直线距离为 407 m。取水层位均为新近纪馆陶组热储。试验前回灌井水位埋深为 15.03 m，开采井水位埋深为 15.41 m。试验采用压力阶梯回灌的方式进行，分别为自然回灌，定压力 0.1 MPa、0.2 MPa、0.3 MPa 回灌。回灌水温 52 ℃。累计回灌量 44828.24 m^3，累计稳定回灌不间断时间为 2553 h，约 106 d。

试验场地含水层厚度为 109 m，回灌水量为每小时 30.5 m^3，根据计算，回灌热突破时间为 226355 h，约 9431 d，按照每年回灌 120 d 计算，回灌第 79 年出现热突破。

区内砂岩热储区平均含水层厚度为 97.75 m，若将地热井的开采期限定为 100 a，回灌量为 22.46 m^3/h，根据计算，采灌井间距应大于 500 m。

（9）“山东省砂岩热储地热尾水回灌试验”（张平平，2016）项目组采用对井同层自然回灌方式，在德城区首次采用地热尾水作为回灌水源进行了回灌试验。试验于 2014 年 11 月 12 日开始，至 2015 年 3 月 12 日结束。回灌试验场地位于德州市经济开发区山东省鲁北地质工程勘察院，开采井（回灌水源井）于 2012 年成井，成井深度为 1435.83 m，取水段为 1350.0 ~ 1435.0 m，为馆陶组热储，水温为 56 ℃，滤水管总长为 84.84 m。水位降深为 40 m 时，涌水量为 66.0 m^3/h。回灌井于 2014 年成井，成井深度为 1501.95 m，取水段为 1290.4 ~ 1490.4 m，水温为 55.5 ℃，热储含水层累计厚度为 162 m。水位降深为 17.6 m 时，涌水量为 82.5 m^3/h。两井间距为 172 m，回灌井静水位埋深为 50.44 m，开采井静水位埋深为 50.75 m。

由于开采井与回灌井同时抽灌，水量稳定时，可达到回灌井水位的稳定，形成对井回灌模式，从回灌效果看，降温后的地热供暖尾水回灌至热储层后，经过流量变换，并没有出现热突破，回灌量也可维持稳定。与 2013 年平原县魏庄社区和 2014 年商河县旭润新城小区进行的地热尾水回灌试验相同。

本次试验含水层厚度为 84.84 m，回灌水量为 45 m^3/h。根据计算回灌热突破时间为 39650 h，约 1652 d，按照每年回灌 120 d 计算，回灌第 14 年出现热突破。省内砂岩热储区平均含水层厚度为 150 m，若将地热井的开采期限定为 100 a，回灌量为 60 m^3/h，采灌井间距应大于 400 m。

据分析，30 ℃ 地热尾水以水量 60 m^3/h 回灌时，冷锋面运移到距离回灌井 800 m 地方需要 100 a 时间，即当生产井距离回灌井 800 m 时，在 100 a 内不会引起热突破。而实际操作过程中,回灌工作只在冬季取暖期进行,其余时段回灌水将从岩体吸收更多的热量,进一步减缓热储冷却速度。因此,建议采灌井间距为 800 m。

(10)"鲁北砂岩热储地热尾水回灌钻探及回灌工艺研究"(黄星,2016)项目组在 2014 年 11 月—2015 年 3 月进行的地热尾水回灌试验研究(张平平,2016)的基础上,于 2015 年 11 月 16 日—2016 年 3 月 18 日,在德州市经济开发区山东省鲁北地质工程勘察院内进行了一组地热回灌试验和示踪试验。

试验前回灌井静水位埋深为 68.86 m,开采井静水位埋深为 69.24 m,两井间距为 172 m。整个回灌试验期间,开采井抽水量较小,约为 15 m^3/h,开采井水位随着试验的延续缓慢降低,后期稳定在 79~80 m。回灌水温为 31~33 ℃,累计回灌量为 4.77×10^4 m^3,回灌量为 14~20 m^3/h,累计稳定回灌时间在 2700 h 以上。

示踪试验投入荧光素钠 3 kg、钼酸铵 100 kg。对地热水中的钼含量及荧光素钠进行检测发现,只检测到钼酸铵这一种示踪剂,未检测到荧光素钠。在注入示踪剂前,检测开采井中地热水本底值为 0.013 mg/L 左右。示踪剂钼酸铵到达时间为 1808 h(约 75 d),其值为 0.018 mg/L;到达峰值 0.023 mg/L 的时间为 1956 h(约 82 d);消失时间为 2905 h(约 121 d),其值为 0.014 mg/L。由于本次回灌示踪试验的开采量及回灌量较小,且示踪剂回收率较低(回收率 M_i/M 为 0.3982%),说明采灌井之间的水力联系较差。

项目通过回灌与示踪试验数据,采用了多物理场耦合分析软件 COMSOL Multiphysics 5.2a 建立回灌数值模型,开发了"山东省德州市砂岩热储对井回灌模型"App,通过给定参数模拟不同采灌条件下的水动力场和水温场的演化规律,预测热突破时间,提出合理的采灌井间距。

从模型的渗流场和温度场计算结果看出,回灌冷水从回灌井进入热储中,在渗流场的作用下,回灌冷水逐渐向开采井方向运移,并导致开采温度的降低,但是由于 1 a 里的运移时间只有 4 个月,因此,有效的开采时间其实只有 16.67 a 左右,给定参数为开采与回灌量为 60 m^3/h,结合开采井温度曲线,50 a 开采井温度的降低幅度为 1 ℃。但根据地热井的一般使用寿命为 30 a 计,其温度降低幅度为 0.65 ℃。因此,预测该地热对井系统在采灌间距为 300 m,采灌量同为 60 m^3/h

的情况下,50 a 的使用年限里不会影响其开发利用。

通过建立的数值模型 App 设定一定的地质条件,如井径均为 177.8 mm、取水段深度为 1500 m、采灌量为 60 m^3/h 等,计算出采灌井间距为 300 m 时,对井回灌系统运行 50 a,其温度从 57.2 ℃降低到 56.2 ℃,仅降温 1 ℃,对热井开发利用影响较小,故其采灌井间距定位为 300 m 是合理的。

(11)"山东省滨州北海经济开发区马山子地区砂岩热储地热回灌试验"(纪洪磊,2017)项目组在滨州北海经济开发区进行了一组新近纪馆陶组热储层的同层回灌试验。试验场地位于滨州北海经济开发区河畔人家小区院内,开采井成井深度为 1501.20 m,取水段为 1192.82~1477.89 m;水位降深为 6.89 m 时,涌水量为 75.00 m^3/h,水温为 58.1 ℃。回灌井成井深度为 1500.30 m,取水段为 1180.60~1470.53 m;水位降深为 10.00 m 时,涌水量为 79.64 m^3/h,水温为 52.1 ℃。两井直线距离为 660 m。试验前,开采井水位埋深为 23.32 m,回灌井水位埋深为 21.99 m。试验采用阶梯压力回灌的方式进行,分别为自然回灌,定压力 0.1 MPa、0.15 MPa、0.2 MPa 回灌。回灌水温 50.6~ 56.1 ℃,累计回灌量为 62243.42 m^3,累计稳定回灌不间断时间 2654 h,约 110 d。

试验场地开采井含水层厚度为 147 m,回灌水量为 36.23 m^3/h,根据 Gringartent 和 Sauty 公式计算回灌热突破时间为 51679 d(约 142 a)。若将地热井的开采期限定为 100 a,回灌量为 50 m^3/h,采灌井间距应大于 650 m,本次回灌水量为 36.23 m^3/h,井距为 660 m,回灌量小于 50 m^3/h,井距大于 650 m,100 a 内不会产生热突破。

(12)"山东省德州市东营组地热回灌试验"(王学鹏,2018)项目组采用自然对井同层回灌方式,分别在禹城市宜家小区和栖庭水岸小区选择宜家小区回灌 1 井、宜家小区回灌 2 井及栖庭水岸小区回灌井开展了 3 组回灌试验。

① 宜家小区回灌试验

宜家小区开采 1 井、开采 2 井的供暖尾水作为回灌水源分别回灌至宜家小区回灌 1 井、回灌 2 井中。

宜家小区开采 1 井成井时间为 2009 年,井深为 1917.83 m,取水段为 903.92~1903.74 m,开采热储为馆陶组与东营组混采,涌水量 83 m^3/h;回灌 1 井成井时间为2017年，井深为1914.57 m，取水段为1192.50～1888.90 m，开采热储为馆陶组与东营组混采，涌水量为70.71 m^3/h。开采1井和回灌1井间直线距离为97 m。

回灌试验于2017年2月22日开始，至2017年3月14日结束，历时20 d 1 h。试验开始前测得水位为79.69 m；采用开采1井供暖尾水作为回灌水源进行回灌，平均尾水温度为31 ℃，平均开采量为60 m^3/h；累计回灌时间为25310 min，累计回灌量为20121 m^3。

宜家小区开采2井成井时间为2010年，井深2162.58 m，取水段为1186.79～2148.84 m，开采热储为馆陶组与东营组混采，涌水量为86 m^3/h；回灌2井成井时间为2017年，井深为2143.98 m，取水段为1199.80～2090.10 m，开采热储为馆陶组与东营组混采，涌水量为84.02 m^3/h。开采2井和回灌2井间直线距离为727 m。

回灌试验于2017年11月21日开始，至2018年3月20日结束，历时119 d。试验开始前测得水位为74.57 m；采用开采2井供暖尾水作为回灌水源进行回灌，平均尾水温度为30 ℃，平均开采量为62 m^3/h；累计回灌时间为106452 min，累计回灌量为56901.8 m^3。

根据抽水试验的理论公式计算得出，宜家小区东营组同层对井回灌的回灌平均影响半径为243 m，开采平均影响半径为215 m，为利于采灌井之间有较好的水力联系，应保证开采井与回灌井距离不超过回灌影响半径与开采影响半径之和458 m。

从试验结果看，宜家小区开采2井水温在整个回灌阶段下降了1.5 ℃，温度下降幅度较小且并不影响实际供暖需求；根据计算分析，热储温度经非供暖期恢复可基本恢复至原热储温度，所以小幅度的温度下降并不影响今后热储资源的持续开发利用。虽然宜家小区开采2井与回灌2井属于一组同层对井回灌，但距离开采2井最近的回灌井为回灌3井，两者相距416 m，经回灌3井回灌的地热尾水同样会对开采2井热储温度造成影响。所以为保证开采井热储温度不发生热突破，应控制采灌井间距大于416 m。

宜家小区开采1井水温在整个回灌阶段下降了4.4 ℃，温度下降幅度相对较大,不能满足供暖期持续的供暖需求,所以采灌 1 井井距不宜作为合理井距。

综上所述,宜家小区回灌量为 50~60 m^3/h,回灌水温为 30~31 ℃时,合理井距为 420~500 m。

② 栖庭水岸小区回灌试验

栖庭水岸小区开采井成井时间为 2010 年,井深为 2165.25 m,取水段为 1151.28~2140.08 m,开采热储为馆陶组与东营组混采,涌水量为 100 m^3/h;回灌井成井时间为 2017 年,井深为 2162.50 m,取水段为 1319.20~2123.60 m,开采热储为馆陶组与东营组混采,涌水量为 80.83 m^3/h。两井间直线距离为 388 m。

试验于 2017 年 11 月 25 日开始,至 2018 年 3 月 21 日结束,历时 116 d 5 h。试验开始前测得水位为 71.36 m;采用小区开采井供暖尾水作为回灌水源进行回灌,平均尾水温度为 34 ℃,平均开采量为 70 m^3/h;累计回灌时间为 133524 min,累计回灌量为 107226.7 m^3。

栖庭水岸小区采灌井距离为 388 m,最大回灌量为 70 m^3/h,平均回灌水温为 34 ℃,且回灌结束后开采井水温没有降低,所以采灌井距离 388 m 为该小区合理井距。

综上所述,德州市东营组地热回灌量为 50~70 m^3/h,回灌水温为 30~34 ℃时的合理井距为 400~500 m。

3.2.2 合理采灌井距影响因素

合理采灌井距影响因素较多,而且较为复杂,主要有回灌目标热储层的渗透率、孔隙度、热储层厚度等热储条件,以及地温场、回灌量、回灌尾水温度、回灌时间等控制因素。地热回灌中回灌井的位置要根据热储的性质、地热水的运移特点和补给方向,以及开采井所在部位等因素来考虑,与开采井的距离要适中,在不产生热突破的情况下,尽量减少长距离输水管道的铺设,控制经济成本。

1. 热储条件的影响

热储的岩性、厚度及空间分布特征对合理采灌井距的影响显著,主要反映在

热储的渗透性能上。参照承压水抽水试验影响半径计算的经验公式:

$$R = 10SK^{\frac{1}{2}} \tag{3-3}$$

式中,R 为影响半径,m;S 为回灌水位上升高度,m;K 为热储的渗透系数,m/d。

回灌的影响半径与热储渗透系数的平方根成正比,即热储渗透系数越大,回灌的影响范围越大,合理采灌井距也就越大。

热储的渗透系数的大小主要受热储岩性与热储孔隙度的控制,Kozeny 等针对多孔介质提出半经验半理论计算公式:

$$K = \frac{n^3}{5(1-n)^2}\left(\frac{D_{ef}}{6}\right)^2 \tag{3-4}$$

式中,K 为热储的渗透系数;n 为热储的孔隙度;D_{ef} 为热储的有效粒径,即粒径分布曲线上小于该粒径的土质量占土总质量的 10%的粒径。

由式 3-4 可知,热储的渗透性能与热储的孔隙度成正比,与热储有效粒径的平方成正比,即热储孔隙度越大、岩性颗粒越粗,热储的渗透性能越强。

2. 地温场的影响

一般情况下,地温场是不均一的,许多因素都直接或间接地影响着地温场的分布。影响地温场的主要因素包括大地构造性质、基底起伏、岩性、褶皱、断层、地下水活动等(常娟,2013)。而在地热尾水回灌过程中,回灌水温度及回灌水量对回灌场地的地温场起到至关重要的作用。

德州市砂岩热储回灌示范工程经历 1~2 个供暖季的地热尾水回灌试验,采灌井距为 180~500 m 时,回灌的低温地热尾水未对地热开采井水温产生影响。但回灌造成了回灌井热储层段温度的明显降低,如砂岩热储地热尾水回灌示范基地回灌井的温度经 1 个供暖季未恢复到回灌前的 46.3 ℃,降低了 6.07 ℃,降低幅度达到 13.1%。

在不考虑地热尾水回灌过程中的热交换和地下水径流,视地热尾水回灌是将回灌量填充到以回灌井为中心的圆柱体热储层中,取代了此部分原来的热水,原来热储层的地热水被尾水挤压向外扩散流动的情况下,尾水(冷水)场半径 R' 可按式 3-5 计算。

$$R' = \sqrt{\frac{Qt}{\pi\phi M}} \tag{3-5}$$

式中，R'为尾水场（冷水场）半径，m；Q 为平均稳定回灌量，m^3/h；t 为回灌时间，h；M 为回灌热储层厚度（取滤水管总长或测井取水层总长的最小值），m；ϕ 为此回灌热储层平均孔隙度。

砂岩热储地热尾水回灌示范基地回灌量为 54.84 m^3/h，回灌时间为 115 d，回灌热储层厚度为 176 m，回灌热储层平均孔隙度为 0.32，故通过计算得到，一个供暖季结束后，地热尾水半径为 29.3 m。

由此可以看出，回灌井在供暖季接受地热尾水回灌后，地热尾水在回灌井周围形成一个冷水场，回灌井的水温回升直至恢复至热储层温度时所需的时间较长。同时，回灌井周围形成的冷水场的冷锋面扩散到地热开采井所需的时间也较长。

由于温度场的研究处于起步阶段，且回灌持续时间较短（多为 2 a 左右），目前尚未有成熟的研究，有待进一步研究。

3. 开采量与回灌量的影响

开采量与回灌量对合理井距的影响显著，在同层对井开采回灌模式下，开采导致的热储水位降计算公式为

$$K = \frac{Q}{2\pi s_w M}\ln\frac{R}{r_w} \tag{3-6}$$

式中，Q 为开采量，m^3/d；R 为影响半径，m；r_w 为井半径，m；M 为热储厚度，m；s_w 为抽水引起的水位降，m；K 为热储渗透系数，m/d。

回灌可以看成是抽水的逆过程，由其引发的热储水位升幅可用式 3－6 计算。由此可见，回灌引起的热储水位升高或抽水引起的水位下降与回灌井的回灌量或开采井的抽水量呈线性相关关系。

在对井开采回灌模式下，回灌水由回灌井经热储层向开采井渗流过程中，与热储岩体发生热交换，根据热量均衡原理，回灌量越大，回灌水温度升至热储温度时需要吸收的热量越大，回灌影响的范围越大，合理井距也就越大。根据达西定

律，回灌水在热储中的渗流速度计算公式为

$$V = KI \tag{3-7}$$

$$I = \frac{\Delta H}{L}$$

式中，ΔH 为开采井与回灌井之间的水位差，m；L 为开采井与回灌井间距，m。

以回灌水在热储中的渗透时间作为回灌水与热储岩石热交换的衡量参数，则 $t = L^2/(K\Delta H)$，由于 ΔH 与开采回灌量呈线性相关，若将 t 看成常数，可推导出合理井距与开采回灌的平方根成正比。

3.3 合理采灌井距确定

地热回灌改变了天然状态下的地热水运移状况，使得回灌井周边的水动力场发生变化。同时，同一热储层中开采热水、回灌冷水必然导致回灌井周边温度场变化，低温尾水因密度变大向高温原水方向渗流。若两井距离设置不合理，冷水锋面就会迁移到开采井，从而导致开采井温度降低，产生热突破。因此，地热回灌过程中为避免开采井发生热突破，需要确定合理的采灌井间距。

合理的采灌井距可根据回灌目标热储层的渗透率、孔隙度、热储层厚度，以及回灌量、回灌尾水温度、回灌时间等控制因素，采用解析法或数值模拟法计算确定。

3.3.1 解析法

1. 计算公式

根据搜集的国内回灌工程资料，未发现回灌的低温地热尾水对地热开采井水温产生影响。从热量守恒的角度考虑，长期低温尾水回灌将无可避免地对整个热储层温度产生影响，但对热储层的影响范围及程度与回灌尾水的温度、单位时间内的回灌水量及回灌时间等因素有关，并依此来选择合理采灌井间距。

假设热储层是水平的、均质的、各向同性的和等厚的，开采井和回灌井位于同一热储层内，若考虑将开采井所在位置的热储温度出现降低视为热突破，则在不考虑大地热流对热储温度的影响条件下，根据热储层一定范围内热储降低所释放热量等于单位时间内开采水量所释放（回灌水量所吸收）热量的关系，可形成如下公式：

$$t = \frac{r_0^2 \pi M \langle \rho\beta \rangle}{3Q\beta_w \rho_w} \tag{3-8}$$

式中，t 为热突破时间，d；ρ_w 为水的密度，kg/m^3；β_w 为水的比热容，J/（kg·℃）；r_0 为采灌井井距，m；Q 为单位回灌尾水水量，m^3/h；$\langle \rho\beta \rangle$ 为含水层单位体积热容量，$\langle \rho\beta \rangle = \phi\beta_w\rho_w + (1-\phi)\beta_r\rho_r$，J/（m^3·℃）；$\phi$ 为岩石的孔隙度；ρ_r 为岩石密度，kg/m^3；β_r 为岩石的比热容，J/（kg·℃）。

2. 计算示例

假定馆陶组砂岩热储层厚度取 80 m，参数取值见表 3－8。通过式 3－8 计算不同回灌量对应的发生热突破时间，采灌时间按每年的供暖季（120 d）计，见表 3－9。分析采灌井间距与热突破年限的关系，见图 3－4。

表 3－8　计算热储层拟定参数

β_w/[J/(kg·℃)]	β_r/[J/(kg·℃)]	ρ_w/(kg/m^3)	ρ_r/(kg/m^3)	ϕ
4.18	0.878	985.884	2600	0.28

表 3－9　回灌量及采灌井间距与热突破时间（单位：a）的对应关系

采灌井间距/m	回灌量/(m^3/h)							
	10	20	30	40	50	60	70	80
50	4.94	2.47	1.65	1.23	0.99	0.82	0.71	0.62
100	19.75	9.87	6.58	4.94	3.95	3.29	2.82	2.47
200	78.99	39.49	26.33	19.75	15.80	13.16	11.28	9.87
300	177.72	88.86	59.24	44.43	35.54	29.62	25.39	22.22
400	315.95	157.97	105.32	78.99	63.19	52.66	45.14	39.49

续表

采灌井间距/m	回灌量/(m³/h)							
	10	20	30	40	50	60	70	80
500	493.67	246.83	164.56	123.42	98.73	82.28	70.52	61.71
600	710.88	355.44	236.96	177.72	142.18	118.48	101.55	88.86
700	967.59	483.79	322.53	241.90	193.52	161.26	138.23	120.95
800	1263.79	631.89	421.26	315.95	252.76	210.63	180.54	157.97
900	1599.48	799.74	533.16	399.87	319.90	266.58	228.50	199.94
1000	1974.67	987.33	658.22	493.67	394.93	329.11	282.10	246.83

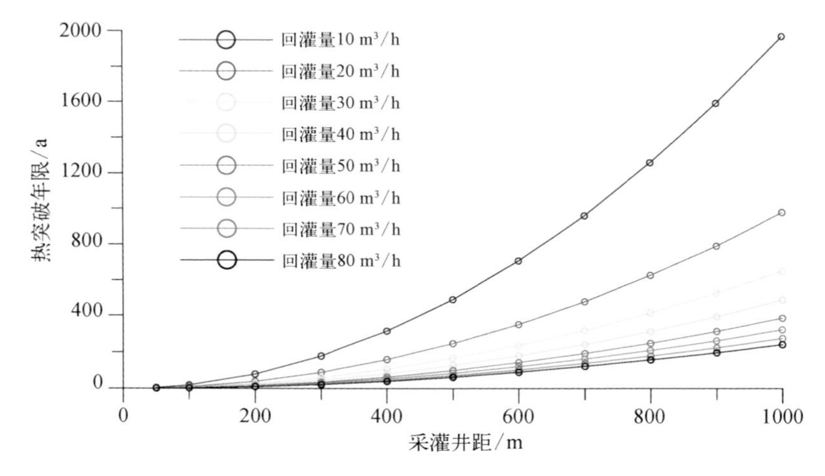

图3-4　不同回灌量条件下热突破年限与采灌井间距关系曲线

限定采灌周期为50 a、100 a、200 a内不发生热突破，若每年采灌时间为120 d，则回灌量与合理采灌井距的关系见图3-5。

3.3.2　数值法

1. 基于等效渗流通道模型

（1）等效渗流通道理论模型

等效渗流通道模型假设地热对井之间存在若干优势渗透通道，其主导了热储

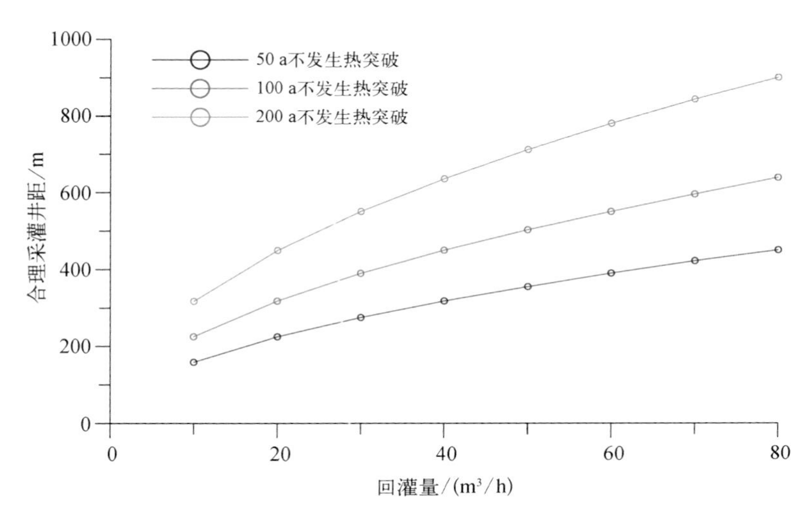

图 3-5　不发生热突破条件下回灌量与合理采灌井距关系曲线

中的地热水渗流(图 3-6)。优势渗流通道可能是近乎垂直的断裂带的一部分,或是水平岩层的一部分,并且优势流动通道内的渗流可近似等效为一维达西渗流。

(2) 溶质运移理论

示踪剂在一维等效渗流通道中的主要运移机理为对流和水动力弥散,如忽略通道与其他热储岩石间的扩散过程及通道内的横向水动力弥散作用,等效渗流通道内的示踪剂运移过程可由经典的多孔介质中对流-扩散方程来描述:

$$\frac{\partial C}{\partial t} = D\frac{\partial^2 C}{\partial x^2} - v\frac{\partial C}{\partial x} \qquad (3-9)$$

式中,C 表示等效渗流通道中的示踪剂质量浓度,kg/m^3;t 表示时间,s;x 表示通道轴向坐标,m;D 表示通道轴向弥散系数,m^2/s;v 表示通道中的平均流速,m/s。

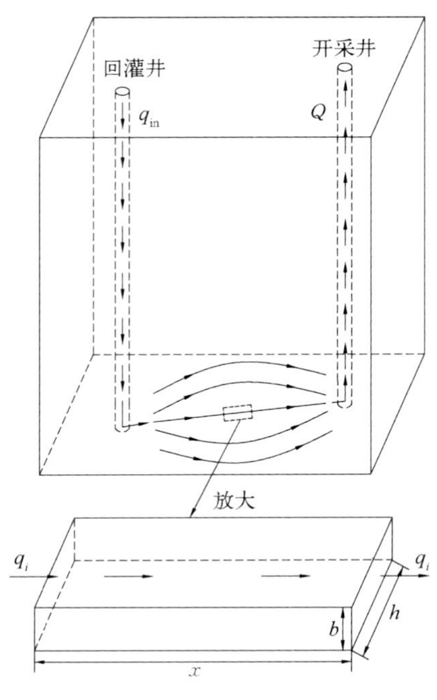

图 3-6　等效渗流通道模型示意图

在 $t=0$ 时刻从回灌井瞬时投入质量为 m 的示踪剂,其他初始条件和边界条件可以表示为

$$C(x,\ y,\ t=0)=C_0;\ C(x=0,\ y,\ t)=0;\ C(x,\ y=\infty,\ t)=0 \tag{3-10}$$

式中,y 表示通道纵向坐标,m。

结合初始条件和边界条件,偏微分方程(式 3-8)的解为

$$C(t)=\frac{m_c x}{2vA\phi t\sqrt{\pi Dt}}\exp\left[\frac{-(x-vt)^2}{4Dt}\right] \tag{3-11}$$

$$v=\frac{q_c}{\rho A\phi}$$

$$D=\alpha_L v$$

式中,m_c 为进入渗流通道中的示踪剂质量,kg;A 为渗流通道的截面积,m^2;ϕ 为孔隙度;q_c 为渗流通道中的回灌率,kg/s;ρ 为水的密度,kg/m^3;α_L 为纵向弥散度,m。

考虑到开采井中示踪剂的质量守恒,在开采率为 Q(kg/s)的情况下,有下列关系成立:

$$C(t)q_c=c(t)Q \tag{3-12}$$

$$c(t)=\frac{\rho M_c x}{2Qt\sqrt{\pi Dt}}\exp\left[\frac{-(x-vt)^2}{4Dt}\right]$$

式中,c 为开采井中示踪剂的质量浓度,kg/m^3。

如果地热对井之间存在 n 条流动通道,开采井中示踪剂质量浓度表达式为

$$c(t)=\sum_{i=1}^{n}c_i(t) \tag{3-13}$$

其中

$$c_i(t)=\frac{\rho M_i x_i}{2Qt\sqrt{\pi D_i t}}\exp\left[\frac{-(x_i-v_i t)^2}{4D_i t}\right]$$

$$v_i=\frac{q_i}{\rho A_i\phi}$$

$$D_i = \alpha_{L_i} v_i$$

$$q_i = \frac{M_i}{M} q_{in}$$

式中，x_i 为第 i 条渗流通道的轴向坐标，m；q_i 为第 i 条渗流通道中的回灌率，kg/s；q_{in} 为回灌率，kg/s；v_i 为第 i 条渗流通道中的流速，m/s；α_{L_i} 为第 i 条渗流通道中的纵向弥散度，m；A_i 为第 i 条渗流通道的截面积，m^2；M_i 为第 i 条渗流通道中示踪剂的质量，kg。

（3）反演模型

式 3－13 中的未知参数（如通道长度 x_i、平均流速 v_i、弥散度 α_{L_i} 以及通道截面积 A_i 等）无法直接测定，须通过示踪试验反演求得。本文引入移动近似法（method of moving asymptotes，MMA），建立热储参数反分析理论框架。目标函数即原始优化问题 P 可定义为

$$\text{Minimize: } f_0(x) = \frac{1}{2} \sum_{i=1}^{m} \left[h_i(x) - \bar{h}_i \right]^2 \tag{3-14}$$

$$\text{Subject to: } h_1(x) \geqslant 0$$

$$x_j^{\min} \leqslant x_j \leqslant x_j^{\max},\ j = 1,\ \cdots,\ n$$

式中，$h_i(x)$ 为由式 3－12 计算的示踪剂质量浓度，kg/m^3；$\bar{h}_i$ 为示踪试验中示踪剂质量浓度的测量值，kg/m^3；$x_j^{\min}$ 和 $x_j^{\max}$ 分别表示给定的下界和上界；$x = \{x_1,\ x_2,\ \cdots,\ x_n\}^T$ 为式 3－12 中的未知参数。

拟合优度 R^2 是衡量拟合程度的重要指标，其定义如下：

$$R^2 = 1 - \frac{\sum_{i=1}^{N} (h_{mi} - h_{ei})^2}{\sum_{i=1}^{N} (h_{mi} - \bar{h})^2} \tag{3-15}$$

$$\bar{h} = \frac{\sum_{i=1}^{N} h_{mi}}{N}$$

式中,h_{mi}为第 i 组质量浓度测量值;h_{ei}为第 i 组质量浓度估计值; $\bar{h}$ 为测量质量浓度平均值。

R^2的取值范围为[0, 1],R^2的值越接近1,说明拟合程度越好;反之,R^2的值越接近0,说明拟合程度越差。

MMA 算法由 Svanberg 提出,是特别适合应用于多变量的优化问题的一种算法。MMA 算法需要先指定优化变量的上下界,之后按照如下步骤进行优化计算。

① 选择初始计算点 $x^{(1)}$。

② 计算在该迭代点处的目标函数和约束函数各自的函数值$f_i[x^{(k)}]$ 和梯度值 $\nabla f_i[x^{(k)}]$。

③ 生成一个子问题 $P^{(k)}$来近似原始优化问题 P, 基于步骤②的计算,原始优化问题 P 中的函数f_i 被子问题 $P^{(k)}$中的函数$\tilde{f}_i^{(k)}$ 近似替代。

④ 求解子问题 $P^{(k)}$,并令所得到的最优解成为下一个迭代点 $x^{(k+1)}$,然后重复步骤②~④。

⑤ 满足收敛判据时,迭代停止。计算所得子问题 $P^{(k)}$ 的最优解就是原始优化问题 P 的唯一最优解。

Svanberg 给出了如下收敛判据的形式:

$$|x_j^{(k+1)} - x_j^{(k)}| < \varepsilon(x_j^{\max} - x_j^{\min}) \quad (3-16)$$

式中,ε 对于所有的$j=1, \cdots, n$ 是一个极小值。

MMA 算法的优势在于可同时优化多个变量,对优化变量的上下界不敏感,且极少出现迭代不收敛的情况。

(4) 对流传热理论

假设水-岩界面温度相等,等效渗流通道中的对流换热控制微分方程为

$$(\rho c)_f b\frac{\partial T}{\partial t} + c_w \frac{q_c}{h}\cdot\frac{\partial T}{\partial x} - 2k_r \frac{\partial T}{\partial y}\bigg|_{y=\frac{b}{2}} = 0 \quad (3-17)$$

$$(\rho c)_f = \rho_w c_w \phi + \rho_r c_r(1-\phi)$$

式中,T 为温度,K;$(\rho c)_f$为渗流通道中材料的体积热容,J/(m^3·K);k_r为热储岩

石的导热系数，W/(m·K)；b 为渗流通道的宽度，m；ρ_w 为水的密度，kg/m^3；ρ_r 为热储岩石密度，kg/m^3；c_w 为水的质量热容，J/(kg·K)；c_r 为热储岩石的质量热容，J/(kg·K)；ϕ 为岩石孔隙度。

式 3－17 可进一步化简为如下形式：

$$\frac{\partial T}{\partial t}+\frac{q_c c_w}{(\rho c)_f bh}\cdot\frac{\partial T}{\partial x}-\frac{2k_r}{(\rho c)_f b}\cdot\left.\frac{\partial T}{\partial y}\right|_{y=\frac{b}{2}}=0 \tag{3-18}$$

令

$$\beta=\frac{q_c c_w}{(\rho c)_f bh} \tag{3-19}$$

式中，h 为渗流通道的高度，m。

则式 3－18 可化简为

$$\frac{\partial T}{\partial t}+\beta\frac{\partial T}{\partial x}-\beta\frac{2k_r h}{q_c c_w}\cdot\left.\frac{\partial T}{\partial y}\right|_{y=\frac{b}{2}}=0 \tag{3-20}$$

当 $h\gg b$ 时，初始条件和边界条件为

$$\begin{aligned}&T(x,\ y,\ t=0)=T_0;\ T(x=0,\ y,\ t)=T_{in};\\&T(x,\ y=\infty,\ t)=T_0\end{aligned} \tag{3-21}$$

所以，渗流通道中水的温度表达式为

$$T(x,\ t)=T_0+(T_{in}-T_0)\mathrm{erfc}\left[\frac{xk_r h}{q_c c_w\sqrt{\frac{k_r}{(\rho c)_f}\left(t-\frac{x}{\beta}\right)}}\right] \tag{3-22}$$

式中，erfc( )表示误差补函数，它与误差函数 erf( )的关系为

$$\mathrm{erfc}(x)=1-\mathrm{erf}(x)=\frac{2}{\sqrt{\pi}}\int_x^{+\infty}\mathrm{e}^{-t^2}\mathrm{d}t \tag{3-23}$$

所以，式 3－22 可以写为

$$T(x,\ t)=\begin{cases}T_{in}+(T_0-T_{in})\operatorname{erf}\left[\dfrac{xk_r h}{q_c c_w\sqrt{\dfrac{k_r}{(\rho c)_f}\left(t-\dfrac{x}{\beta}\right)}}\right],\ t>\dfrac{x}{\beta}\\T_{in},\ t\leqslant\dfrac{x}{\beta}\end{cases}\tag{3-24}$$

式中,$(\rho c)_f$表示流动通道中材料的体积热容,这其中的材料不仅有水,还有多孔的热储岩石,因此,$k_r/(\rho c)_f$这一项其实是考虑了流动通道中材料的热扩散系数,而 $k_r/(\rho_r c_r)$ 只是考虑了热储岩石的热扩散系数,整个热储层是由热储岩石和地下水共同组成的,因此,在理论上,考虑整个热储层的热扩散系数要更严谨一些。考虑到开采率为 Q,则在不同时刻开采井中的水温 T_p为

$$T_p(t)=T_0-\frac{q_c}{Q}(T_0-T)\tag{3-25}$$

如果两井之间有 i 条流动通道,则开采井中的水温 T_p可以通过以下表达式计算:

$$T_p(t)=T_0-\frac{q_{in}}{Q}\sum_{i=1}^{n}\left[\frac{M_i}{M}(T_0-T_i)\right]\tag{3-26}$$

(5)算例

为了验证 MMA 算法是否适合优化多参数问题,假设表达式 3-13 中的所有参数都是已知的,则参数取值如表 3-10 所示。通过计算,可以得到不同时间点的质量浓度随时间分布的散点图,将其作为外部数据输入到模型中进行多参数的优化计算,最后比较原始给定的参数取值与优化参数值之间的误差。试验数据点分布如图 3-7 所示。

表 3-10 表达式参数取值

参数	$\rho/(\mathrm{kg/m^3})$	M/kg	$Q/(\mathrm{kg/h})$	$q_{in}/(\mathrm{kg/h})$	x_1/m	x_2/m	α_1/m
取值	1000	50	10^5	10^5	760	890	12.8
参数	α_2/m	$A_1/\mathrm{m^2}$	$A_2/\mathrm{m^2}$	ϕ	$v_1/(\mathrm{m/s})$	$v_2/(\mathrm{m/s})$	
取值	12.8	4	8	0.3	1.6204×10^{-3}	3.588×10^{-4}	

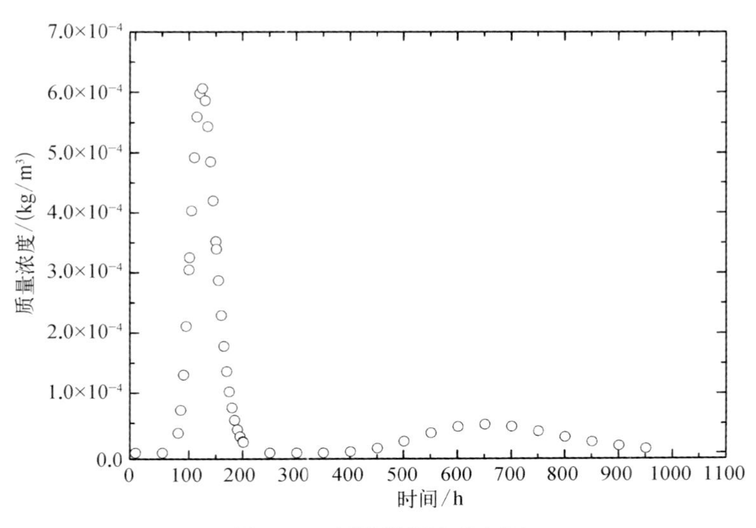

图 3-7　试验数据点分布图

MMA 算法支持约束，因此，可以指定优化参数的取值范围，优化参数的取值范围如表 3-11 所示。

表 3-11　优化参数的取值范围

优化参数	x_1/m	x_2/m	v_1/(m/s)	v_2/(m/s)	A_1/m^2	A_2/m^2
取值范围	700~1000	700~1000	1×10^{-5}~1×10^{-2}	1×10^{-5}~1×10^{-2}	0.1~100	0.1~100

优化拟合结果如图 3-8 所示，参数优化结果与原始参数值对比及误差如表 3-12所示。

表 3-12　优化结果与初始取值对比

参　数	初始取值	优化结果	误差/%
x_1/m	760	760.59	0.0776
x_2/m	890	898.19	0.920
v_1/(m/s)	1.6204×10^{-3}	1.6217×10^{-3}	0.0802
v_2/(m/s)	3.588×10^{-4}	3.6232×10^{-4}	0.981
A_1/m^2	4	3.98868	0.283
A_2/m^2	8	7.9058	1.18

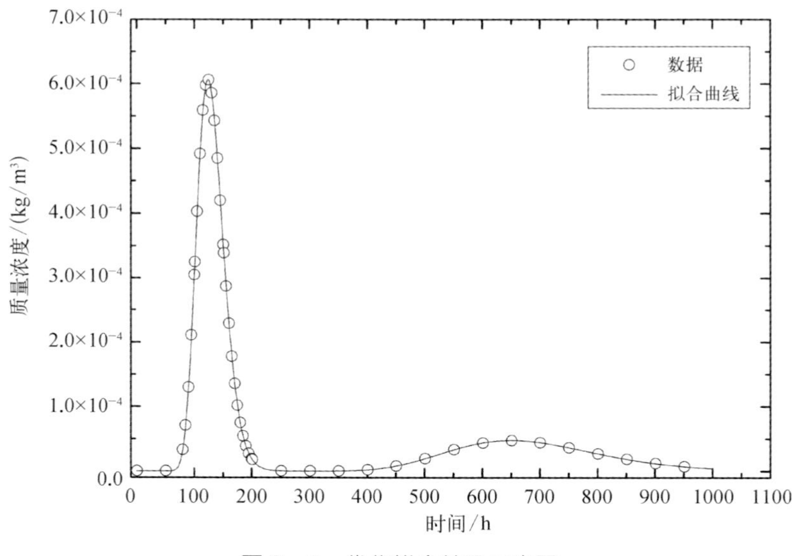

图 3-8 优化拟合结果示意图

由表 3-12 可以看出,优化结果与初始取值非常接近,误差控制在 2%以内。因此,可以证实,MMA 算法不仅能优化多参数问题,其误差也在合理的范围之内。

(6) 数值模拟结果分析

① 参数反演结果分析

根据鲁北院办公地示踪试验所取得的数据,钼元素质量浓度随时间变化的散点分布图如图 3-9 所示。

通过分析所测得的示踪剂质量浓度随时间分布的散点分布图(图 3-10),发现:在中后期,由于取样频率过高,加大了反分析的计算量。因此,为了能更好地分析示踪试验数据,对测得的数据进行人为处理;为了提高优化程序的计算效率,将取样频率处理为每天取样一次,对于每天多次取样的数据点,取其平均值作为该天的质量浓度。考虑到储层的底值质量浓度较高,约为 1.4×10^{-5} kg/m^3,不利于反分析,将前 60 d 的质量浓度均取为 0 kg/m^3,处理后的示踪剂质量浓度随时间变化的散点分布图如图 3-10 所示。

由于示踪试验数据点分布出现了一个明显的质量浓度峰值,因而采用了之前所提出的基于等效渗流通道模型的热储参数反演理论框架对本次示踪试验数据

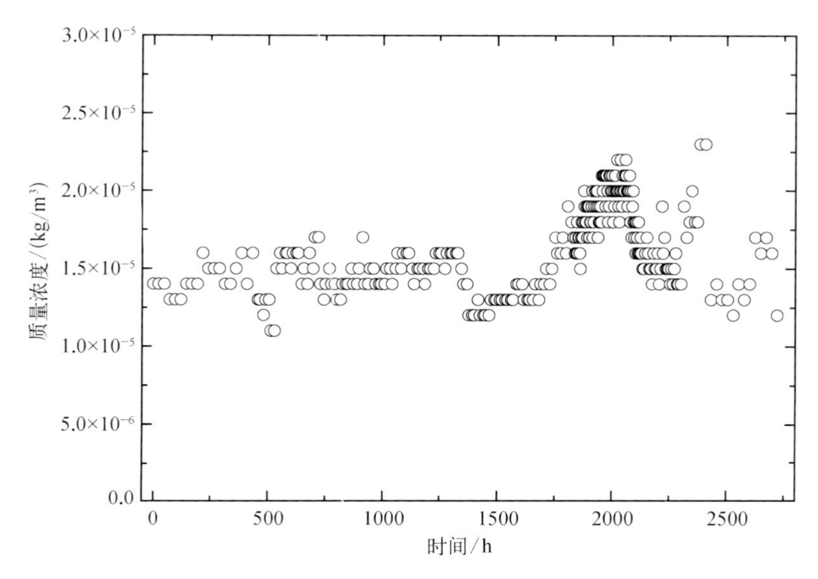

图 3-9　钼元素质量浓度随时间变化的散点分布图

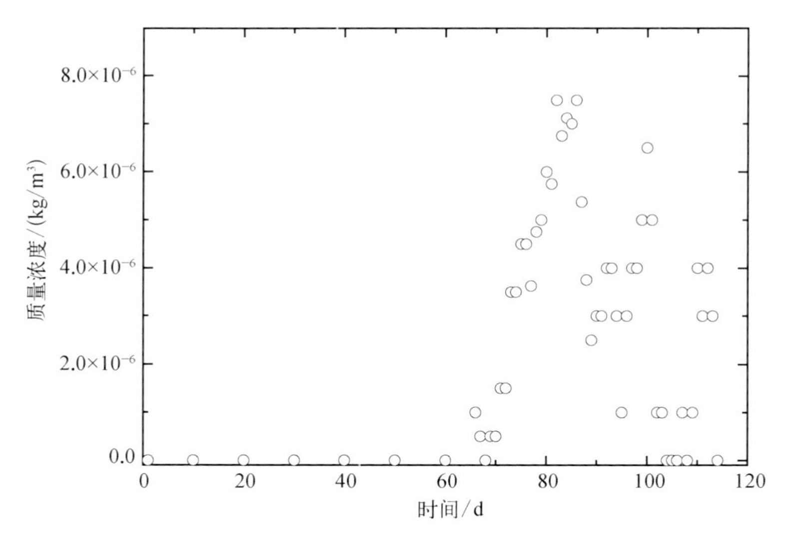

图 3-10　处理后的示踪剂质量浓度随时间变化的散点分布图

进行反分析，拟合所得曲线如图 3-11 所示，热储参数计算结果如表 3-13 所示。计算所得的拟合优度 $R^2=0.603>0.600$，拟合程度较好，具有一定的参考价值，为未来进一步研究德州市的砂岩热储资源奠定了理论基础。

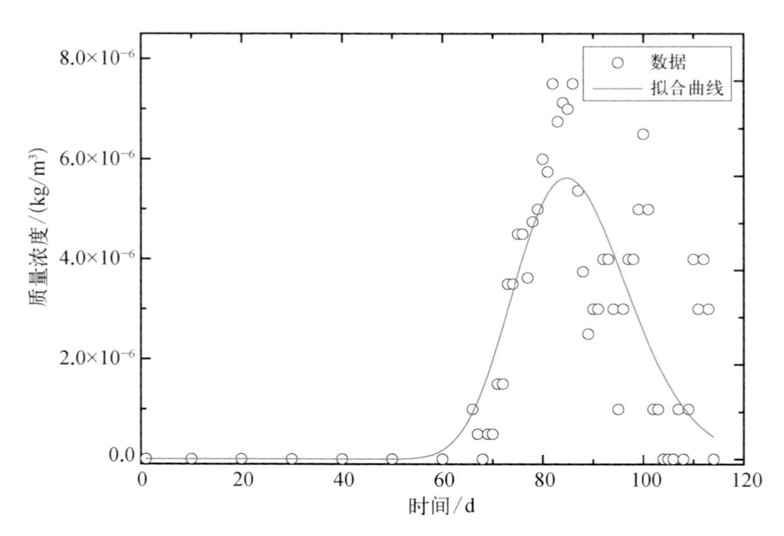

图 3－11 示踪试验数据点与拟合曲线示意图

表 3－13 热储参数计算结果

参数		取值/取值范围	反演结果
ρ/(kg/m³)	32 ℃	994.6	—
	53 ℃	986.4	—
ϕ		0.3	—
M/kg		100	—
q/(m³/h)		10.36	—
Q/(m³/h)		10.58	—
x/m		172～1000	265.03
v/(m/s)		10^{-6}～10^{-2}	3.4061×10^{-5}
α/m		1～500	2.2374
A/m²		0.1～100	0.11484

② 热突破预测结果与分析

回灌的“冷水”通过渗流通道被加热，这取决于渗流通道的表面积而不是体积，因此，必须对流动通道的几何特征做出一定的假设。考虑到初始条件和边界条件存在的前提是 $h \gg b$，结合示踪试验反分析得出的参数取值，对开采井中水的温度变化进行预测，相关参数取值如表 3－14 所示。

表 3－14　相关参数取值

参　　数	取　　值	参　　数	取　　值
q_{in}/(kg/s)	2.8778	c_r/[J/(kg·K)]	1000
Q/(kg/s)	2.9389	ρ_w/(kg/m^3)	1000
T_{in}/℃	32	c_w/[J/(kg·K)]	4200
T_0/℃	53	b/m	0.1
k_r/[W/(m·K)]	2.1	h/m	0.49
ρ_r/(kg/m^3)	2600		

通过分析示踪试验数据可以得到示踪剂的回收率 M_i/M，计算所得示踪剂回收率为 0.3982%，计算所得开采水温在 100 a 内的变化曲线如图 3－12 所示。本次回灌示踪试验的开采量及回灌量较小，且示踪剂回收率较低，说明采灌井之间的水力联系较差，大部分的回灌水通过其他流动通道流向热储层中，仅有一小部分回灌水通过流动通道到达了开采井，开采井温度下降幅度很小，仅为 0.2 ℃。因此，基于目前的研究预测，该地热对井系统在长期回灌条件下，在 100 a 的使用期限内开采水温变化不明显，不会发生热突破。但是，该地热对井运行时间只有 2 a，相关数据很少，这方面的研究有待以后进行。

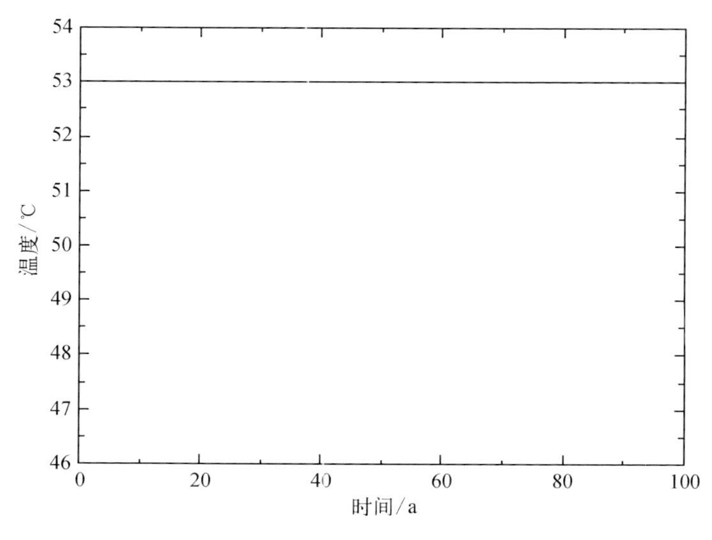

图 3－12　开采水温在 100 a 内的变化曲线

③ 参数敏感性分析

为了讨论渗流通道宽度 b、回灌量 q 和对井间距 x 对热突破的影响程度，试验将用单通道模型的相关数据对以上参数进行敏感性分析，为进一步优化地热回灌提供理论依据。

a. 当 b 取 0.1 m、0.2 m、0.3 m，对应的 h 取 6.4 m、3.2 m、2.13 m 时，开采井中温度随时间的变化规律如图 3 - 13 所示。随着 b 的不断增大，开采井温度的下降幅度也不断增大，这是由于该模型只考虑上下平板的热传导作用；b 越大，上下平板的间距就越大，在相同时间内通过渗流通道的水被加热得就越不充分，开采井温度下降的幅度也就越大。

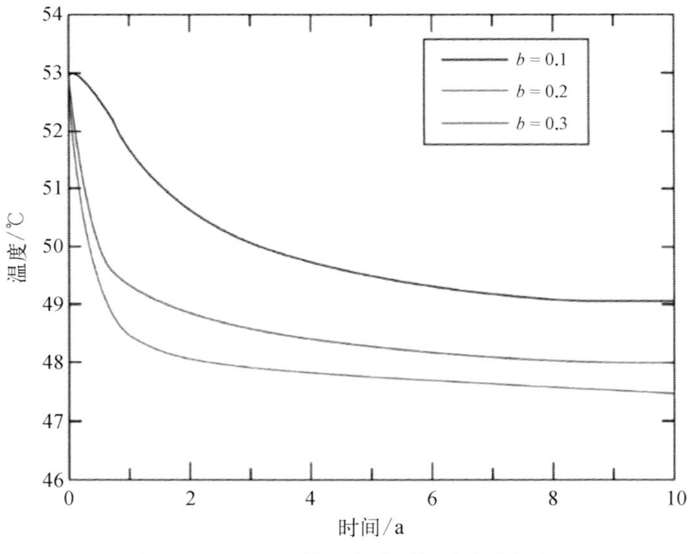

图 3 - 13　开采井温度随时间的变化规律

b. 开采量保持 65 m^3/h（18.06 kg/s）不变，回灌量分别取 20 m^3/h（5.56 kg/s）、40 m^3/h（11.12 kg/s）、60 m^3/h（16.68 kg/s）时，开采井温度在 10 a 内的变化曲线如图 3 - 14 所示。随着回灌量的不断增大，开采井温度下降幅度也在不断增大（表 3 - 15）。这是由于采灌井之间流动通道中的回灌水流速大小主要由回灌量决定，由式 3 - 17、式 3 - 19 可知，在开采量保持不变的情况下，回灌量 q 越大，则 β 越大，因此，t 就越小，回灌水到达开采井的时间就越短，换热时间就越短，故温度下降幅度也就越大。

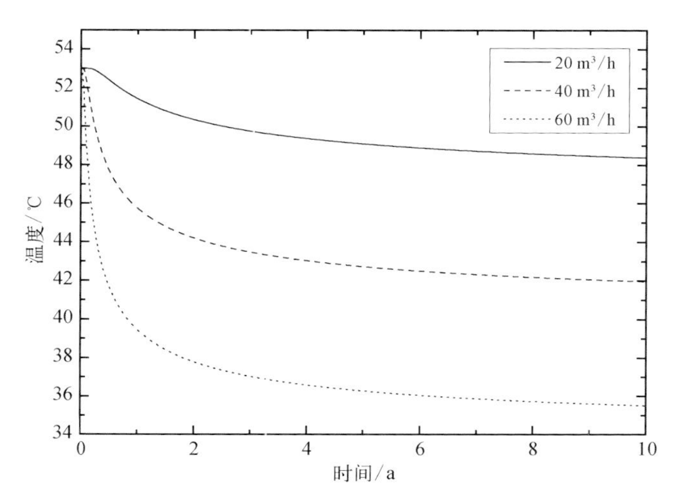

图 3－14　不同回灌量下开采井温度在 10 a 内的变化曲线

表 3－15　不同回灌量下温度下降幅度

q/(m^3/h)	20	40	60
ΔT/℃	4.6	11.0	17.5

c. 开采量保持不变 65 m^3/h(18.06 kg/s),回灌量保持 20 m^3/h(5.56 kg/s)不变,对井间距 x 分别取 300 m、600 m、900 m 时,开采井温度在 10 a 内的变化曲线如图 3－15 所示。随着对井间距的不断增大,开采井温度变化的幅度在不断减小。

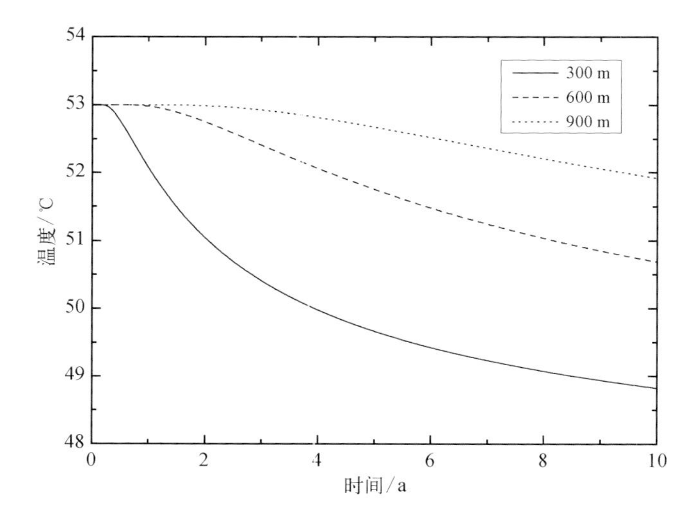

图 3－15　不同对井间距下开采井温度在 10 a 内的变化曲线

根据式3－24得出，在β保持不变的前提下，x越大，t就越大，因此，回灌水到达开采井的时间就越长，在流动通道中被加热的时间就越长，最后开采井温度变化幅度也就越小（表3－16）。

表3－16 不同对井间距下开采井温度下降幅度

x/m	300	600	900
ΔT/℃	4.2	2.3	1.1

（7）小结

① 将理论模型应用到工程实例中，结合示踪试验数据，进行了参数反演计算，计算得到拟合优度$R^2=0.603>0.600$，说明此优化结果与测量值有较强的相关性，拟合程度较好。

② 结合示踪试验反分析的热储参数取值，对该地热对井系统进行了热突破预测。结果表明示踪剂回收率偏低，说明采灌井之间的水力联系较差，在100 a的使用期限里，开采温度变化幅度很小，不会发生热突破现象。

③ 对主要影响开采井热突破的参数进行了敏感性分析，发现：渗流通道宽度b越大，开采井地热水温度下降的幅度就越大；回灌量q越大，回灌地热尾水到达开采井的时间就越短；井间距x越大，回灌水到达开采井的时间就越长。因此，在实际工程中，砂岩热储回灌量不宜过大，回灌地热尾水温度不宜过低，对热量不宜“吃干榨净”；同时，应尽量设计较大的采灌井间距。

2. 地热回灌中井壁与流体换热现象的研究模型

等效渗流通道模型对示踪试验数据进行了合理的解释，但是，此模型在其理论的假设基础上只能计算出开采井井底的温度变化情况，而开采的热水从井底抽到井口，必然会有井中热水与井壁周围岩石的热交换现象，这可能会导致开采热水到达井口的温度不同于井底温度。因此，在这一部分，建立了一个从井口到井底的完整模型来研究井中热水在抽采过程中与井壁周围岩石的热交换现象以及该现象对开采水温的影响程度。

（1）理论推导

回灌井中的回灌流体从井口注入井底的过程、开采井中的开采“热水”从井底抽采到井口的过程，井中流体与周围岩石会发生热交换。描述这一物理过程，需要对井中流体的能量、动量和质量守恒方程，以及井壁附近岩石的能量守恒方程进行求解。

传热的基本定律是热力学第一定律，通常也被称为能量守恒原理。然而，内能 U 是一个难以测量的量，因此，传热方程通常改写成用温度 T 来表示的形式，对于井中的流体而言，忽略黏滞耗散，则传热方程可以表示为

$$\rho_f c_{p,f}\frac{\partial T}{\partial t}+\rho_f c_{p,f}\boldsymbol{v}\cdot\nabla T=\nabla\cdot(k_f\nabla T)+Q \tag{3-27}$$

对于井壁附近的岩石而言，其传热方程为

$$\rho_s c_{p,s}\frac{\partial T}{\partial t}=\nabla\cdot(k_s\nabla T)+Q \tag{3-28}$$

式中，ρ_f、ρ_s 为流体密度和固体密度，kg/m^3；$c_{p,f}$、$c_{p,s}$分别为流体、固体的常压比热容，J/(kg · K)；T 为温度，K；$\boldsymbol{v}$ 为速度矢量，m/s；k_f、k_s 分别为流体、固体的导热系数，W/(m · K)；Q 为热源，W/m^3。

流体传热方程中的速度矢量 $\boldsymbol{v}$ 依赖于流体的流动状态，由于井径很小，因此假设井中流体的流动状态为层流，则该过程可以由纳维-斯托克斯(Navier - Stokes)方程来描述，其连续性方程和动量方程分别为

$$\frac{\partial\rho_f}{\partial t}+\nabla\cdot(\rho_f\boldsymbol{v})=0 \tag{3-29}$$

$$\rho_f\frac{\partial\boldsymbol{v}}{\partial t}+\rho_f\boldsymbol{v}\cdot\nabla\boldsymbol{v}=-\nabla p+\nabla\cdot\tau+F \tag{3-30}$$

式中，p 为压力，Pa；τ 为黏性应力张量，Pa，对于可压缩流体而言，τ 可以表示为

$$\tau=\mu[\nabla\boldsymbol{v}+(\nabla\boldsymbol{v})^T]-\frac{2}{3}\mu(\nabla\cdot\boldsymbol{v})I \tag{3-31}$$

式中，μ 为动力黏度，Pa · s；F 表示体积力，N/m^3。

在深层热储中，含水层是完全饱和的，那么饱和压力流可以用达西定律来

描述：

$$\boldsymbol{v}' = -\frac{\kappa}{\mu}\nabla p_{\mathrm{f}} \tag{3-32}$$

式中，$\boldsymbol{v}'$ 为达西流速，m/s；κ 为多孔介质渗透率，m^2；p_{f} 为流体压力，Pa。

流体连续性方程可以表示为

$$\nabla \cdot (\rho \boldsymbol{v}') = Q_m \tag{3-33}$$

式中，Q_m 为质量源项，kg/(m^3 · s)。

回灌流体进入热储层后的传热过程可以用以下多孔介质传热方程来描述：

$$(\rho c_p)_{\mathrm{eff}}\frac{\partial T}{\partial t} + \rho_{\mathrm{f}} c_{p,\mathrm{f}} \boldsymbol{v}' \cdot \nabla T = \nabla \cdot (k_{\mathrm{eff}} \nabla T) + Q \tag{3-34}$$

式中，$(\rho c_p)_{\mathrm{eff}}$ 为常压有效体积热容，对于多孔介质而言，可以表示为

$$(\rho c_p)_{\mathrm{eff}} = \theta_{\mathrm{s}} \rho_{\mathrm{s}} c_{p,\mathrm{s}} + \theta_{\mathrm{f}} \rho_{\mathrm{f}} c_{p,\mathrm{f}} \tag{3-35}$$

式中，θ_{s} 为固体材料的体积分数，与液体体积分数 θ_{f}（或孔隙度）的关系为

$$\theta_{\mathrm{f}} + \theta_{\mathrm{s}} = 1 \tag{3-36}$$

多孔介质的有效导热系数 k_{eff} 与固体材料的导热系数 k_{s} 和流体材料的导热系数 k_{f} 有关，可以表示为 k_{s} 和 k_{f} 的加权算术平均值：

$$k_{\mathrm{eff}} = \theta_{\mathrm{s}} k_{\mathrm{s}} + \theta_{\mathrm{f}} k_{\mathrm{f}} \tag{3-37}$$

（2）三维数值计算模型

① 模型定义

根据钻孔资料显示，地层自上而下：0～270.00 m 为第四纪平原组，厚 270 m；270.00～1290.40 m 为新近纪明化镇组，厚 1020.40 m；1290.40～1494.40 m 为新近纪馆陶组，厚 204 m；1494.40～1603.10 m 为古近纪东营组，厚 108.70 m（未揭穿）。取水层主要为新近纪馆陶组和古近纪东营组的砂砾岩和细砂岩。因此，数值计算模型根据地质钻孔资料将地层简化为 5 层，三维数值计算模型尺寸为 800 m×800 m×1500 m，回灌井与开采井在三维数值计算模型中的相对位置如

图 3 - 16 所示。将模型自由剖分成四面体网格，并细化井中及井附近区域的网格，共剖分为 144917 个网格单元，如图 3 - 17 所示。

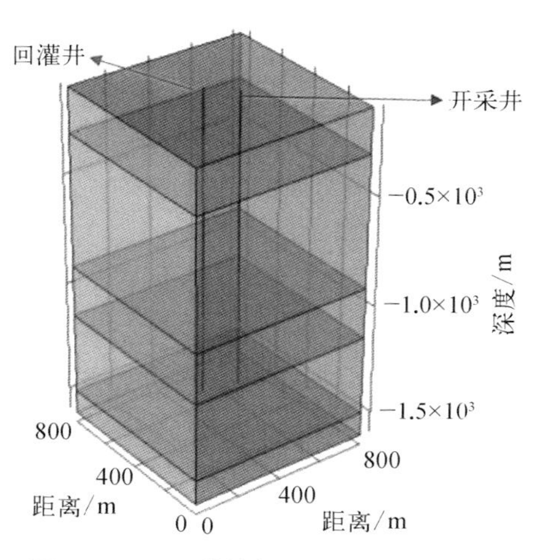

图 3 - 16　回灌井与开采井在三维数值计算模型中的相对位置

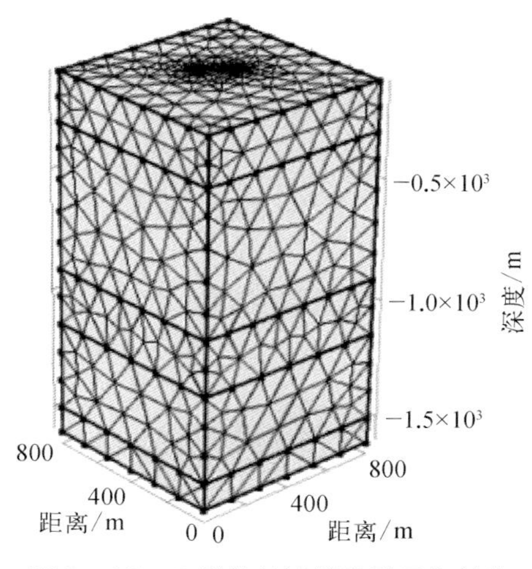

图 3 - 17　三维数值计算模型网格剖分

② 初始条件及边界条件

根据资料显示：地层的温度分布随深度的变化存在一个温度梯度，经过计算可得到该温度梯度为 0.0311 ℃/m。因此，初始条件设置为在整个地层施加一个初始温度分布 $T_0(y) = 25 - 0.02y$。

水力边界条件为在回灌井井口设置流量流入边界，回灌流量为 10.36 m^3/h，在井底取水段设置流量流出边界；在开采井井底取水段设置流量流入边界，在井口设置流量流出边界，流入等于流出，开采流量为 10.53 m^3/h；对于含水层，在回灌井井底取水段设置流量流入边界，在开采井井底取水段设置流量流出边界，含水层左边和右边均表示无限远处，因此直接指定其水位为 0 m。

温度边界条件为在回灌井井口设置温度流入边界，在井底取水段设置温度流出边界；在开采井井底取水段设置温度流入边界，该温度值等于热储层中开采井取水段附近的平均温度，在井口设置温度流出边界；对于热储层，在回灌井井底取水段设置温度流入边界，假设该温度值等于回灌井流出温度的平均值；在开采井井底取水段设置温度流出边界，模型左边和右边均表示无限远处，并将其边界设置为开边界。

③ 数值模型计算结果

在三维数值计算模型中,图 3-18 表示含水层渗透系数服从统计规律时,不同时刻地层的温度场和渗流场分布。从流线分布可以看出,在抽水和注水的过程中,井中流体的温度会影响井壁周围岩石的温度变化,井壁周围岩石的温度分布是以井为圆心的同心圆区域。考虑到本次回灌量与开采量偏小以及大地热流的影响,结合如图 3-19 所示的开采井温度变化曲线可以看到,开采井温度的变化幅度很小,不大于 0.55 ℃。因此,可以预测该地热对井系统在 50 a 的使用年限里并不会影响地热井的开发利用。

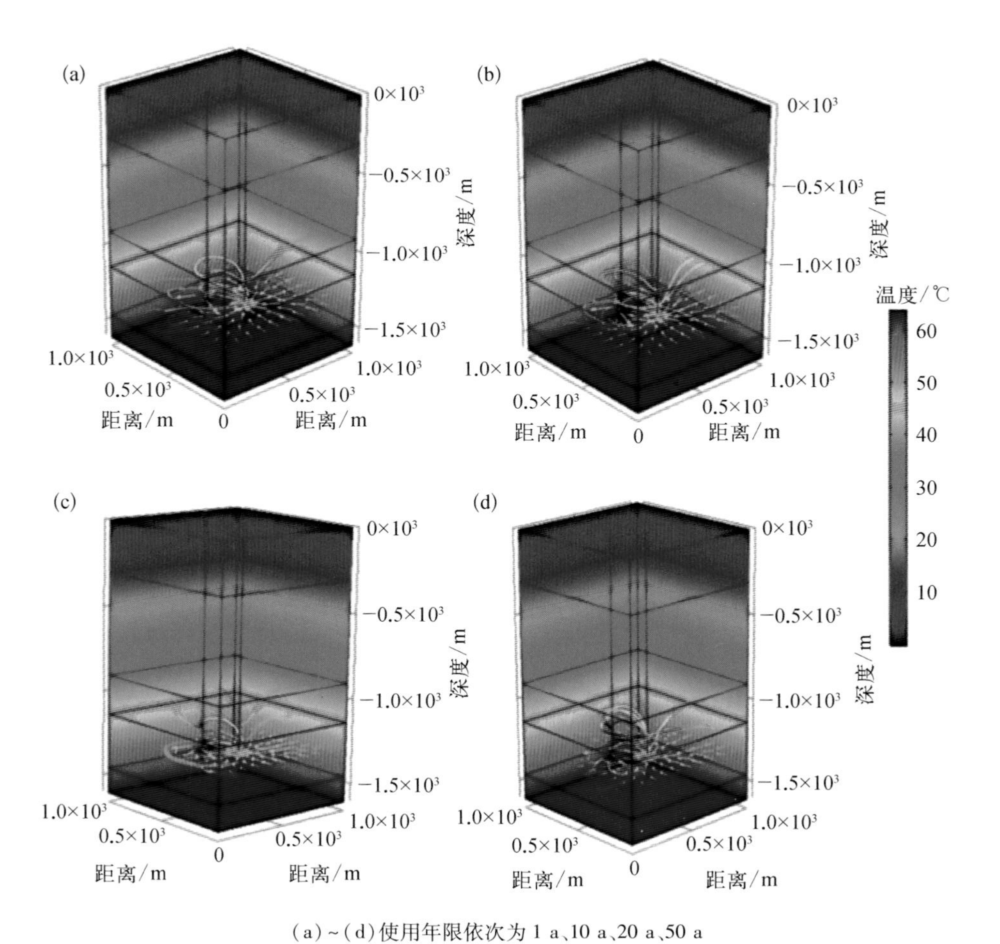

(a)~(d)使用年限依次为 1 a、10 a、20 a、50 a

图 3-18 不同时刻地层的温度场和渗流场分布云图

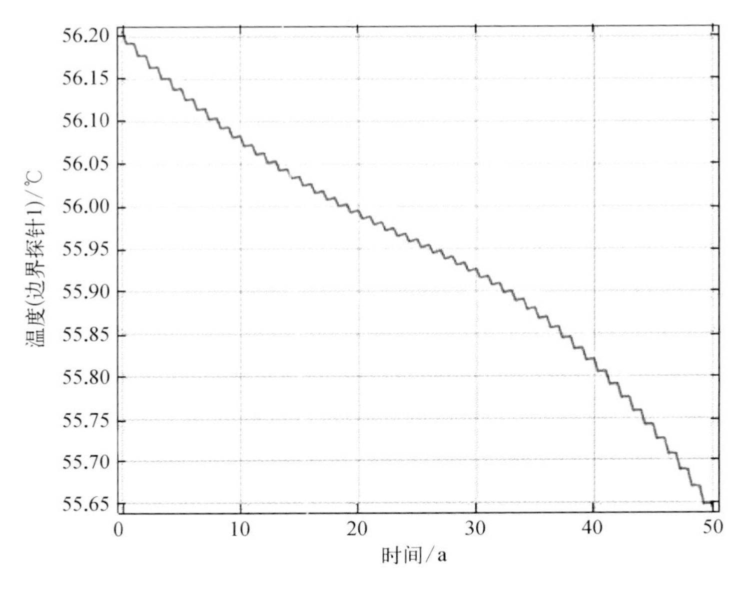

图 3－19　开采井温度变化曲线

(3) 小结

通过建立三维模型,揭示了流体在热储层中的渗流规律、井中的流动规律以及热储层温度和开采水温的变化规律。在开采过程中,开采井井壁附近的岩石逐渐被开采热水加热,因此,随着开采时间的不断增加,井中流体与井壁岩石之间的热交换逐渐减小,故通过分析开采井井底温度的变化情况来预测开采水温的变化规律是可行的。

3. 采灌井间距的研究

地热回灌过程中应避免开采井发生热突破,因此需要确定采灌井的合理井间距。本文根据回灌数值模型开发 App,通过对采灌井间距、开采及回灌水温、开采及回灌水量等参数的控制,模拟一定时期内的热突破曲线,进而分析、确定采灌井间距。

地热回灌过程主要涉及渗流场和温度场的耦合,并且按回灌井和开采井所处的热储层性质将回灌分为同层回灌和异层回灌,该工程实例属于同层回灌,因此,为了更好地求解多物理场耦合问题,数值计算模型在实际工程的问题上进行了相应的简化处理，将研究重点区域放在取水段热储含水层，模型主要运用式3－32～式 3－37，其概念模型示意图如图 3－20 所示。

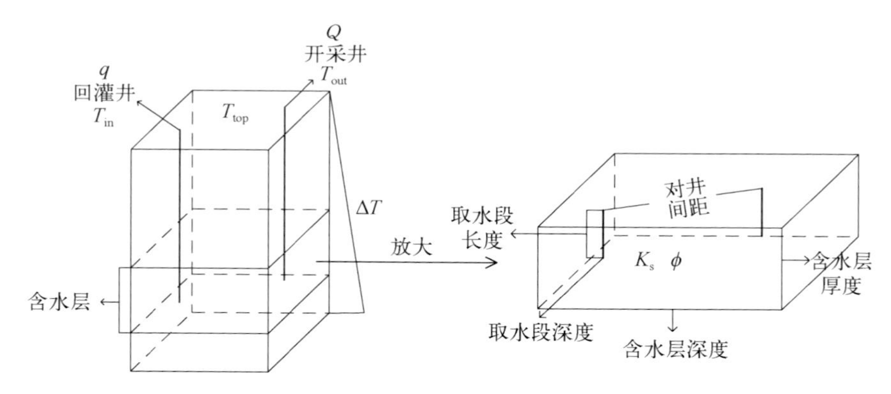

图 3－20 概念模型示意图

考虑到地热供暖系统一年里只有冬季的 4 个月运行，其余 8 个月停运的情况，可以采用一个矩形周期函数来描述这种系统的运行和停运，其作用类似于开关，该函数图像如图 3－21 所示，横坐标表示时间，周期为 1 a；纵坐标的 1 表示系统处于运行状态，0 表示系统处于停运状态。

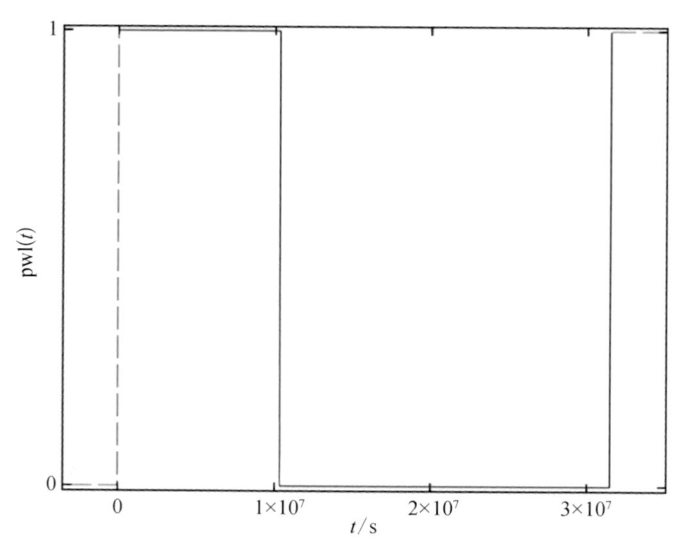

图 3－21 矩形周期函数图像

数值模型中考虑了大地热流密度的影响，因此，在模型底部施加了一个边界热源，模型的初始及边界条件如图3－22所示。根据鲁北砂岩热储的岩性特征，模型参数取值如表3－17所示。

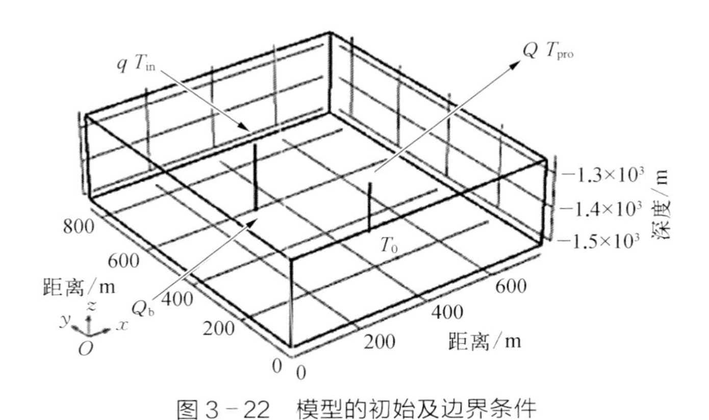

图3－22　模型的初始及边界条件

表3－17　模型参数取值列表

参　数	取　　值	描　　述	参　数	取　　值	描　　述
d_{in}	177.8 mm	回灌井井径	$L_{depth,\ in}$	1500 m	回灌井深度
d_{pro}	177.8 mm	开采井井径	$L_{depth,\ pro}$	1500 m	开采井深度
$L_{spacing}$	300 m	对井间距	q	60 m³/h	回灌率
θ	122°	夹角	Q	60 m³/h	开采率
L_{in}	200 m	注入长度	T_{in}	30 ℃	回灌温度
L_{pro}	150 m	开采长度	T_{top}	12.9 ℃	地面温度
L_{depth}	1500 m	深度	ΔT	0.0311 ℃/m	温度梯度
K_s	2.5 m/d	渗透系数	k_w	0.58 W/(m·K)	水的导热系数
ε	0.3	孔隙度	k_r	1.689 W/(m·K)	岩石导热系数
ρ_w	1000 kg/m³	水密度	$c_{p,\ w}$	4200 J/(kg·K)	水的比热容
ρ_r	2600 kg/m³	岩石密度	$c_{p,\ r}$	850 J/(kg·K)	岩石比热容
L_{height}	250 m	厚度	t_{day}	120 d	开采天数
Q_b	63.5 mW/m²	大地热流密度	t_{year}	50 a	计算时长

模型的渗流场与温度场分布云图如图3－23所示。从图中可以看出：回灌冷水从回灌井进入热储中，在渗流场的作用下，回灌冷水逐渐向开采井方向运移，并

导致开采温度的降低，但是由于一年里只有 4 个月的运移时间，因此，有效的开采时间其实只有 16.67 a 左右。给定参数为开采量与回灌量均为 60 m^3/h，结合如图 3-24 所示的开采井温度变化曲线可以看到，50 a 开采井温度的降低幅度约为 1 ℃。以地热井的一般使用寿命 30 a 计，其温度降低幅度约为 0.65 ℃。因此，预测该地热对井系统在采灌间距为 300 m，采灌量同为 60 m^3/h 的情况下，50 a 的使用年限里不会影响其开发利用。

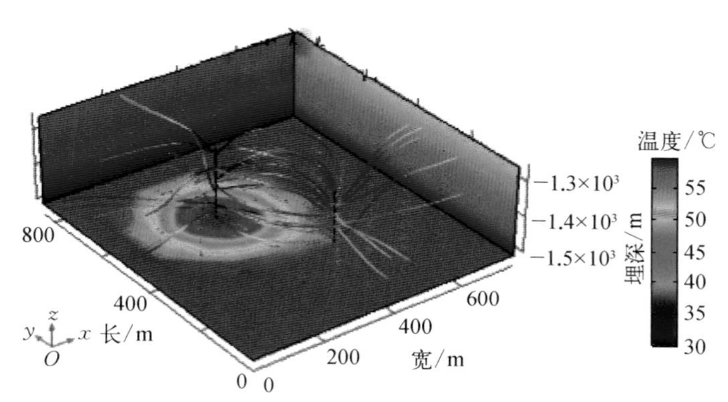

时间=50 a；曲面—温度/℃；流线—达西渗流场；体箭头—达西速度场

图 3-23　模型的渗流场与温度场分布云图

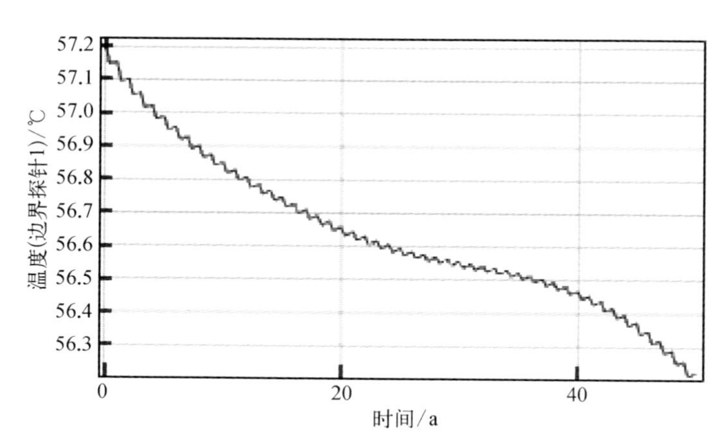

图 3-24　开采井温度变化曲线

第 4 章

回灌井钻井技术及成井工艺

大量实践及试验结果表明，成熟的回灌井钻井技术及成井工艺是回灌工程成功的关键之一。目前技术较为成熟且回灌效果较好的成井工艺为大口径填砾工艺和固井射孔工艺，两种成井工艺优点明显，适用的地质条件略有差异。本章将从两种成井工艺的井身结构特点、地质条件的适宜性及技术要点等方面进行分析阐述。

4.1 钻井技术与井身结构

通过搜集国内砂岩热储地热回灌井资料，统计出其井身结构及成井工艺，见表4-1。统计结果表明，大口径填砾工艺和固井射孔工艺回灌井回灌能力明显提升，这两种工艺也是目前经过验证、技术较成熟的工艺。

表4-1 地热回灌井井身结构及成井工艺统计表

地区	回灌井	泵室段		井壁段		滤水段		回灌量/(m^3/h)	成井工艺
		孔径/mm	管径/mm	孔径/mm	管径/mm	孔径/mm	管径/mm		
天津	DL-25H	660.0	339.7	460.0	219.1	460.0	219.1	66.00	填砾
	TGR-26D	444.5	339.7	311.2	244.5	311.2	244.5	102.00	射孔
	TGR-28	444.5	339.7	311.0	244.5	311.0	244.5	120.00	射孔
	塘沽区2#	444.5	339.7	311.0	244.5	311.0	244.5	80.00	射孔
	滨海新区25#	600.0	339.7	460.0	219.1	460.0	219.1	66.00	填砾
河北	任丘市回灌井	550.0	273.0	311.0	178.0	311.0	178.0	54.00	填砾
陕西	咸阳WH1井	444.5	339.7	311.0	244.5	215.8	139.7	54.97	射孔
山东	德州德热2井	350.0	273.0	244.5	177.8	244.5	177.8	11.60	桥水滤水管
	平原县魏庄社区回灌井	550.0	273.0	444.5	177.8	444.5	177.8	69.20	填砾
	德州DZ31回灌井	550.0	273.1	444.5	177.8	444.5	177.8	43.68	填砾
	武城二中回灌井	500.0	273.0	450.0	177.8	450.0	177.8	40.87	填砾
	武城县畅和名居小区回灌井	450.0	273.1	241.3	177.8	241.3	177.8	63.44	射孔

续表

地区	回灌井	泵室段		井壁段		滤水段		回灌量/(m^3/h)	成井工艺
		孔径/mm	管径/mm	孔径/mm	管径/mm	孔径/mm	管径/mm		
山东	无棣五营①回灌井	550.0	273.0	400.0	177.8	400.0	177.8	81.60	填砾
山东	博兴庞家镇回灌井	540.0	273.0	444.5	177.8	444.5	177.8	30.50	填砾
山东	水文队家属院回灌井	610.0	339.7	450.0	177.8	450.0	177.8	56.00	填砾

4.1.1 大口径填砾工艺井身结构

大口径填砾工艺井身结构具有以下特点：泵室段的孔径一般为 550～660 mm，泵室段的管径一般为 273～339.7 mm；井壁段的孔径一般为 400～450 mm，井壁段的管径一般为 177.8～219.1 mm；滤水段的孔径一般为 400～450 mm，滤水段的管径一般在 177.8 mm 以上。

结合填砾成井特点，为满足砾料充填到位，保证填砾质量，其钻孔孔径一般较大。大口径填砾工艺井身结构可参考图 4－1，应当满足以下条件：

（1）泵室段，孔径不小于 550 mm，管径不小于 273 mm，长度不小于 300 m；

（2）井壁段，孔径不小于 400 mm，管径不小于 177.8 mm，长度根据实际情况确定；

（3）滤水段，孔径不小于 400 mm，管径不小于 177.8 mm，长度应根据回灌目的层条件确定；

（4）若存在套管（井管）重叠，重叠段应大于 30 m。

4.1.2 固井射孔工艺井身结构

固井射孔工艺井身结构具有以下特点：泵室段的孔径一般为 444.5～450 mm，

① 指山东省滨州市无棣县车王镇五营村，下同。

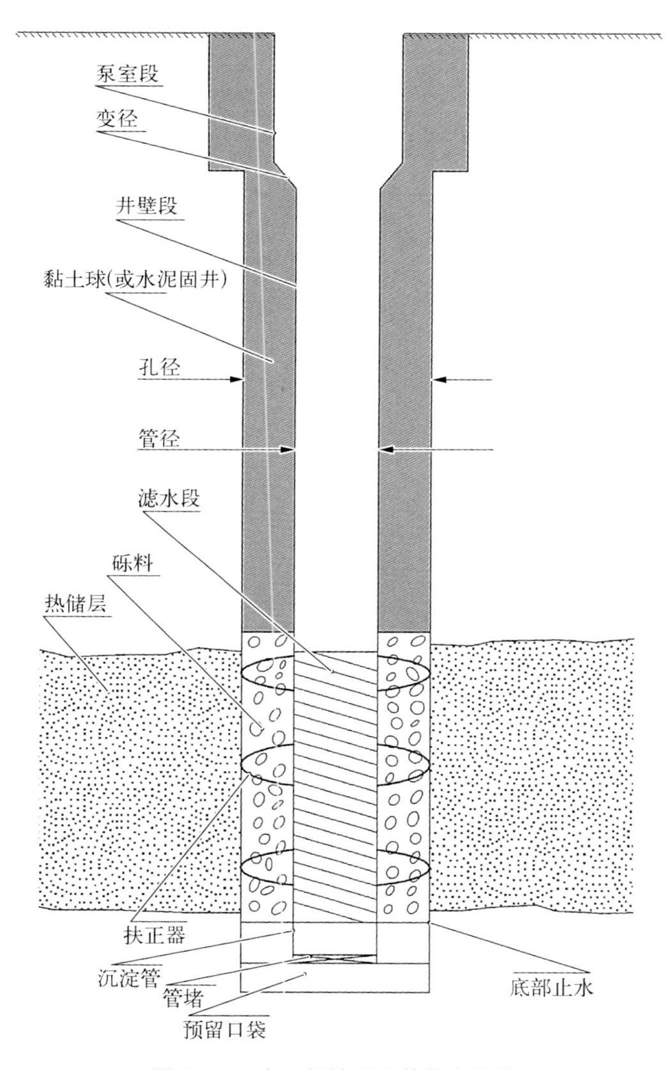

图 4－1 大口径填砾工艺井身结构

泵室段的管径一般为 273.1～339.7 mm；井壁段的孔径一般为 241.3～311.2 mm，井壁段的管径一般为 177.8～241.3 mm；滤水段的孔径一般为 241.3～311.2 mm，滤水段的管径一般为 177.8～241.3 mm。

因此，射孔成井的井身结构一般须满足射孔要求并考虑射孔效果。固井射孔工艺井身结构可参考图 4－2，应当满足以下条件：

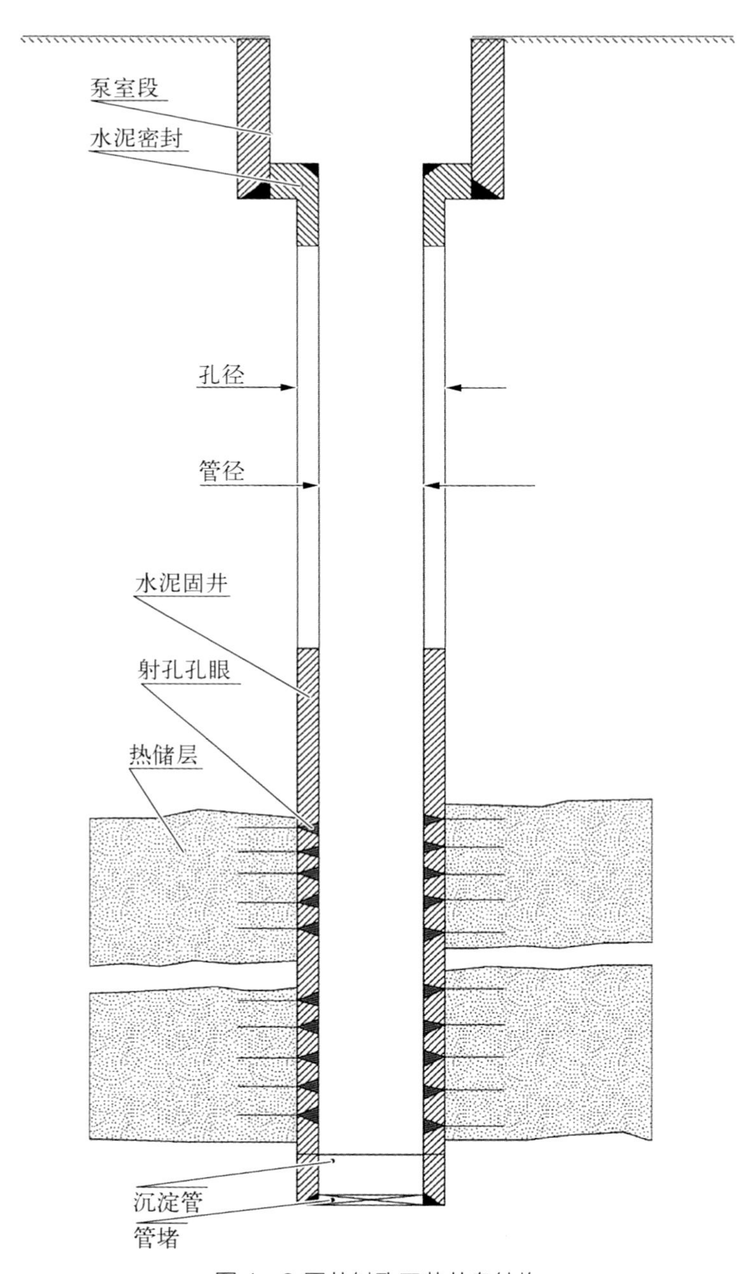

图 4－2 固井射孔工艺井身结构

（1）泵室段，孔径不小于 444.5 mm，管径不小于 340 mm，长度不小于 300 m；

（2）井壁段，孔径不小于 311.2 mm，管径不小于 244.5 mm，长度根据实际情况确定；

（3）滤水段，孔径不小于 311.2 mm，管径不小于 244.5 mm，长度应根据回灌目的层条件确定；

（4）若存在套管（井管）重叠，重叠段应大于 30 m。

4.2　地质条件与成井工艺选取

4.2.1　地质条件

回灌井的成井工艺与地质条件相关，主要从四个方面进行选取。

（1）沉积环境，即砂岩热储层的沉积相，包括热储层结构、胶结方式、成岩程度、颗粒大小及分选性。

（2）地质参数，包括砂岩热储层的孔隙度、渗透率、单层厚度等。

（3）防砂任务，是否有防砂任务。

（4）成井深度，与施工的成本和难度有关。同时，地层的埋深与成岩程度呈正相关，埋深越大，成岩作用越强，一般成岩程度越高。

4.2.2　成井工艺选取

成井工艺的选取取决于该地区的地质条件。在满足回灌需要、保证回灌井质量的基础上，应考虑到施工的难度及成本。

1. 大口径填砾工艺的选取条件

回灌目的层砂岩层的渗透率小于 $500\times10^{-3}\ \mu m^2$，颗粒为中砂以下，弱固结至半固结（成岩程度低），孔壁稳定，易出砂；成井深度一般小于 2000 m。

2. 固井射孔工艺的选取条件

回灌目的层砂岩层的渗透率大于 $500\times10^{-3}\ \mu m^2$，颗粒为中砂以上，半固结至固结（成岩程度高），不易出砂；成井深度一般大于 2000 m。

4.3 成井工艺与关键技术

4.3.1 大口径填砾工艺与关键技术

1. 砾料质量

砾料应该选择石英质量分数较大(60%以上)、质地坚硬、密度大、浑圆度较好的砂砾石,这样能增加填入砾料的孔隙度。同时,砾料的溶酸度要求:在标准土酸(3% HF+12% HCl)中,砂砾石溶解的质量分数不应超过1%。

2. 砾料的规格

(1) 砾径的理论分析

砾料规格的理论依据在于,假定滤料为等粒圆球体,其直径为 D,滤料孔隙形成的内切球体直径为 d。排列成正方体时形成的孔隙最大,如图 4-3 所示;排列成斜方体时形成的孔隙最小,如图 4-4 所示。下面分别讨论两种排列形式的滤料直径 D 和其孔隙形成的内切球体直径 d 的关系。

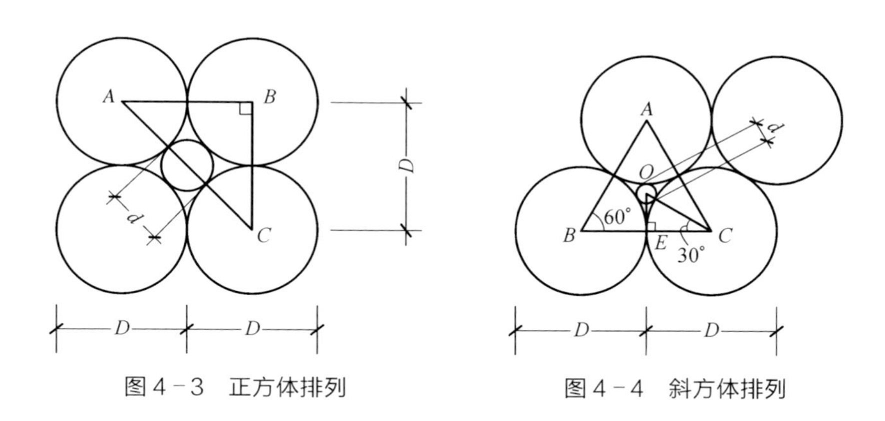

图 4-3 正方体排列　　图 4-4 斜方体排列

① 正方体排列

从图 4-3 可以看出,△ABC 为直角三角形。因此:

$$D^2 + D^2 = (D + d)^2$$

$$2D^2 = D^2 + 2Dd + d^2$$

$$D^2 - 2Dd = d^2$$

两端各加上 d^2：

$$(D - d)^2 = 2d^2$$

$$D = (1 + \sqrt{2})d$$

$$D = 2.4142d \tag{4-1}$$

式 4－1 表明了等粒圆球体滤料正方体排列时，滤料直径与其形成孔隙的内切球体直径的关系。

② 斜方体排列

从图 4－4 可以看出，△ABC 为等边三角形，△OEC 为直角三角形。因此：

$$\cos 30° = \frac{\frac{D}{2}}{\frac{D}{2} + \frac{d}{2}}$$

$$0.866 = \frac{D}{D + d}$$

$$D = 0.866(D + d)$$

$$D = 6.4627d \tag{4-2}$$

式 4－2 表明了等粒圆球体滤料斜方体排列时，滤料直径与其孔隙形成的内切球体直径的关系。

③ 无规则排列

从式 4－1 和式 4－2 可以看出，等粒圆球体滤料正方体排列时形成的孔隙最大，斜方体排列时形成的孔隙最小，两者的比值为

$$\frac{D}{2.4142} \Big/ \frac{D}{6.4627} = 2.68$$

即等粒圆球体滤料形成的孔隙尺寸最大与最小相差 2.68 倍。但滤料不可能是单

一排列，而是各种排列形式都可能存在的，形成的孔隙尺寸兼而有之，就滤料层整体而言，可以取最大者与最小者的平均值表示滤料层的孔隙尺寸，即

$$D=(2.4142d+6.4627d)/2$$

$$D=4.4385d \tag{4-3}$$

式4-3即滤料规格填砾比规定的理论依据，它表明了滤料粒径与其形成孔隙尺寸的关系，也就是滤料粒径与含水层通过粒径的关系。当含水层通过粒径确定之后，滤料粒径即滤料规格也随之确定。

需要明确的是，式4-3仅为理论关系式，是在假定滤料为等粒圆球体且含水层颗粒为圆球体的基础上建立的。实际上，滤料不可能是等粒圆球体，含水层颗粒也不可能都是圆球体。实际工程中，滤料和含水层的颗粒都类似于圆球体，填砾的粒径大于理论计算值，一般按 $D=(6\sim8)d$ 选取砾料直径。

（2）防砂的理论分析

填砾的过滤机是通过限制砾料所形成孔隙的含水层颗粒粒径来实现的：滤料投入井内之后，会形成一定的孔隙，含水层中的颗粒小于砾料形成的孔隙时，会被抽出井外；含水层颗粒大于砾料形成的孔隙时，会被隔滤于滤料层之外，达到稳定含水层的目的，从而使井水含砂量降低至规定的标准之下。

砾料所形成的孔隙取决于砾料粒径的大小，砾料粒径的大小与热储层颗粒的粒径有关。

（3）砾料粒径的考虑因素

① 水中含砂量

填砾过滤器挡砂至规定的水中含砂量标准之下，显然，水中含砂量标准规定的高低，直接影响到制定粒径大小的标准。如苏联《室外给水设计规范》（以下简称“苏联规范”）中制定的粒径大小标准：

$$D_{50}=(8\sim10)d_{50} \tag{4-4}$$

美国自来水厂协会制定的《水井标准》（以下简称“美国标准”）中，滤料规格为

$$D_{50} = (4 \sim 6)d_{50} \tag{4-5}$$

式中，D_{50}为滤料筛分样过筛累计质量为 50%时的最大颗粒直径，mm；d_{50}为砂土类含水层筛分样中过筛累计质量为 50%时的最大颗粒直径，mm。

两个规定差异悬殊的原因在于各自依据的水中含砂量标准差异悬殊，苏联规范规定井水含砂量标准为万分之一（质量比），美国标准为二十万分之一（质量比）。因此，制定砾料砾径规定时，应考虑水中含砂量标准的高低。

② 砾料厚度

设计填砾的厚度过薄，不易填砾到位，容易发生卡砂的现象，同时起不到防砂的效果；设计填砾的厚度过厚，会大幅增加钻井成本，有些地区因地层原因，孔径过大易发生塌孔情况，施工的风险较高。

（4）粒径的确定

我国水井标准《供水水文地质勘察规范》（GB 50027—2001）规定为（6~8）d_{50}，经多年实践证明是合适的。因此，通过上述研究，可以确定砾料粒径与含水层砂粒直径间的关系：

$$D_{50} = (6 \sim 8)d_{50} \tag{4-6}$$

① 填砾厚度及高度

总结华北地区多年来填砾成井的地热回灌井经验，填砾厚度控制在75~125 mm。填砾高度大都高于滤水管顶界面 30~50 m，见表 4－2。

表 4－2　依据含水层筛分资料确定的相关参数

地　区	回灌井	热储层孔径/mm	滤水管孔径/mm	填砾厚度/mm	填砾高度高于滤水管顶界面/m
天津东丽区	DL－25	460.0	219.1	120.45	40.00
山东平原县	魏庄社区	444.5	177.8	133.35	40.00
山东德州市	DZ31	444.5	177.8	133.35	35.00
山东商河县	泰和名都小区	450.0	177.8	136.10	30.00
山东无棣县	五营社区	400.0	177.8	111.10	45.45
山东武城县	武城二中	444.5	177.8	133.35	20.32
山东德州市	水文队家属院	450.0	177.8	136.10	42.54

② 砾料用量

填砾的厚度由钻孔与井壁管直径决定，砾料要求采用质地坚硬、密度大、浑圆度好、具有一定级配的石英砾。填砾应从井四周均匀填入，控制填砾速度，定时探测孔内填砾面位置，防止堵塞。滤料体积可采用式4－7计算：

$$V = \frac{\pi}{4}(D^2 - d^2)LK \tag{4-7}$$

式中，V 为填砾所需滤料体积，m^3；d 为钻孔直径，m；D 为过滤器外径，m；L 为填砾高度，m；K 为超径系数，取1.2~1.5。

③ 填砾方法

砾料从地面沿环隙投送到目的层，随井深的加大，砾料的投送工作越发困难，会出现填砾不均匀、架桥等现象，严重时甚至会出现填砾不到位的情况，这些都会造成填砾失败的后果。因此必须控制填砾数量及填砾速度。填砾前首先要进行二次换浆，换浆使钻井液黏度不大于18 Pa·s，遇孔壁不稳定地层时，钻井液黏度可适当提高。

目前，填砾地热井的填砾方法可分为以下三种。

a. 静水填砾

将砾料从环隙均匀投入，利用砾料密度大于冲洗液密度，将冲洗液从井管内压出，通过导管将溢出的冲洗液导入到环隙内。过程中应保持环隙冲洗液面与地面基本持平，若环隙冲洗液液面下降，应从泥浆池中抽取冲洗液进行补充。填砾速度控制在10~15 m^3/h 为宜。

b. 动水填砾

井管底、井管口密封，冲洗液从井管返到环隙，再从环隙返到地面，冲洗液黏度达到18 Pa·s、密度达到1.05 g/cm^3 左右时，把砾料从环隙均匀投入，一般填砾速度为3~6 m^3/h。填砾过程中注意返水量、泵压及冲洗液黏度的变化。当砾料超过最上部滤水管时，压力达到最大值，应注意调整冲洗液黏度。

c. 抽水填砾

将砾料从环隙均匀投入，利用潜水泵从井管内抽水，将冲洗液导入到环隙内。过程中应保持环隙冲洗液面与地面基本持平，填砾速度控制在15～20 m^3/h为宜。

4.3.2 固井射孔工艺与关键技术

1. 射孔层位确定

回灌井射孔成井是通过射孔弹穿透套管和水泥环并穿透地层一定深度形成孔道，整个孔道的内壁成为渗水断面，然后将孔道汇集，作为集水廊道，地下水以紊流的状态沿此廊道涌出。因此须选择胶结程度高、成岩性较好的砂岩热储层作为射孔层位。要准确找到这种热储层，做好岩芯编录、井下物探测井及热储层岩芯样的矿物鉴定工作极为重要。

钻井施工至设计深度完钻：首先，在钻探过程中对热储层岩芯进行取样编录，对热储层的砂岩的胶结程度、颗粒大小、磨圆度及分选性等特点进行描述；其次，在成井前先进行物探测井分析，主要目的是查明所钻遇地层的岩性、热储层的顶底板埋深、渗透率、孔（裂）隙度、泥质含量等地质参数；最后，对取得的岩芯样进行矿物鉴定，分析其结构构造、矿物成分、岩屑（砂屑、碎屑、晶屑）、粒间孔隙、孔喉和胶结度等性能。

综合上述三步工作，选择孔隙度发育、泥质含量小、胶结性较好、砂粒粒径大、磨圆及分选性较好、孔喉大的砂岩段作为有效含水层，确定射孔的位置。

2. 射孔设计原则

保证射孔效果的关键因素是目的层地质及水文地质特征，包括岩性、颗粒、分选和磨圆度、胶结、孔隙度、渗透性等。在地热井施工中，主要的射孔技术应选择电缆输送聚能式射孔技术，射孔液一般选择清水。射孔设计需要考虑的主要是射孔枪型、射孔弹型、射孔密度、穿透（孔道）深度等射孔参数。

射孔弹是影响射孔的主体，枪是射孔弹的载体。射孔弹的尺寸受枪身内部直径及枪身允许变形尺寸的限制，每一种射孔弹都有确定的穿孔性能（表4－3、表4－4）。而射孔枪的选择需要考虑与套管的匹配问题，当射孔枪与套管间隙为8～12 mm时，射孔弹不但能发挥出其最大穿深，且孔眼呈均匀径向分布。

表4-3 射孔枪和射孔弹的选择

射孔枪直径/mm	射孔枪壁厚/mm	射孔弹直径/mm	装弹量/g
73	5.5	7.3	18
		8.9	24
89	6.5	8.9	24
		10.2	32
102	9.0	10.2	32
		12.7	38
108	9.5	10.2	32
		12.7	38

表4-4 常用射孔弹主要参数

弹 型	APIPR437 混凝土靶		最适套管尺寸/mm	耐温条件/(℃/48 h)
	穿透深度/mm	孔径/mm		
YD-73	≥350	≥10	127~140	150
YD-89	≥400	≥10	140~178	150
YD-102	≥500	≥13	140~178	150
YD-127	≥700	≥13	140~178	150

常用的射孔枪型有73 mm、89 mm、102 mm、108 mm四种，其中73 mm、89 mm射孔枪选用的射孔弹直径主要是8.9 mm，102 mm、108 mm射孔枪选用的射孔弹直径主要是12.7 mm。

射孔密度要求在给定射孔弹的实际穿透能力和井壁、水泥环、地层特征等条件下，一方面保证井最大可能的完善程度，另一方面保证套管和水泥环的必要完整性。此外，还需要考虑射孔费用。

因此，针对砂岩热储地热回灌井的钻井特点，设计其射孔参数参考见表4-5。

表4-5 射孔参数参考

射孔套管/mm	射孔枪型/mm	射孔孔径/mm	射孔密度/(孔/m)	穿透(孔道)深度/mm
244.5	YD-127	12.7	15	≥600
177.8	YD-89	8.0	15	≥400
	YD-127	12.0	15	≥600

3. 射孔准备工作和作业监督要点

从事射孔爆炸作业的人员，必须经过专业培训，且持有公安部颁发的“爆破工程技术人员安全作业证”才能上岗。

钻井施工方应向射孔作业队提供井身结构、人工井底情况、钻井液的性质、井底温度、井下情况及其他有关数据，并协助安装、拆除井口，配合入井射孔管柱的连接和拆卸。

射孔施工前，应使用通径规通至人工井底或射孔底界 30 m 以下进行循环洗井，确保井下畅通。进行射孔施工时，应严防井口落物。

进行射孔作业必须有射孔作业施工单，且审批完整；必须依据作业设计和作业通知单的规定和要求进行施工，严格执行安全技术操作规程。

射孔弹各项技术指标必须达到地热行业标准，射孔枪绝对不允许重复使用。

遇到如雷雨、闪电、风沙等严重影响施工的极端恶劣天气时，应停止作业，并将爆炸物品撤离危险区。作业现场地面温度≥50 ℃时，爆炸器材不得直接接触地面，应进行遮阴。射孔爆炸器材还应远离强大电场 50 m 以外。施工现场应划出安全区，并设立醒目标志，严禁无关人员靠近。

射孔装炮人员操作时必须穿着防静电服装，不得使用化学纤维制品擦拭起爆装置。

进行传输射孔时，射孔作业队必须有人在井口值班，及时发现下钻过程中可能出现的异常情况，对下钻速度、下钻平稳情况做好记录。

电缆射孔及井下工程爆炸作业的井下爆炸物品在入井前和未引爆的爆炸物品起出井口前，应停止井场附近的微波通信，以免造成不良后果。

射孔完成后要检查射孔工作的质量，发射率>80%为合格，否则需要补孔。

4.4　成井工艺应用及回灌效果分析

4.4.1　成井工艺对水文地质参数的影响

搜集了平原县魏庄社区在 2012 年施工的回灌工程的两眼地热井资料，其中回灌井采用大口径填砾成井、开采井采用滤水管成井，分析对比了两者抽水试验数据，并通过求得的参数分析了填砾成井工艺的优点。

1. 地层条件

两眼地热井钻遇地层地质剖面图如图4－5所示。0～266.00 m为第四纪平原组，266.00～958.20 m为新近纪明化镇组，958.20～1393.30 m为新近纪馆陶组，1393.30～1610.38 m为古近纪东营组。开发热储层为新近纪馆陶组热储，为河流相沉积，厚度为200～600 m，底部发育有巨厚的中基性侵入岩体，与下伏东营组呈不整合接触。馆陶组下部热储岩性为灰白色、灰色厚层状砂砾岩，与热储相间分布的弱透水层岩性为棕红色泥岩及砂质泥岩。馆陶组上部热储岩性为灰白色、浅灰色中砂岩、细砂岩，与热储相间分布的弱透水层岩性为棕红色、灰

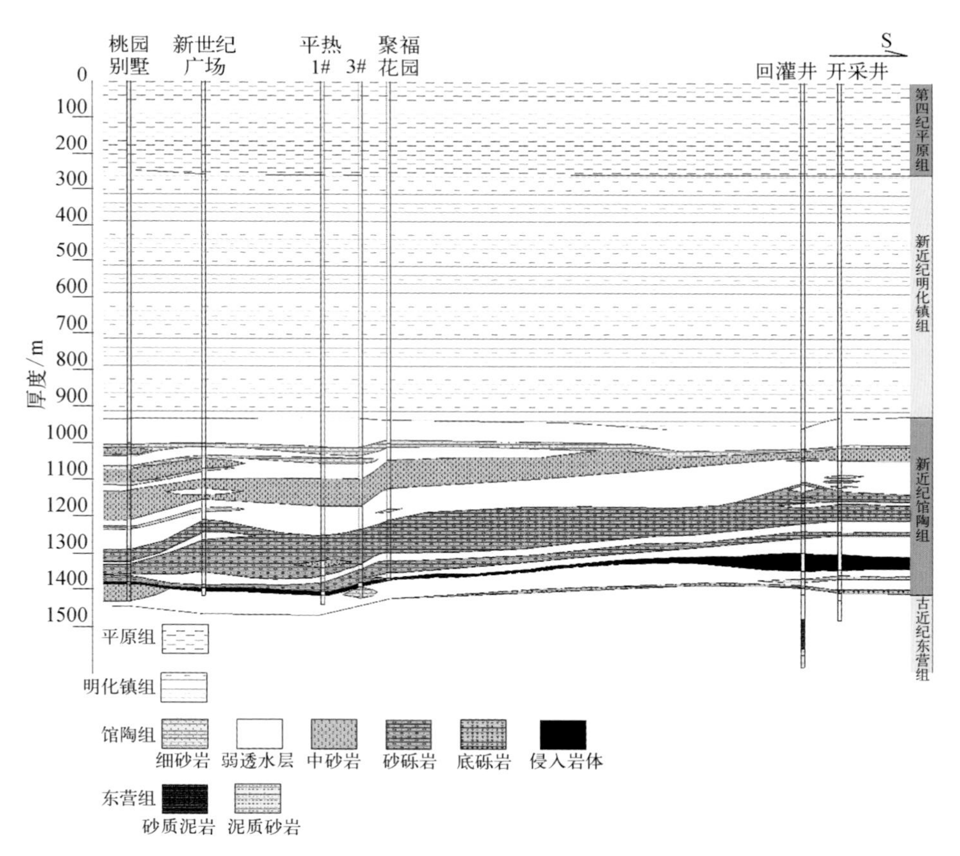

图4－5 地质剖面图

绿色泥岩。

2. 成井工艺

回灌井采用大口径填砾的成井工艺，开孔孔径为 445 mm，滤水管直径为 178 mm，填砾厚度为 133.5 mm，填砾粒径为 2～4 mm。

开采井为滤水管绕丝成井工艺，开孔孔径为 241.3 mm，滤水管直径为 139 mm，未填砾。

3. 抽水概况

抽水主孔的静水位为 30.69 m，观测孔的静水位为 31.81 m。

（1）大口径填砾井抽水

抽水主孔（大口径填砾回灌井）井深为 1400 m，观测孔（绕丝未填砾开采井）井深为 1450 m。试验开采层段为 1130.7～1393.3 m，岩性为馆陶组砂岩、砂砾岩热储层，含水层厚度为 149.8 m，开采井井径为 177.8 mm。本次非稳定流抽水试验在回灌前进行，稳定流量为 88 m^3/h，抽水历时 8850 min。

抽水主孔的降深稳定在 4.38 m 左右，观测孔的降深稳定在 1.01 m，见表 4－6。

表 4－6　抽水试验基本数据表

抽水井名称	开采量/(m^3/h)	主孔降深/m	观测孔降深/m	水温/℃	静水位/m	井距/m	备　注
大口径填砾井	88	4.38	1.01	50	30.69	231.77	回灌井
绕丝未填砾井	72	15.38	0.98	50	31.81	231.77	开采井

（2）绕丝未填砾井抽水

抽水主孔（绕丝未填砾开采井）井深为 1450 m，观测孔（大口径填砾回灌井）井深为 1400 m。试验开采层段为 1127～1460 m，岩性为馆陶组砂岩、砂砾岩热储层，含水层厚度为 138 m，开采井井径为 139.7 mm。本次非稳定流抽水试验在回灌前进行，稳定流量为 72 m^3/h，抽水历时 1710 min。

抽水主孔的降深稳定在 15.38 m 左右，观测井的降深稳定在 0.98 m，见表 4－6。

4. 非稳定流抽水试验求参比较

利用 AquiferTest 软件中的泰斯配线法计算水文地质参数，在双对数图中，抽水试验观测数据（s、t）投点与泰斯标准曲线的配线情况如图 4－6、图 4－7 所示。

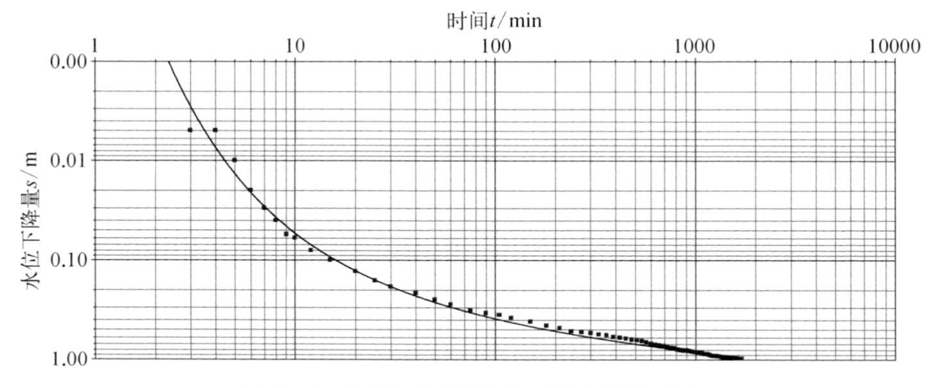

图 4－6 回灌井为观测井的泰斯配线法求参

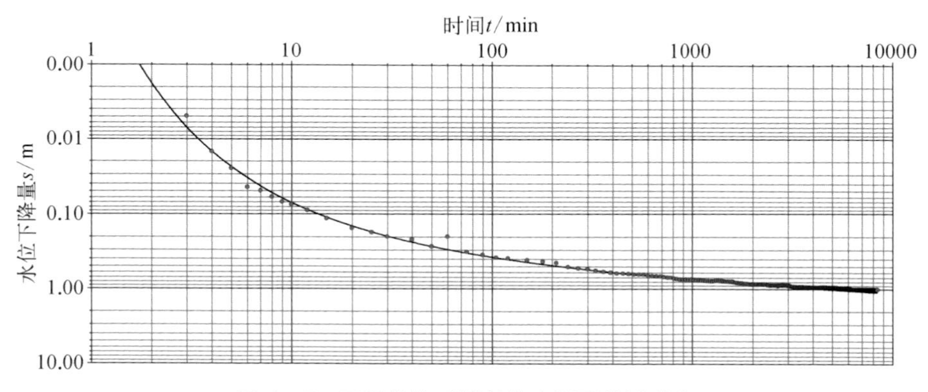

图 4－7 开采井为观测井的泰斯配线法求参

得出其导水系数（$T_{开采井}$）为 6.94×10^{2} m^{2}/d，渗透系数（$K_{开采井}$）为 5.02 m/d，弹性释水系数（$s_{开采井}$）为 3.18×10^{-4}。

得出其导水系数（$T_{回灌井}$）为 9.72×10^{2} m^{2}/d，渗透系数（$K_{回灌井}$）为 6.53 m/d，弹性释水系数（$s_{回灌井}$）为 3.19×10^{-4}。

由此可见，在同样开采量条件下，大口径填砾井降深较小，渗透系数增大，为回灌工作提供了有利条件。

4.4.2　大口径填砾与滤水管裸孔回灌井回灌效果

1. 滤水管裸孔回灌井回灌效果

(1) 回灌井基本情况

德热 1 井建井时间为 2005 年 3 月。该井深度为 1735.06 m。该井采用二开成井结构，井管类型为石油套管，0～150.15 m 为泵室管，规格为 244.5 mm×8.94 mm；150.15～1735.06 m 为井壁管，规格为 177.8 mm×6.91 mm，其中滤水管为钢网喷塑管，总长为 65.10 m。该井取水段区间为 1468.00～1678.00 m，取水层位为新近纪馆陶组热储含水层。洗井结束后进行抽水试验，水位降深 20.50 m 时，涌水量为 109.32 m^3/h。

(2) 回灌数据

试验前回灌井（德热 1 井）静水位埋深 26.0 m。本组试验自 2010 年 10 月 19 日 9 点 30 分开始，至 10 月 29 日 7 点 30 分结束。试验分自然回灌和加压回灌两种，回灌延续时间为 10577 min，回灌水温为 50～56 ℃，累计回灌量为 3228 m^3。见表 4－7。

表 4－7　德热 1 井回灌试验情况一览表

回灌压力/MPa	平均稳定回灌量/(m^3/h)	水位升幅/m	单位回灌量/[m^3/(h·m)]	有效回灌时间/min	总回灌量/m^3	回灌水温/℃
自然回灌	16.0	23.0	0.70	2146	1965	50～56
0.05	49.8	31.0	1.61	563	443	
0.12	60.4	38.0	1.59	492	499	
0.20	72.6	46.0	1.58	322	321	

注：本次井的水位以静水位埋深为计算零点，加压回灌井水位通过压力换算得出，即 0.1 MPa 相当于 10 m 水柱高度。

表 4－7 中的单位回灌量可通过式 4－8 计算：

$$Q = P\Delta H \tag{4-8}$$

式中，Q 为稳定回灌量，m^3/h；P 为单位回灌量，m^3/(h·m)；ΔH 为回灌时孔内水位上升的稳定高度，m。

(3) 成井工艺与效果分析

德热 1 井水位（压力）与回灌量历时曲线如图 4－8 所示，各压力段回灌情况如下。

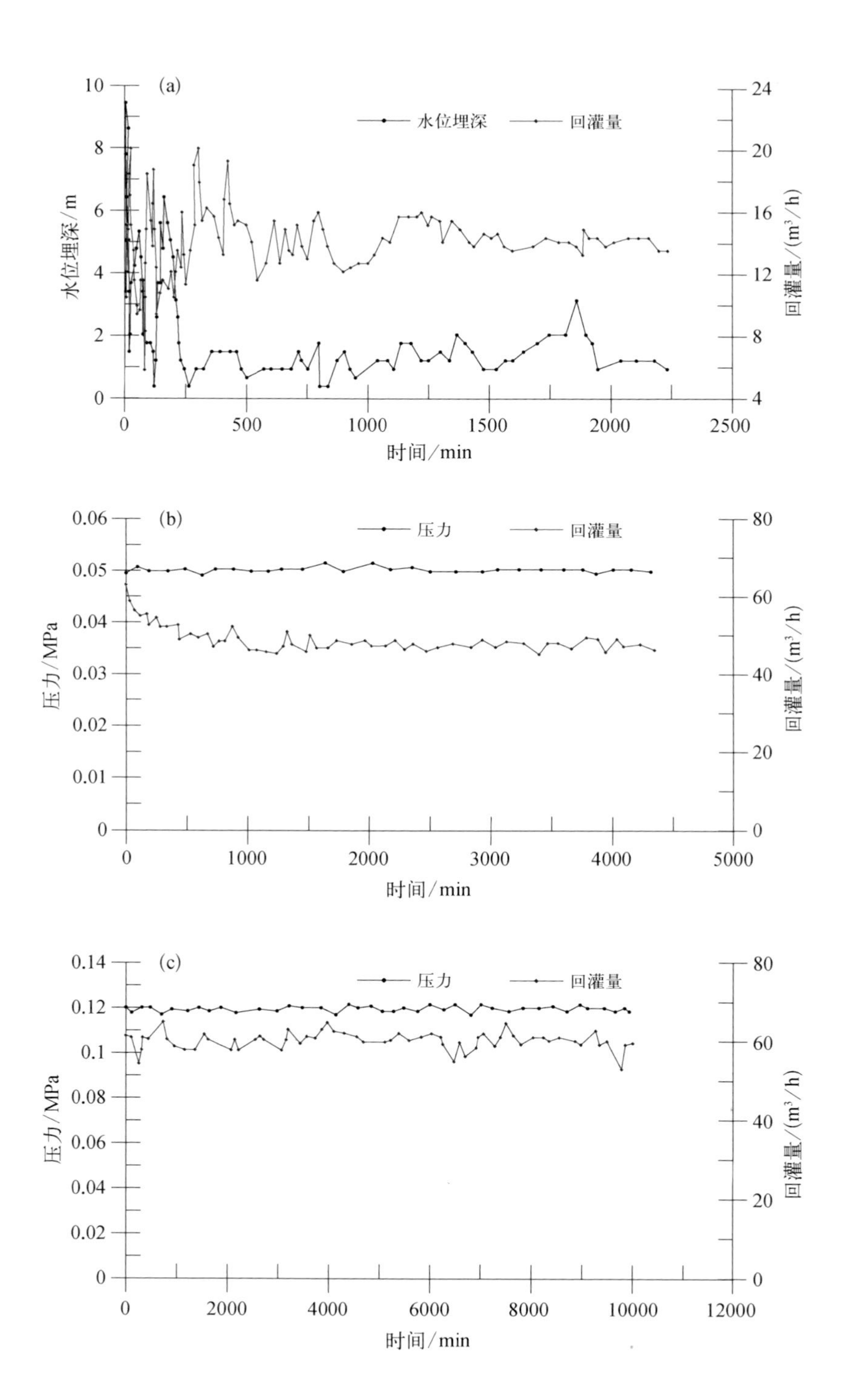
(a)
水位埋深
回灌量
水位埋深/m
回灌量/(m³/h)
时间/min
(b)
压力
回灌量
压力/MPa
回灌量/(m³/h)
时间/min
(c)
压力
回灌量
压力/MPa
回灌量/(m³/h)
时间/min

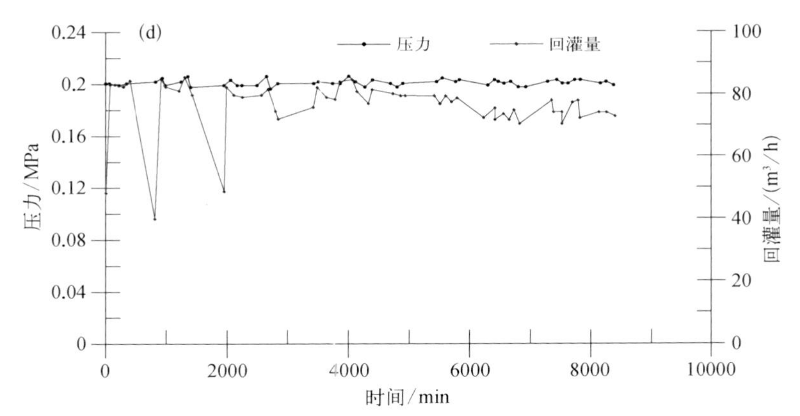

(a) 回灌水位与回灌量变化历时曲线(自然回灌);(b) 0.05 MPa 回灌压力与回灌量变化历时曲线;(c) 0.12 MPa 回灌压力与回灌量变化历时曲线;(d) 0.20 MPa 回灌压力与回灌量变化历时曲线

图 4－8　德热 1 井水位(压力)与回灌量历时曲线

① 自然回灌：自然回灌稳定水位控制在井口下约 3 m,回灌延续时间为 9200 min,累计回灌量为 1965 m^3。其中稳定连续回灌时间达 2146 min,累计稳定回灌量为 539.5 m^3,平均稳定回灌量 16.0 m^3/h。

② 加压回灌：包括三个压力段,第一段回灌压力为 0.05 MPa,分 19 个时间段进行回灌;第二段回灌压力为 0.05 MPa,分 19 个时间段进行回灌;第三段回灌压力为 0.05 MPa,分 19 个时间段进行回灌。

2. 大口径填砾工艺回灌井回灌效果

(1) 基本情况

本次对比选用平原县魏庄社区回灌工程回灌井,回灌井基本情况见本节 1.(1)。

(2) 回灌数据

试验前回灌井静水位埋深为 30.69 m,开采井静水位埋深为 31.81 m。试验于 2012 年 10 月 13 日开始,至 2012 年 12 月 15 日结束。采用定流量阶梯回灌的方式进行,回灌方式为自然回灌,回灌水温为 50~52 ℃。累计回灌量为 44622.92 m^3,回灌持续时间为 45746 min,见表 4－8。该回灌井的水位埋深与流量历时曲线见图 4－9。

(3) 成井工艺与效果分析

通过绘制的德州市德热 1 井和平原县魏庄社区回灌井的水位升幅与回灌量

表4-8 平原县魏庄社区回灌工程回灌井回灌试验情况一览表

稳定回灌量/(m³/h)	水位升幅/m	单位回灌量/[m³/(h·m)]	有效回灌时间/min	总回灌量/m³	回灌水温/℃
7.80	3.49	2.23	7590	1820.92	50~52
11.50	4.49	2.56	1470	572.90	
19.50	7.27	2.68	3000	937.40	
25.10	10.22	2.46	4286	3733.60	
43.51	16.82	2.59	4080	1550.60	
50.00	19.04	2.63	11670	15446.70	
60.26	23.00	2.62	4170	8274.80	
69.30	28.66	2.42	9480	12286.00	

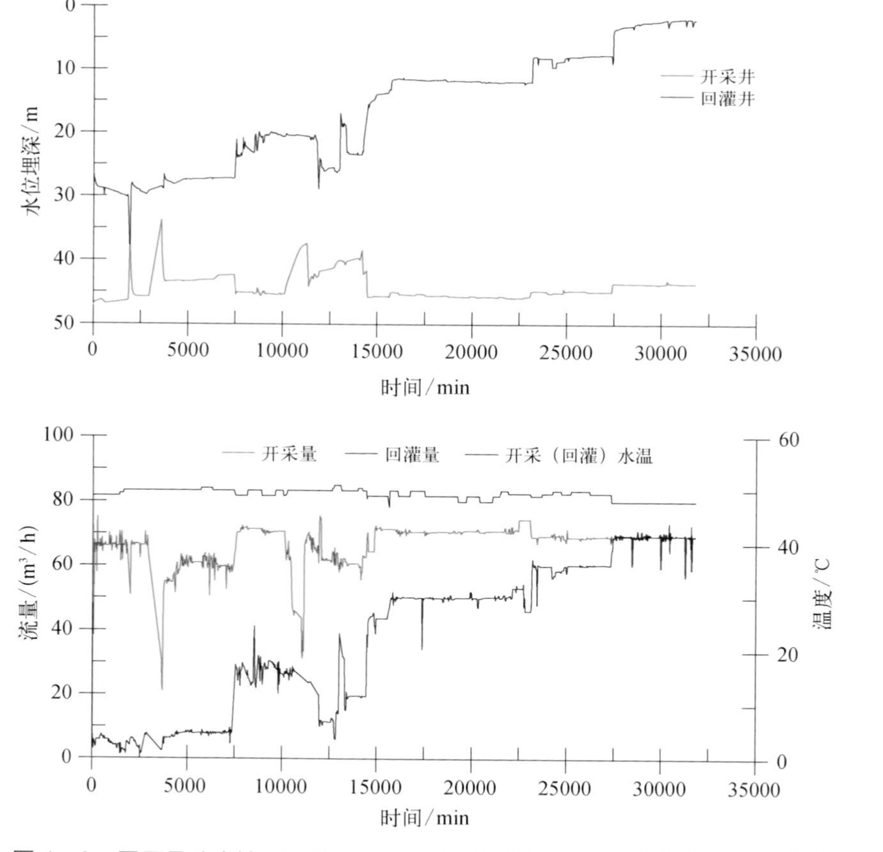

图4-9 平原县魏庄社区回灌工程开采井与回灌井的水位埋深与流量历时曲线

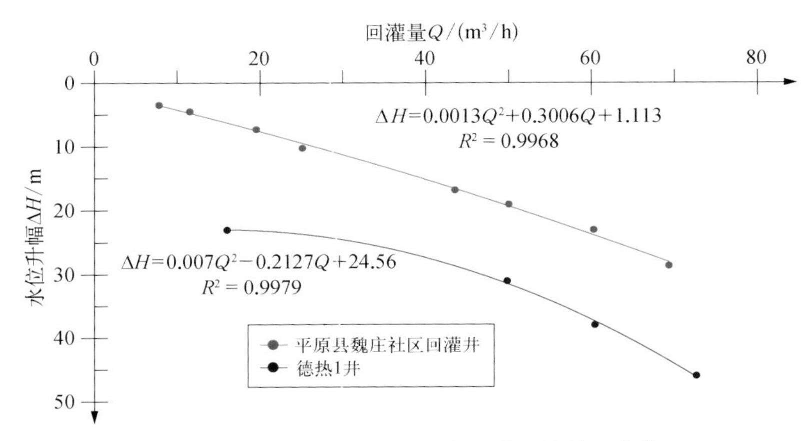

图 4－10　回灌井水位升幅与回灌量的关系曲线

的关系曲线(图 4－10)可以发现：在相同回灌量条件下，德热 1 井的水位升幅大于平原县魏庄社区回灌井的水位升幅。

因此，大口径填砾井回灌效果好，回灌量大幅提升。

4.4.3　固井射孔与大口径填砾成井工艺回灌效果

天津 TGR－26D 回灌井和天津 TGR－28 回灌井均采用固井射孔成井工艺，天津 DL－25H 回灌井采用大口径填砾成井工艺。搜集了这三眼地热井成井资料和回灌数据，对比分析了固井射孔与大口径填砾成井工艺的效果。

1. 天津 TGR－26D 固井射孔工艺回灌效果

天津市滨海新区馆陶组回灌井具备射孔成井条件，该井采用了二开射孔成井工艺。

(1) 井身结构及钻井液控制

① 井身结构

井身结构为二开成井，先采用直径为 444.5 mm 的钻头进行一开钻进，钻至井深 400 m 处，停钻。随后下入 ϕ339.7 mm/壁厚 9.65 mm/钢级 J55 的表层套管 400 m，对应井深为 0～400 m。固井后采用直径为 311.2 mm 的钻头钻进至 2105 m 处，完钻。测井后下入 ϕ244.5 mm/壁厚 8.94 mm/钢级 J55 的技术套管，对应井深为 364.86~2105 m，与直径为 339.7 mm 的表层套管重叠 35.14 m。该井井身结构示意图见图 4－11。

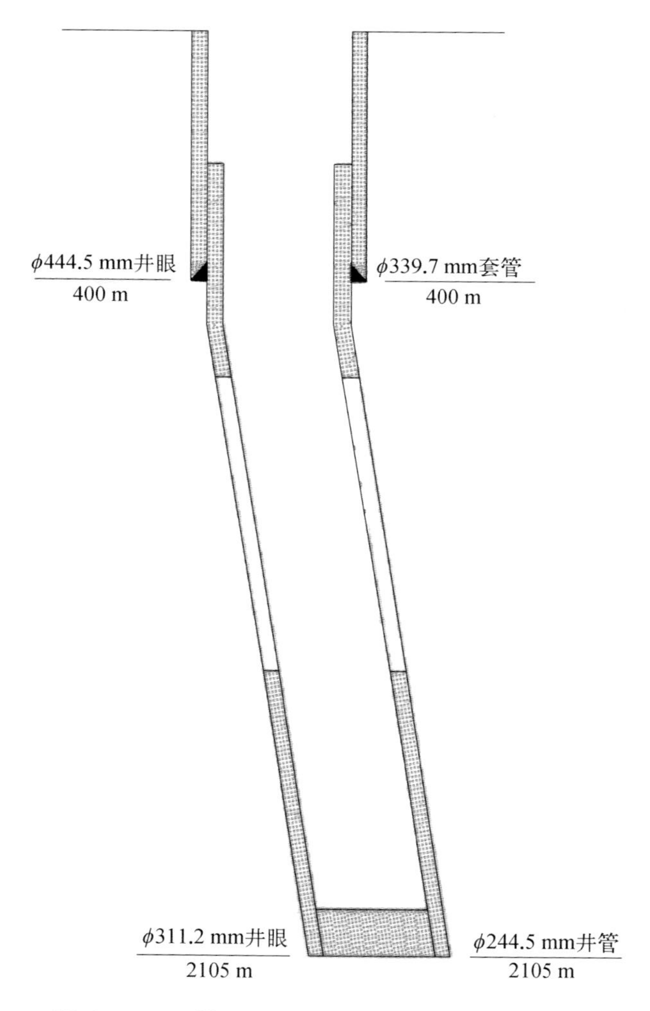

图 4－11　天津 TGR－26D 回灌井井身结构示意图

② 钻井液控制

天津 TGR－26D 回灌井采用水基聚合物钻井液体系，其性能参数见表 4－9。该钻井液漏失量、黏度、含砂、润滑性等方面性能稳定。

表 4 - 9　天津 TGR - 26D 回灌井钻井液基本情况

井段	钻井液类型	密度/(g/cm^3)	黏度/(Pa·s)	失水量/(mL/30 min)	pH
一开	水基聚合物钻井液	1.16~1.19	25~32	9.8~12	10~11
二开	水基聚合物钻井液	1.16~1.20	30~50	7~10	8~12

（2）井下物探测井及射孔作业

钻井施工至孔底后，扩孔前先进行物探测井分析，确定过滤器的位置。测井解译成果见表 4 - 10，选取起止深度为 1868~1878 m，1890~1902 m，1926~2000 m 等的几处射孔，射孔选用 ϕ102 mm 枪/ϕ12.7 mm 弹，单射 15 孔/m，取水层总厚度为 96 m。

表 4 - 10　天津 TGR - 26D 回灌井测井解译成果表

起始深度/m	终止深度/m	厚度/m	孔隙度/%	渗透率/($\times10^{-3}$ μm^2)	泥质含量/%	井温/℃	解译结论
1720.4	1729.6	9.2	33.08	1137.7	15.08	57.0	水层
1756.2	1766.0	9.8	30.68	785.24	15.66	57.6	水层
1770.9	1815.5	44.6	30.03	726.16	16.11	58.1	水层
1826.7	1852.8	26.1	31.31	866.49	16.50	58.9	水层
1857.3	1860.7	3.4	34.17	1250.8	11.20	59.1	水层
1867.1	1879.0	11.9	31.12	838.65	14.73	59.4	水层
1889.4	1902.0	12.6	31.73	937.83	20.21	39.8	水层
1926.0	1961.5	35.5	31.41	865.31	7.49	61.3	水层
1961.7	2043.8	82.1	24.90	347.52	12.79	63.0	低产层

（3）回灌试验

试验自 2011 年 3 月 11 日开始，至 2011 年 3 月 31 日结束，分五组进行，累计回灌 498 h、回灌量为 38249 m^3，24 h 水位恢复。回灌前静水位埋深为 128.27 m。回灌试验数据见表 4 - 11，回灌试验历时曲线见图 4 - 12。

表4-11 天津TGR-26D回灌井回灌试验数据

试验组	回灌水温/℃	稳定灌量/(m^3/h)	稳定动水位埋深/m	稳定水位升幅/m	单位回灌量/[m^3/(h·m)]	稳定时间/h
第一组	18	38	111.84	16.43	2.31	13
第二组	20	60	108.17	20.10	2.98	13
第三组	36	80	65.07	63.20	1.27	27
第四组	36	94	54.67	73.60	1.28	16
第五组	36	102	23.16	105.11	0.97	21

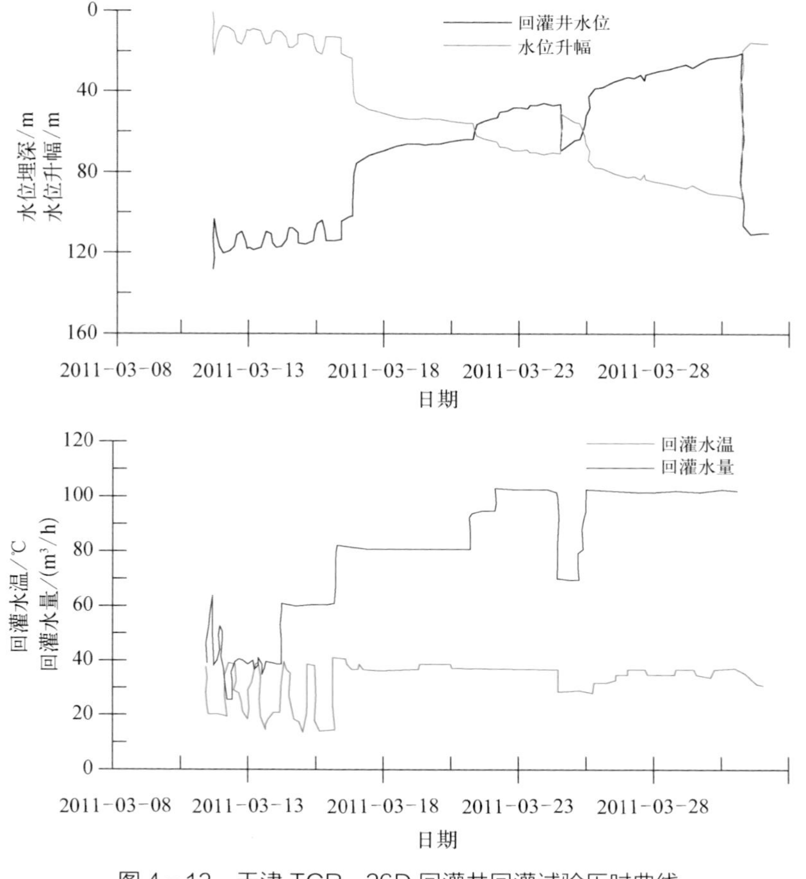

图4-12 天津TGR-26D回灌井回灌试验历时曲线

2. 天津 TGR－28 固井射孔工艺回灌效果

天津 TGR－28 井的地层岩性、热储条件与天津 TGR－26D 比较相似，并且同样选择了二开射孔成井工艺。

（1）井身结构及钻井液控制

① 井身结构

井身结构为二开成井：井深 0～400 m 的孔径为 444.5 mm，套管直径为 339.7 mm，井深 400～1891 m 的孔径为 311 mm，套管直径为 244.5 mm，技术套管规格为 ϕ244.5 mm×8.94 mm，对应井深为 375.42～1891 m，与直径为 339.7 mm 的表层套管重叠 32.45 m。该井井身结构示意图与图 4－11 类似。

② 钻井液控制

天津 TGR－28 回灌井，二开裸眼井段长，钻遇泥岩较多，在各井段的施工中配制的钻井液基本情况如表 4－12 所示。

表 4－12　天津 TGR－28 回灌井钻井液基本情况

井段	钻井液类型	密度/(g/cm^3)	黏度/(Pa·s)	失水量/(mL/30 min)	pH
一开	水基细分散胺盐泥浆	1.05～1.10	35～40	8～12	8～10
二开	水基细分散胺盐泥浆	1.10～1.15	40～45	5～8	9～11

（2）井下物探测井及射孔作业

天津 TGR－28 回灌井成孔后进行物探测井，测井解译成果见表 4－13。选取起止深度为 1646～1660 m、1664～1680 m、1684～1698 m、1722～1734 m、1742～1773 m 等的几处进行射孔作业，射孔段总厚度为 87 m，孔隙度为 26.60%～34.77%，渗透率为 504.27×10^{-3}～1576.3×10^{-3} μm^2，泥质含量为 7.94%～20.22%。射孔选用 ϕ102 mm 枪/ϕ12.7 mm 弹，单射 15 孔/m。

（3）回灌试验

试验自 2011 年 6 月 6 日开始，至 6 月 20 日结束，分四组进行，累计持续回灌 305 h，累计回灌量为 27047 m^3。回灌前静水位埋深为 103.18 m。回灌试验数据见表 4－14，历时曲线见图 4－13。

表 4-13 天津 TGR-28 回灌井测井解译成果表

起始深度/m	终止深度/m	厚度/m	孔隙度/%	渗透率/($\times10^{-3}\ \mu m^2$)	泥质含量/%	解译结论
1368.3	1377.1	8.8	33.78	1373.0	11.98	水层
1415.9	1425.1	9.2	34.30	1444.6	7.30	水层
1441.0	1454.2	13.2	34.22	1244.5	6.53	水层
1462.1	1493.2	31.1	25.27	368.03	24.36	水层
1502.4	1525.7	23.3	29.81	732.92	11.99	水层
1560.3	1574.8	14.5	29.03	607.70	12.45	水层
1580.4	1606.3	25.9	31.41	883.81	8.63	水层
1645.6	1698.3	52.7	31.13	904.02	9.48	水层
1721.8	1735.2	13.4	26.60	504.27	20.22	水层
1741.3	1773.0	31.7	34.77	1576.3	7.94	水层
1796.5	1866.5	70.0	21.39	251.00	6.98	低产层

表 4-14 天津 TGR-28 回灌井回灌试验数据

试验组	回灌水温/℃	稳定灌量/(m^3/h)	稳定动水位埋深/m	稳定水位升幅/m	单位回灌量/[$m^3/(h\cdot m)$]	稳定时间/h
第一组	62~66	53.7	74.00	29.18	1.84	42
第二组	66	75.0	29.24	73.79	1.02	73
第三组	66~67	100	22.80	80.38	1.24	72
第四组	67	120	16.30	86.88	1.38	94

3. 天津 DL-25H 大口径填砾工艺回灌效果

天津 DL-25H 回灌井采用了大口径填砾的成井工艺，增大过水断面面积，提高可回灌性，确保回灌可持续进行。

(1) 井身结构及钻井液控制

① 井身结构

井身结构为二开成井：井深 0~346.18 m 的孔径为 660 mm，套管直径为 339.7 mm；井深 346.18~1362.39 m 的孔径为 460 mm，套管直径为 219.1 mm；技术

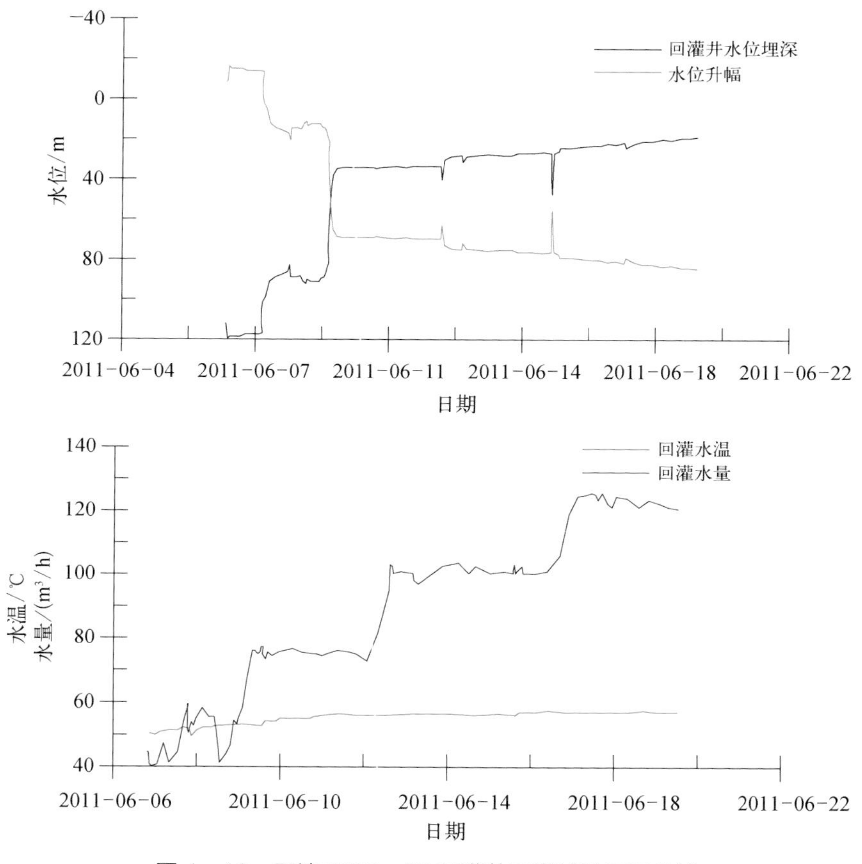

图 4-13　天津 TGR-28 回灌井回灌试验历时曲线

套管规格为 ϕ219.1 mm×8.94 mm，对应井深为 346.18～1362.39 m，与直径为 339.7 mm 的表层套管重叠 43.58 m。该回灌井井身结构示意图见图 4-14。

② 钻井液控制

在明化镇组地层采用优质钠土钻井液，在其他地层采用自然造浆方式。

钻井液参数（黏度测量均采用马氏漏斗）如下：

a. 开孔：密度 1.05～1.15 g/cm^3，黏度 30～45 Pa · s，失水<8 mL，pH 9～10；含砂量<0.5%；

b. 扩孔：密度 1.10～1.15 g/cm^3，黏度 30～40 Pa · s，失水<8 mL，pH 9～10；含砂量<0.5%。

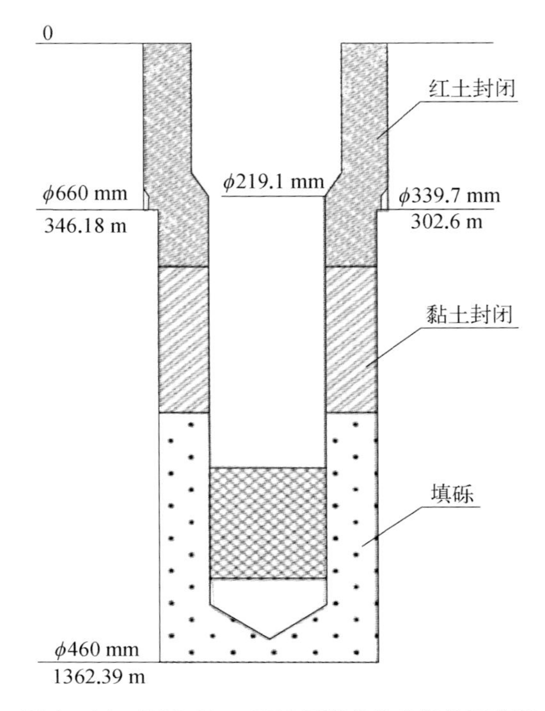

图 4－14　天津 DL－25H 回灌井井身结构示意图

（2）井下物探测井及过滤管位置选择

天津 DL－25H 回灌井成孔后进行物探测井，测井解译成果见表 4－15。依据测井结果选择过滤管位置，见表 4－16。

表 4－15　天津 DL－25H 回灌井测井解译成果表

起始深度/m	终止深度/m	厚度/m	电阻率/(Ω·m)	声波时差/(μs/m)	孔隙度/%	渗透率/($\times10^{-3}$ μm^2)	泥质含量/%	井温/℃	解译结论
739.9	762.1	22.2	7.26	435.14	33.37	1132.0	11.05	44.7	水层
834.1	838.2	4.1	6.72	437.96	34.74	1388.3	8.56	45.6	水层
843.9	852.5	8.6	7.14	423.50	34.55	1391.6	8.20	45.8	水层
887.5	896.1	6.6	6.11	382.48	24.22	370.12	18.16	46.3	水层
932.4	985.1	23.7	6.32	403.60	32.00	90.89	9.91	46.8	水层
981.2	1000.7	19.5	7.82	397.87	33.74	1166.4	5.20	47.3	水层

续表

起始深度/m	终止深度/m	厚度/m	电阻率/(Ω·m)	声波时差/(μs/m)	孔隙度/%	渗透率/($\times10^{-3}$ μm²)	泥质含量/%	井温/℃	解译结论
1017.9	1045.8	27.9	7.74	389.95	32.01	938.09	6.50	47.7	水层
1049.6	1079.3	29.7	6.92	387.49	30.11	777.49	8.87	47.9	水层
1091.4	1123.8	32.4	7.82	373.95	26.37	430.31	13.32	48.1	水层
1162.8	1192.2	29.4	6.59	379.98	24.88	421.99	19.06	49.4	水层
1193.7	1288.6	32.9	6.70	403.24	32.74	1077.20	8.84	50.1	水层
1232.3	1244.4	12.1	6.34	397.16	30.62	820.56	11.75	50.7	水层
1294.7	1323.8	29.1	7.95	367.87	26.85	513.25	12.00	51.4	水层
1326.1	1341.2	13.1	9.37	315.36	21.37	183.93	5.01	31.3	水层

表 4－16　天津 DL－25H 回灌井过滤管位置

地层时代		取水层位置/m	厚度/m	过滤管位置/m	长度/m
新近纪馆陶组	1	1162.8～1192.2	29.4	1173.59～1183.70	10.11
	2	1195.7～1228.6	32.9	1194.70～1229.35	34.65
	3	1232.3～1244.4	12.1	1235.57～1246.37	10.8
	4	1294.7～1323.8	29.1	1300.03～1323.13	23.10
	5	1326.1～1341.2	15.1	1325.62～1335.07	9.45
合计		1162.8～1341.2	118.6	1173.59～1335.07	161.48

（3）填砾与止水

① 围填砾料能增大过滤器及其周围有效孔隙度，减少地下水流入过滤器的阻力，增大回灌量。填砾时采用动水填砾，能有效防止砾料膨堵；该回灌井共用砾料 25 m³，均选用粒径为 2～5 mm 的均质圆形优质石英砂砾料，投砂面高于最上部过滤器约 40 m。

② 为了隔离钻孔所贯穿的透水层或漏层带，封闭不可用含水层，要进行止水作业。选用黏土球和红土止水，在过滤器顶板以上 40 m 时要投入黏土球止水，黏土球直径为 25～30 mm，投入高度不低于 100 m，共用黏土球约 13 m³，然后填入红土至井口。

（4）回灌试验

回灌试验自 2010 年 11 月 24 日开始，至 12 月 6 日结束，分四组进行，历时 286 h，累计回灌量为 14536 m^3。回灌前静水位埋深为 97.47 m，对应液面温度为 40 ℃。回灌试验基本数据见表 4－17，历时曲线见图 4－15。

表 4－17　天津 DL－25H 回灌井回灌试验数据

试验组	回灌时间	回灌量/(m^3/h)	回灌水温/℃	稳定动水位埋深/m	稳定时间/h
第一组	11 月 24 日—11 月 27 日	51	24~48	85.54	8
第二组	11 月 27 日—11 月 29 日	56	48	81.60	14
第三组	11 月 29 日—12 月 1 日	61	48	77.79	24
第四组	12 月 1 日—12 月 6 日	66	48	71.37	20

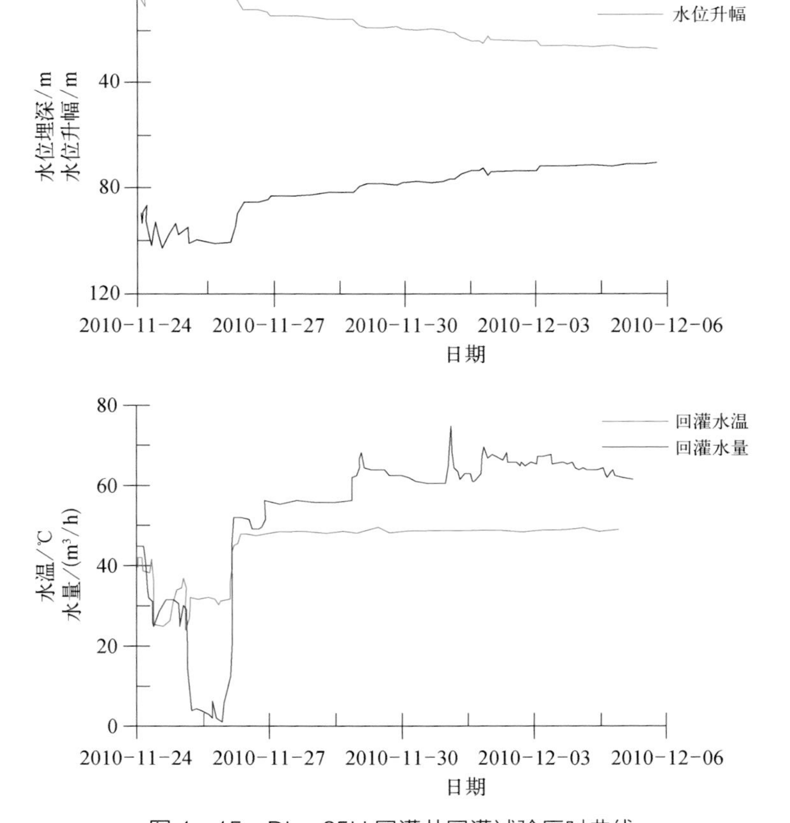

图 4－15　DL－25H 回灌井回灌试验历时曲线

4. 成井工艺与效果分析

对比天津市新近纪馆陶组热储对不同热储沉积环境的区域选用适宜的成井工艺,应用于三处回灌示范工程(表 4 - 18),发现:

(1) 针对天津 TGR - 26D 回灌井附近区域热储渗透性好、胶结程度较高的地质特征,应用射孔成井工艺,回灌试验的最大可灌量为 114.5 m^3/h,射孔工艺的应用取得了成功。

(2) 天津 TGR - 28 回灌井借鉴了天津 TGR - 26D 回灌井的成井工艺,验证了射孔工艺在成岩性高、胶结程度好的砂岩热储层回灌井中应用的可行性。

(3) 针对天津 DL - 25H 回灌井附近区域地热地质特点,采用一开成井扩孔、大口径填砾成井工艺,试验最大可灌量达 101.9 m^3/h。

综合上述回灌井的回灌效果,可知大口径填砾成井工艺及射孔成井工艺均可提高回灌效果,对于两种成井工艺均适用的砂岩热储区,回灌井采用射孔成井工艺比大口径填砾成井工艺具有更好的回灌效果。

表 4 - 18　天津砂岩热储回灌示范工程技术总结

试验参数	天津 TGR - 26D 回灌井	天津 TGR - 28 回灌井	天津 DL - 25H 回灌井
地理位置	塘沽区	塘沽区	东丽区
井深/m	2105	1891	1362.39
热储层	馆陶组	馆陶组	馆陶组
孔隙度/%	24.90 ~ 34.17	21.39 ~ 34.77	21.37 ~ 32.74
渗透率/($\times10^{-3}$ μm^2)	347.52 ~ 1250.80	251.00 ~ 1576.30	183.93 ~ 1077.20
泥质含量/%	7.49 ~ 20.21	6.53 ~ 24.36	5.01 ~ 19.06
成井工艺	二开射孔	二开射孔	一开大口径填砾
最大过滤精度/μm	3	3	1 ~ 3
排气装置	有	有	有
除砂器	有	有	有
可灌量/(m^3/h)	114.5	122.5	101.9

第5章

回灌系统设计、工艺流程与动态监测

回灌工艺与流程的科学设计是回灌工程成功的关键,其目的是保证回灌运行的持续稳定,并取得各类技术参数。砂岩热储地热尾水回灌中,其相关设备主要包括:取水设备、地热尾水处理设备、数据监测设备。其中地热尾水的处理对回灌效果有着重要的影响,尤其是合适的除砂器、过滤器选型对保证回灌水质达标、确保回灌目的层水质不发生变化具有重要意义。

5.1 回灌系统设计

回灌系统设计主要包括:管道设计、换热器设计、除砂器与过滤器设计、排气设计、加压泵与回扬泵设计、井口设计等。回灌系统设计的合理性是提高地热尾水回灌效率,保证回灌运行稳定、安全、持续的关键。

5.1.1 管道设计

1. 管道材质选型

由于大多数地热井水温较高、腐蚀性较强,且回灌过程中密封、抗压(正压与负压)要求严格,因此,回灌管道材质是管道设计的关键,一般重点考虑压力、温度、腐蚀性三个方面。

(1) 压力

不论是加压回灌还是自然回灌都一样,管道的设计压力应选用不小于运行中可能遇到的内压(外压)与温度相耦合时的最大压力,具体确定为:

① 没有压力泄放装置保护或与压力装置隔离的管道,其设计压力不应低于流体可达到的最大压力。

② 装有压力泄放装置的管道的设计压力不应小于泄压装置的开启压力。

③ 离心泵出口管道的设计压力不应小于吸入压力与扬程相应压力之和。

④ 负压管道应按承受的外压进行设计,当装有安全控制装置时,设计压力取最大内外压力差的 1.25 倍或两者中的低值(0.1 MPa)。无安全控制装置时,设计压力取 0.1 MPa。

⑤ 非金属管道的压力和温度变化或两者同时变化均不允许超过设计条件，故应以压力和温度耦合时的最严重状态的压力和温度来确定设计条件。

（2）温度

地热回灌温度差较大，具体确定为：

① 材料的设计不得超过金属或非金属材料允许使用的最高温度，对于管道材料温度在 0 ℃以下的，不得低于管道材料可能达到的最低温度。

② 非金属材料的设计温度一般应取流体温度，若安装地区的环境温度超过设计温度，则应取环境温度作为设计温度。

③ 对于不保温管道，当流体介质工作温度低于 65 ℃时，取流体的工作温度为设计温度；当流体介质工作温度高于 65 ℃时，管道组件的设计温度可按式5－1取值：

$$T_s = at_w \tag{5-1}$$

式中，T_s为管道组件设计温度，℃；a 为经验系数；t_w为管内流体温度，℃。

a. 阀门、管子、对焊管件及壁厚与管子相似的管道组件，a 取 0.95；

b. 对法兰连接的阀门和法兰（不含松套法兰）管件，a 取 0.9；

c. 松套法兰（活套法兰），a 取 0.85；

d. 紧固件，a 取 0.8。

④ 对于外部保温管道，一般取流体温度作为设计温度，除非经传热计算或测定，允许取设计温度低于管内流体温度。

⑤ 对于内保温管道，通过传热计算或经验来确定设计温度。

⑥ 对非金属材料衬里管道，设计温度应取流体的最高工作温度，当无外隔热层时，外层金属的设计温度可按不保温管道考虑。

（3）腐蚀性

由于大多数地热水温度较高，腐蚀性较强，因此管材应满足耐高温、耐腐蚀等要求。玻璃钢管道是一种轻质、高强、耐腐蚀的非金属管道，它是以树脂为基体，以玻璃纤维为增强材料，经特殊工艺制作而成的。这种管道具有耐腐蚀性强、抗渗漏性好、隔热性强、材料无毒、质轻、强度高、力学性能好、寿命长、冷却塔可设计性强、流体阻力小、安装方便、综合造价低等优点。另外，玻璃钢管道能够承受地热回灌过程中产生的负压影响。因此，对于腐蚀性较强的地热水，建议采用玻璃钢材质管道。

2. 管道材料等级制定

管道材料等级制定主要考虑流体种类、温度、压力、腐蚀特性等特点。

（1）管道许用设计压力的确定

① 在设计温度下，一般金属、管件可使用法兰的温度压力额定值表确定。在设计温度下许用的设计压力可按式 5－2 计算：

$$p_A = PN(\alpha_t / \alpha_z) \tag{5-2}$$

式中，p_A为在设计温度下许用的设计压力，MPa；PN 为公称压力，MPa；α_t 为在设计温度下材料的许用应力，MPa；α_z 为决定组成件厚度时采用的计算温度下材料的许用应力，MPa。

② 非金属管道的温度压力值，必须通过试验或有使用的经验后才能使用。

（2）金属材料腐蚀裕量的选取要求

① 金属材料在非腐蚀流体中的腐蚀裕量按表 5－1 选取。

表 5－1　金属材料在非腐蚀流体中的腐蚀裕量取值参考

金属材料	碳钢	低合金钢	不锈钢	高合金钢	有色金属
腐蚀裕量/mm	>1.0	>1.0	0	0	0

② 金属材料的腐蚀裕量一般是按材料在流体中的年腐蚀速度（mm/a）乘以装置的使用年限（一般为 8～15 a）计算得到的。其腐蚀裕量与腐蚀速度的选取关系见表 5－2。

表 5－2　金属材料腐蚀裕量与年腐蚀速度的选取关系参考

描　　述	使用良好	可以使用	尽量不用	不用
年腐蚀速度/（mm/a）	<0.005	0.05～0.005	0.5～0.05	>0.5
腐蚀程度	不腐蚀	轻腐蚀	腐蚀	重腐蚀
腐蚀裕量/mm	0	>1.5	>3	>5

3. 其他辅件要求

（1）管法兰

管法兰的公称压力应高于所在管道的设计压力，具体选择应考虑以下因素。

① 根据管道的设计压力、设计温度、介质特性要求选择法兰的连接形式和密封面。

② 承插焊法兰不宜用于流经流体为含氯离子等会造成缝隙腐蚀的流体管道。

③ 对低碳钢、低合金钢法兰用于低于 20 ℃的低温流体管道时，应进行材料的夏比（缺口）低温冲击试验，合格后方能使用。

（2）阀门阀体

阀门阀体在满足介质要求或规格要求的条件下，阀体材料按下列方法进行选择。

① 输送设计压力小于或等于 1.0 MPa，温度小于或等于 200 ℃的流体，宜选用铸铁或球墨铸铁。

② 输送设计压力小于或等于 2.5 MPa，温度小于或等于 200 ℃的流体，宜选用球墨铸铁；温度小于或等于 350 ℃的流体，宜选用球墨铸铁或可锻铸铁。

③ 输送设计压力小于或等于 6.4 MPa，温度小于或等于 425 ℃的流体，宜选用铸钢或锻钢；温度小于或等于 550 ℃的流体，宜选用铬钼合金钢。

④ 输送压力大于 6.4 MPa 的流体，宜选用铸钢、锻钢或铬钼合金钢。

（3）管外防腐涂层

如果管道外露、耐腐性能较差，其外部须进行防腐处理，防腐涂层材料的选用应符合以下要求。

① 管道外防腐涂料应与使用条件和被涂物表面的材料相适应。

② 对使用温度小于或等于 60 ℃的碳钢不隔热管道，宜选用环氧类、红丹酚醛类防锈漆作为底漆，各色环氧防腐漆、醇醛类漆作为面漆。

③ 对使用温度为 61～200 ℃的碳钢不隔热管道，宜选用无机富锌漆或环氧耐热漆作为底漆，环氧耐热磁漆作为面漆。

④ 对保温碳钢管,宜选用红丹酚醛防锈漆、铁红酚醛防锈漆。

⑤ 对保冷碳钢管,宜选用石油沥青作为底漆。

⑥ 对隔热的奥氏体不锈钢,表面温度小于或等于 100 ℃,宜选用铝粉环氧防腐底漆;表面温度为 101~400 ℃,宜选用无机富锌漆作为底漆。

⑦ 对埋地敷设的管道,宜选用沥青玻璃布防腐涂层。

(4) 管道隔热保护

季节性或昼夜温差变化较大的地区,建议对管道增加保温隔热材料,防止热胀冷缩导致管道破裂或漏气。隔热材料选用及要求如下。

① 保温材料宜选用玻璃棉、岩棉、矿棉制品。

② 保冷材料宜选用自熄可发性聚苯乙烯泡沫塑料制品,当选用温度高于 80 ℃时,宜选用硬质闭孔型聚氨酯泡沫塑料制品。

③ 保冷管的防潮层材料要求不腐蚀隔热层和保护层,一般宜选用石油沥青或改质沥青玻璃布、石油沥青玛蹄脂玻璃布、油毡玻璃布、聚乙烯薄膜、复合铝箔、CFU 新型防水敷面材料等。

④ 保温材料制品的最高安全使用温度应高于设备和管道的设计温度,保冷材料制品的允许使用温度应低于设备和管道的设计温度。

⑤ 保冷材料应选用闭孔型材料制品,不宜选用纤维质材料制品。

⑥ 不允许镀锌材料直接与不锈钢接触。

5.1.2　换热器设计

由于地热水具有一定的腐蚀性和结垢性,应采用换热器进行地热间接供热,地热回灌就是将换热降温后的地热尾水通过回灌井重新注入热储层中。

1. 换热器概述

地热换热系统宜选用板式换热器。板式换热器是由一系列具有一定波纹形状的金属片叠装而成的一种新型高效换热器。各种柄片之间形成薄矩形通道,通过板片进行热量交换。板式换热器(图 5 - 1)是液-液、液-汽进行热交换的理想设备，它具有换热效率高、热损失小、结构紧凑轻巧、占地面积小、安装清洗方便、应用广泛、使用寿命长等特点。

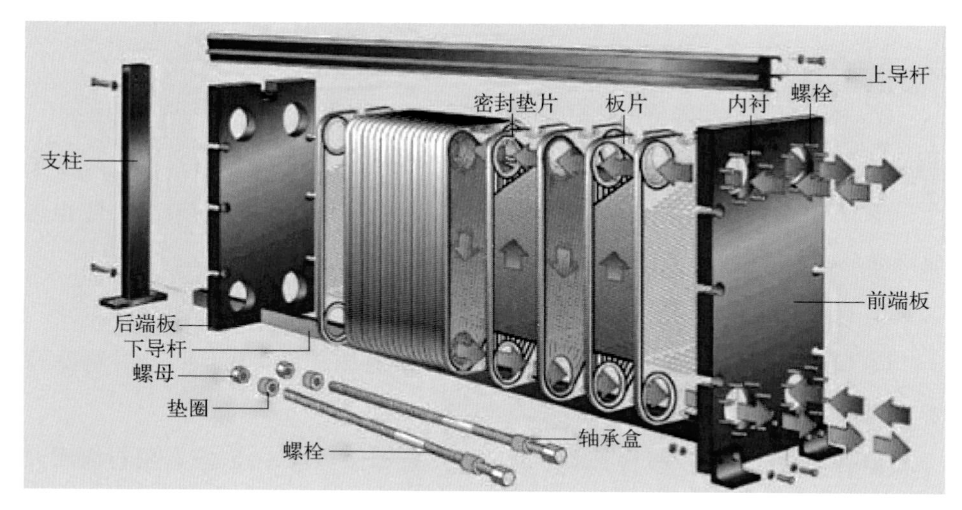

图 5－1　常见板式换热器组件图

板式换热器构造包括密封垫片、压紧板（前端板、后端板）和框架（上导杆、下导杆、支柱）组成，板片之间由密封垫片进行密封并导流，分隔出冷/热两个流体通道，冷/热换热介质分别从各自通道流过，与相隔的板片进行热量交换，以达到用户所需温度。每块板片四角都有开孔，组装成板束后形成流体的分配管和汇集管，冷/热介质热量交换后，从各自的汇集管回流后循环利用。

板式换热器换热原理是间壁式传热（图 5－2），其机组基本原理：流经用户散热片后的低温水（二次回水）经过滤器除污后，由循环泵加压进入换热器，吸收一次热媒放出的热量，达到供水设定温度后，再流向供热管网对用户进行供热（二次供水）。热源经一次热网（一次供水）流经过滤器、调节阀，进入换热器放热后由热媒回水管返回热源（一次回水），被加热后再次参与循环换热；补水泵根据系统运行情况适时对二次循环水系统进行定压补水。

2. 板式换热器选型

换热器主要部件应选用耐高温和耐腐蚀的材料。换热器屏数应根据水量与供暖面积计算确定。

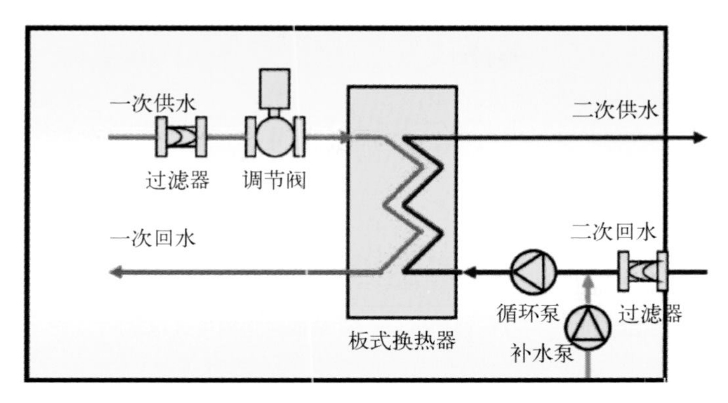

图 5－2　板式换热器换热原理图

(1) 选型要点及原则

① 流速及取值

a. 换热管网流速：进、出水管路流速，其推荐值见表 5－3。

b. 机组总管流速：管径≤80 时，选 1 m/s；管径≥100 时，参见表 5－3。

c. 角孔流速：最大为 6 m/s（四个进出口）。

d. 板间流速：0.4～0.8 m/s(L 型 0.8 m/s，M 型 0.6 m/s，H 型 0.4 m/s)。

表 5－3　总管网流速推荐值

管径(DN)/(mm)	50	60	65	100	125	150	200	250	300	350	400
闭式系统流速/(m/s)	0.9～1.2	1.1～1.4	1.2～1.6	1.3～1.8	1.5～2.0	1.6～2.2	1.8～2.5	1.8～2.6	1.9～2.9	1.6～2.5	1.8～2.6
开式系统流速/(m/s)	0.8～1.0	0.9～1.2	1.1～1.4	1.2～1.6	1.4～1.8	1.5～2.0	1.6～2.3	1.7～2.0	1.7～2.4	1.6～2.1	1.8～2.3

② 换热面积：换热器的面积，单板面积×参与换热片数(总片数-2)。

a. 换热面积的计算

换热面积＝换热量/(换热系数×对数平均温差×污垢系数)

b. 换热量的计算

换热量＝建筑面积×采暖热指标(热负荷，见表 5－4)

表 5 - 4　采暖热指标推荐值　（单位：W/m^2）

建筑物类型	住宅	居住区综合	学校、办公	医院、托幼	旅馆	商店	食堂、餐厅	影剧院、展览馆	大礼堂、体育馆
未采取节能措施	58~64	60~67	60~80	65~80	60~70	65~80	115~140	95~115	115~165
采取节能措施	40~45	45~55	50~70	55~70	50~60	55~70	100~130	80~105	100~150

注：表中值适用于东北、华北、西北地区（摘自《城市热力网设计规范》）。

③ 介质参数

a. 区域供暖：暖气采暖/地热采暖，110 ℃/75 ℃~50 ℃/75 ℃。

b. 区域供暖：地热采暖，110 ℃/75 ℃~40 ℃/50 ℃。

c. 楼宇空调：风机盘管采暖，110 ℃/75 ℃~50 ℃/60 ℃。

d. 生活热水：洗浴、厨房、洗衣房，70 ℃/50 ℃~10 ℃/55 ℃。

e. 泳池供水：游泳池恒温供水，110 ℃/70 ℃~10 ℃/40 ℃。

f. 超高层空调制冷：冷水转换，7 ℃/11 ℃~8 ℃/12 ℃。

（2）选型计算方法及公式

现今板式换热器选型计算一般都采用软件选型。常规算法和公式如下，各公式中符号的意义及单位见表 5 - 5。

① 求热负荷 Q

$$Q = G\rho c_p \Delta t \tag{5-3}$$

② 求冷热流体进出口温度

$$t_2 = t_1 + Q/(G\rho c_p) \tag{5-4}$$

③ 求冷热流体流量

$$G = Q/[\rho c_p(t_2 - t_1)] \tag{5-5}$$

④ 求平均温度差 Δt_m

$$\Delta t_m = [(T_1 - t_2) - (T_2 - t_1)]/[\ln(T_1 - t_2)/(T_2 - t_1)] \tag{5-6}$$

或

$$\Delta t_m = [(T_1 - t_2) - (T_2 - t_1)]/2$$

表 5-5　选型计算各公式符号的意义及单位一览表

符 号	意 义	单 位	符 号	意 义	单 位
Q	热负荷	W	β	修正系数	无量纲
ρ	流体密度	kg/m^3	c_p	比热容	kJ/(kg・℃)
G	体积流量	m^3/s	Δt_m	平均温度	℃
K	传热系数	W/(m^2・℃)	$F(F_P)$	传热面积	m^2
T_1、T_2	热介质进、出口温度	℃	w	流速	m/s
m	流程数	个	t_1、t_2	冷介质进、出口温度	℃
a	对流换热系数	W/(m^2・℃)	λ	介质导热系数	W/(m・℃)
v	运动黏度	m^2/s	Eu	欧拉数 $Eu = \Delta p/(\rho w^2)$	无量纲
$\Delta p(\Delta_{允})$	阻力损失(允许损失)	MPa	d_e	当量直径	m
Re	雷诺数 $Re = Wd_e/v$	无量纲	Pr	普朗特数	无量纲
Nu	努赛尔数 $Nu = d_e a/\lambda$	无量纲	α_h、α_c	热、冷给热系数(h、c 分别为热、冷介质)	无量纲
λ_0	板片导热系数	W/(m・℃)	δ	换热板片的壁厚	m

⑤ 选择板型

若所有的板型选择完,则进行结果分析。

⑥ 由 K 取值范围,计算板片数范围 N_{min}, N_{max}

$$N_{min} = Q/(K_{max}\Delta t_m F_P \beta)$$
$$N_{max} = Q/(K_{min}\Delta t_m F_P \beta) \quad (5-7)$$

⑦ 取板片数 $N(N_{min} \leqslant N \leqslant N_{max})$

若 N 已达 N_{max},做⑤。

⑧ 取 N 的流程组合形式

若组合形式取完则做⑦。

⑨ 求 Re、Nu

$$Re = Wd_e/v$$
$$Nu = a_1 Rea_2 Pra_3 \quad (5-8)$$

⑩ 求 a、K、传热面积 F

$$a = Nu\lambda/d_e$$

$$K = \frac{1}{\frac{1}{\alpha_h} + \frac{1}{\alpha_c} + \frac{\delta}{\lambda_0}} \tag{5-9}$$

$$F = Q/(K\Delta t_m\beta)$$

⑪ 由传热面积 F 求所需板片数 N_N

$$N_N = F/F_P + 2 \tag{5-10}$$

⑫ 若 $N < N_N$，做⑧。

⑬ 求压降 Δp

$$Eu = a_4 Rea_5$$
$$\Delta p = Eu\rho w^2\phi \tag{5-11}$$

⑭ 若 $\Delta p>\Delta_{允}$，做⑧；

若 $\Delta p \leqslant \Delta_{允}$，记录结果，做⑧。

注：①②③根据已知条件的情况进行计算；当 $T_1 - t_2 = T_2 - t_1$ 时采用 $\Delta t_m = [(T_1 - t_2) + (T_2 - t_1)]/2$；修正系数 β 一般为 0.7 ~ 0.9；ϕ 为压降修正系数，单流程 $\phi = 1 \sim 1.2$，二流程、三流程 $\phi = 1.8 \sim 2.0$，四流程 $\phi = 2.6 \sim 2.8$；a_1、a_2、a_3、a_4、a_5 为常系数。

选用板式换热器就是要选择板片的面积，它的选择主要有两种方法，但这两种都比较难理解，最简单的是套用公式：

$$Q = KF\Delta t \tag{5-12}$$

式中，Δt 为传热温差（一般用对数温差）。传热系数取决于换热器自身的结构，每个不同流道的板片，都有自身的经验公式，如果不严格的话，可以取 2000 ~ 3000。最后算出的板片的面积要乘以一定的系数，如 1.2。

5.1.3　除砂器与过滤器设计

1. 除砂器

孔隙型地热流体中大多都夹杂岩屑、细砂等固体颗粒，因此地热回灌尾水应安装除砂器，在回灌前先进行除砂器处理。除砂的主要目的是除掉较大颗粒的固体杂质，以减小过滤器的负担。

（1）工作原理

地热回灌所用除砂器一般为旋流除砂器（图 5－3）。旋流除砂器是根据离心沉降和密度差的原理，使水流在一定的压力下从除砂器进水口以切向进入设备后产生强烈的旋转运动，由于砂和水密度不同，在离心力、向心力、浮力和流体曳力的共同作用下，密度低的水上升，由出水口排出，密度大的砂粒等悬浮物由设备底部的出砂口排出，从而达到除砂的目的。旋流除砂器依靠其特殊的分离原理及结构特征已经成为一种常见的分离设备，其除砂直径一般大于 0.1 mm。

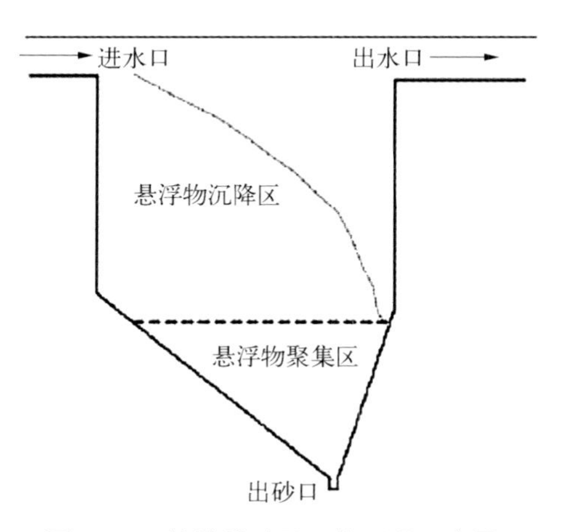

图 5－3　旋流除砂器工作原理示意图

（2）设备特点

① 在一定范围和条件下，除砂器进水压力越大，除砂率越高，并可多台并联使用。

② 结构简单，操作简便，使用安全可靠，几乎不需要维护。

③ 与扩大管、缓冲箱等除砂设备相比，具有体积小、处理能力大、节省现场空间等优点。

④ 可在不间断供水过程中清除水中的砂粒。

⑤ 避免了其他除砂方式存在的水质二次污染的现象，除砂效率高。

（3）设备选型

除砂设备应满足排砂方便、温度降低少、地热水不与空气接触等条件，宜选用旋流除砂器。旋流除砂器选型须考虑处理水量、外部接管管径、管道工作压力、原水品质以及处理后水质要求等因素。目前，地热流体中悬浮物和细小颗粒物居多，为避免地热管道中砂粒的淤积堵塞，除砂器的整体效率应不小于90%。一般情况下，选用旋流除砂器时，在满足流量的前提下，优先选用大型的设备，并推荐在系统中用几台设备并联来替代大设备，以便取得更佳的固液分离效果。

图5-4　旋流除砂器实物图

设计除砂器进水口直径宜大于出水口直径，最高使用压力不大于1 MPa，最低使用温度不低于100 ℃，外露金属面喷涂防锈底漆和面漆，内衬玻璃钢厚不小于1.5 mm或静电喷涂环氧树脂厚度大于0.2 mm。常用的旋流除砂器实物如图5-4所示。

（4）设计安装

设计安装过程中，旋流除砂器应安装在供水管网的主管道上并固定在基座上，四周应预留有足够的维护空间。进水和出水管之间须加旁通管，进水管安装在筒体的偏心位置，为保证进水水流平稳，在设备进水口前应安装一段与进水口等径的直通管，长度相当于进水口直径的10~15倍。当水流通过旋流除砂器进入水管后，首先沿筒体的周围切线方向形成斜向下的周围流体，水流旋转着向下推移，当水流达到锥体某部位后，转而沿筒体轴心向上旋转，最后经出水管排出，砂在流体惯性离心力和自身重力作用下，沿锥体壁面落入设备下部锥形渣斗中，锥体下部设有构件防止砂向上泛起，当渣斗中的砂积累到一定程度时，只要开启手动蝶阀，砂就可在水流作用下流出旋流除砂器。在一定范围和条件下，除砂器进水压力越大，除砂率越高，并可多台并联使用。

2. 过滤器

为有效减少各种堵塞，提高砂岩热储回灌率，在回灌水源进入回灌井前设置过滤器非常重要。

过滤器的设计应考虑三个方面：一是过滤精度，它受地层构造、砂岩，以及地层腐生菌、系统运行方式等影响；二是滤料材质，它受运行成本制约；三是单机过滤量，它受回灌量多少的影响。根据过滤精度，过滤器分为粗效过滤器和精效过滤器，两级过滤器采用并联的方式连接，每个过滤器上（或两端）应安装表盘式压力监测仪器（精度为 0.01 MPa），通过监测，可根据压力的变化辨别过滤器工作的状态，并决定滤芯清洗（或更换）的时间，以保证过滤效果（图 5－5）。

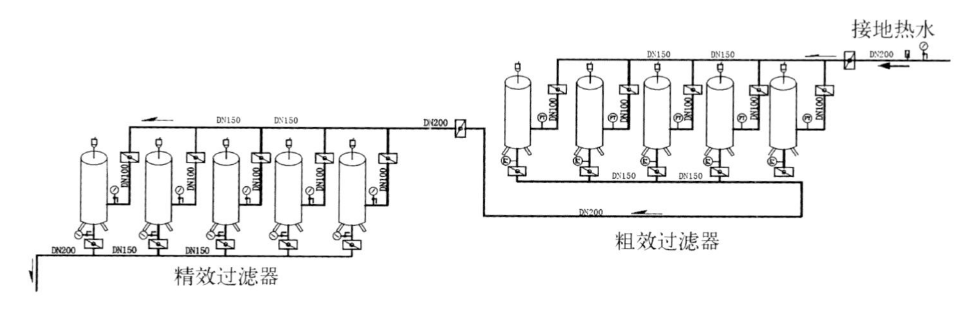

图 5－5　多组过滤器并联示意图

（1）粗效过滤器

粗效过滤精度一般为 30～50 μm。粗效过滤系统由一个或多个过滤器并联组成，实际中通常采用多个过滤器并联，以防止某个过滤器需要清理或维修时，影响回灌工作的进行。

粗效过滤器的主要任务是将管道及系统残留的直径相对较大的颗粒过滤掉，以减轻精效过滤器的工作负担，减少反冲洗的次数，提高滤料的寿命，降低运行成本。泥质含量较高时，宜在粗效过滤器前加装排污器。

（2）精效过滤器

精效过滤器由一个或多个过滤器组成，在选择过滤器内滤料精度时，应主要考虑地层最小砂岩粒径及水中或管道中滋生的微生物种类和管道直径，保证滤除后水中的细小颗粒物可通过热储层的孔隙（孔喉），使其不在热储层的孔隙中淤积堵塞，精效过滤精度一般为 1～3 μm。

精效过滤不仅可以过滤回灌流体中的悬浮物，还可以将部分微生物过滤掉，能有效地防止井内回灌时的物理堵塞和生物堵塞。

（3）其他要求

① 应根据回灌水量确定单个过滤器过滤量和过滤器数量，过滤器整体外壳承受压力应高于回灌系统最大工作压力。

② 滤芯材料耐温性能高于地热尾水最高温度，过滤精度应满足系统所需精度要求，应满足可反冲洗或更换要求。

③ 当过滤装置两端的压差达到 50~60 kPa 时，应进行反冲洗或更换滤芯，以防止过滤器堵塞。反冲洗应确保有反冲洗水的水源，具体水量宜根据过滤装置的过水能力确定，当反冲洗水源不能满足过滤器的反冲洗水量时，应设置储水装置，保证过滤器的反冲洗要求。反冲洗强度控制在 12~15 L/(s·m)，并设置反冲洗污水的压力排水系统。

5.1.4 排气设计

地热流体本身挟带大量气泡，换热后的循环尾水流经管道并经过过滤后，其流速、压力、温度、化学特性等均会发生一系列变化，可能会有一部分地热流体中的原始气体或经由某种反应（如硝化反应）生成的气体释放出来，或者残留一部分不饱和气体，如甲烷、二氧化碳等，这些释放出来的气体、气泡团会随回灌流体一同注入。当地热流体在管道内流动时，由于管道阻力和流动状态的变化，水动力流场状态会发生变化，不饱和气体会从流体中析出并生成气泡，当驻留和堆积在岩石空隙中时会产生气堵。当循环尾水进入过滤器罐体后，管径的变化使其流速迅速降低、压力下降，气泡内的压力和罐内压力形成压差，并使得气泡爆裂，将气体释放出来。同时在注入初期，回灌流体会将泵管、井管内或泵管与井管的环状间隙内的气体压入储层，在回灌通道转折边缘停滞，挤占流体通道，形成气体堵塞，造成灌量衰减。因此在采灌系统中要增设排气装置，便于释放回灌过程中因温度、压力变化产生的气体和流体中的不凝气团，防止流体性质发生变化后生成的气泡随回灌水源进入回灌系统，产生气相堵塞，影响回灌效果。为了确保气体的有效释放，应在回灌加压泵和回灌井口前安装排气装置，用以在回灌流体进入回灌井前排除流体中的多余气体。

排气设计主要包括排气罐设计与排气阀设计，其主要作用是在回灌前排除尾水中的不凝性气体，防止压力发生变化生成气泡，产生气堵。具体排气罐或排气阀的选用根据现有排气设备安装规定并综合实际运行情况确定。无论选用哪种排气方式，若气体易燃、易爆或有毒性，应按《危险化学品安全管理条例》及相关的国家标准、行业标准进行处理。

排气罐设计应根据气样分析报告中气体的多少确定是否安装排气罐，以及该设备的规模、容量。根据当前排气罐使用情况，其容积一般不小于1 m^3。安装排气罐时应注意两点：一是罐体顶部要设置自动排气阀，当气体聚集到一定浓度时，应及时将挥发性气体释放到罐体外，降低罐体内的压力，保证安全；二是当地热水中气体容量较高时，要采用连接排气风道的方式将已释放出的气体排出设备间，以防止中毒或引发火灾。

排气阀也叫放气阀，是一种用在暖通系统上面的阀门，主要用来排除管道内的气体。排气阀分为手动排气阀和自动排气阀，由于手动排气阀的种种不便之处，已经处于淘汰状态，现在市面上主流的产品都是自动排气阀。地热回灌可选择在管道最高点、粗效过滤器、精效过滤器上部及回灌井井口分别安装自动排气阀，将水气分离。经德州市水文家园小区示范工程检验，这种排气方法最直接、最经济，起到了很好的排气效果。ARVX型自动排气阀实物照片及剖面图见图5－6。

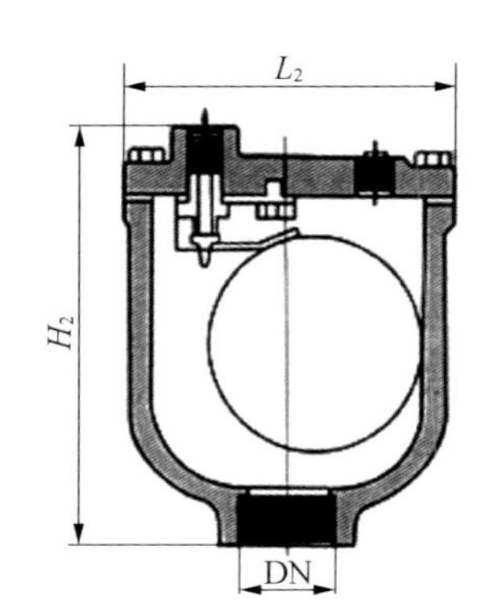

图5－6　ARVX型自动排气阀实物照片及剖面图

自动排气阀类型应根据具体的现场情况选用各种类型的热水自动排气阀，对局部最高点，须安装复合式热水自动排气阀；对于长距离水平管段、长距离无折点下降管段，宜安装复合式热水自动排气阀或微量热水自动排气阀，当需要真空保护时，应选用复合式热水自动排气阀；对于长距离无折点上升管段，可选用高速热水自动排气阀。

5.1.5 加压泵与回扬泵设计

当回灌井较远或输水阻力较大,导致回灌水循环困难时,须设计加压泵。另外,当回灌井水位到达井口时,为保证回灌的继续进行,需要采用加压回灌方案,即增加加压泵进行回灌。加压泵应安装在排气罐的排水端,宜选用可变频的管道泵,其规格、型号应根据回灌压力和回灌量的要求确定,并应符合压力容器的设计安装要求。具体回灌压力、流量可通过回灌试验求得。

回灌井内应安装回扬泵。回扬泵应选择带有抽灌转换装置的潜水泵,可根据抽水试验最大出水量选择适宜的潜水泵,泵头下入深度应大于抽水试验最大降深 5 m。潜水泵和泵管应经过防腐防垢处理,确保无锈、无腐蚀、测管畅通。

5.1.6 井口设计

井口装置是指安装在地热井口用于控制地热水压力和流动力向,固定套管、泵管,并密封各层管道环形空间的装置。其设计一般要求如下。

(1) 地热井井口装置应规范化、标准化,满足地热井所需的温度与压力要求,同时满足动态监测需求。

(2) 设计前须取得地热井井管公称直径、护套管公称直径、供水量、扬程及静水位、动水位、涌水量、温度等井口参数(若地热井成井时为自流井,则须提供闭井压力)。

(3) 基础设计:① 混凝土基础厚度应不小于 200 mm,最小尺寸应不小于 1500 mm×1500 mm(长×宽)。② 混凝土基础强度等级应不小于 C30。③ 混凝土基础不应与井管固接,应嵌入填料盘根,当地热水温度超过 100 ℃时,应采用高温石棉盘根。有保护套管时,混凝土基础可与保护套管固接,保护套管与井管嵌入填料盘根。

(4) 井口装置设计:① 井口装置满足动态监测设备、回灌设备等的安装要求。② 井口装置能够承受所需的温度、压力,井口材料应根据地热流体水质检测要求，选择具有抗地热流体腐蚀的型材。③ 井口装置应采用闭式装置，不应采用开口式装置。④ 井口装置结构设计应考虑井管的热胀冷缩特点，与井管的连接应采用填料面密封套接方式，并应具有良好的密封性能，不宜采用直接连接方式。⑤ 井口装置应预留水温、水位测量口，回灌井管道应具备溢流回灌流管道。⑥ 井口装置应预留水泵线缆与自动监测设施线入口，且两种线缆入口应分布于井口装置两侧。⑦ 井口装置应做防腐处理，对于高温、腐蚀性强的地热井，井管外应设置保护套管，保护套管直径依井管直径确定，与井管之间的间距以 10~20 mm 为宜，材质宜采用无缝套管，选料总长度应不小于 1200 m，留置在地面以上的高度应不小于 400 m，安装时应保证水平、牢固、密闭。⑧ 井口宜设置微正压氮气保护系统，且充氮装置应设置自动压力控制设备。

井口装置示意图详见图 5－7。

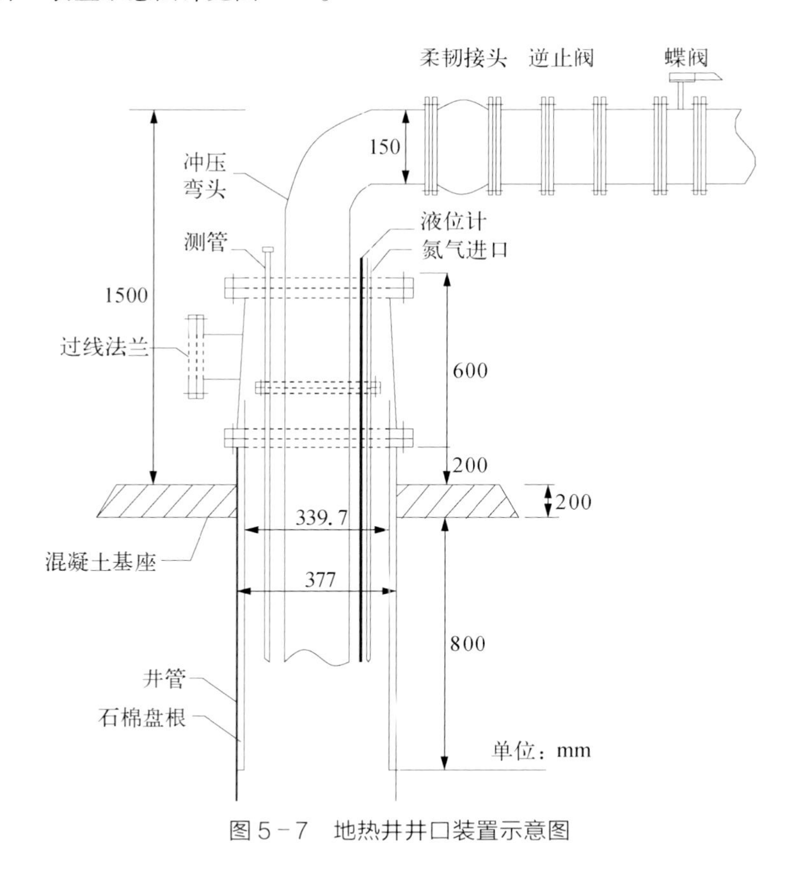

图 5－7　地热井井口装置示意图

5.2 回灌工艺流程

5.2.1 回灌工艺

1. 回灌方式

按工程结构的不同，回灌方式可划分为对井回灌、同井回灌、外围回灌三种。对井回灌是指施工两眼或两眼以上的地热井，形成一采一灌或多采多灌的回灌方式，根据目的层的不同又分为同层回灌、异层回灌；同井回灌是指同一眼井在上部热储中用较大口径成井，再在下部热储层中用较小口径成井，由套管固井隔离两个热储层，可以以下抽上灌或上抽下灌的回灌方式；外围回灌是指由开采区的外围或上游施工回灌井向热储层回灌的回灌方式。

目前，采用得最多的是对井同层回灌方式，即用一口井进行开采，同时用与之具有水力联系的另一口井进行回灌(图5-8)。由图5-8可以看出，开采井与回灌井具有水力联系，由于漏斗效应，开采井抽水使回灌井的水位降低，更有利于回灌的进行。

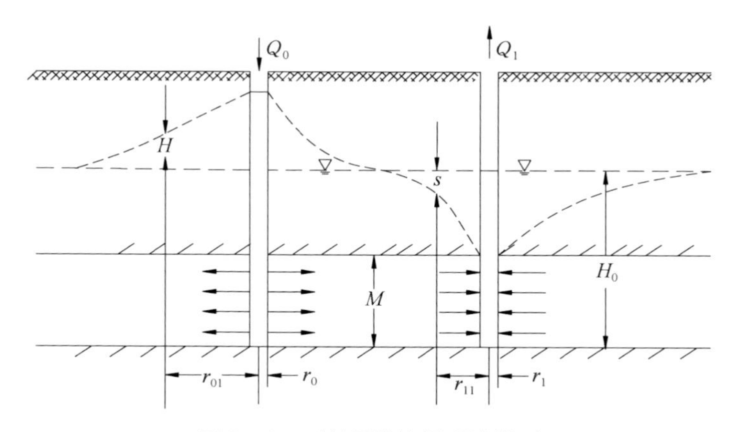

图5-8 对井回灌渗透理论模型

对井同层回灌方式的优点：一是地下热源开采、地面综合利用、尾水回灌形成全封闭循环系统，只消耗热能不消耗水量，补充单井开采造成的热储流体的亏空，减缓热储压力场的下降，这样不仅可以防止排放弃水污染环境，还能通过回灌流体在储层中的再加热，使蕴藏在岩石骨架中的热能被带出来，得以循环利用，延长热田开发利用年限，保证地热井长年稳定开采；二是对井回灌开采采取严格的全封闭系统，保证回灌水做到“原汁原味”，也利于保护热储层原有的水化学平衡。

因此，考虑到地热回灌工程建设的施工成本较高，风险较大，在建设回灌系统中建议采用对井同层回灌方式。

按进水通道的不同，回灌方式又可划分为回灌管回灌和环状间隙回灌。回灌管回灌是指地热流体从泵管内进水，注入热储层；环状间隙回灌是指地热流体经泵管外，流体从泵管与井管之间的环状空间进水，渗入含水层。回灌管回灌因泵管在回灌井静水位液面以下，避免了回灌水体与气体接触，减少了热储层气体堵塞；环状间隙回灌因不可避免地挟带气体进入热储层，引起气体堵塞，回灌效率降低。

搜集了山东省德州市德州 DZ31 回灌井自 2014 年 11 月 12 日开始，至 2015 年 3 月 12 日结束的回灌试验资料。回灌试验前水位埋深约为 50 m，采用地热尾水自然回灌方式，分别进行了环状间隙回灌和回灌管回灌试验对比。对比发现，回灌管回灌方式的最大回灌量可达 43.68 m^3/h，而环状间隙回灌方式的最大回灌量仅为 14.96 m^3/h，说明回灌管回灌优于环状间隙回灌（表 5－6）。

表 5－6　环状间隙回灌和回灌管回灌试验统计表

回灌方式	回灌平均温度/℃	延续时间/min	稳定回灌量/(m^3/h)
环状间隙回灌 1	37	10024	4.47
环状间隙回灌 2	38	4312	11.06
环状间隙回灌 3	35	14408	14.96
回灌管回灌	48	5082	43.68

2. 回灌方法

回灌方法包括自然回灌与加压回灌两种。

（1）自然回灌

自然回灌适用于地下水位较低，透水性能好，渗透系数较大的含水层。其方法是未进行人工加压,利用回灌中的地热尾水的管网压力(一般为0.1~0.2 MPa)产生水位差进行回灌。

自然回灌为自然压力下的回灌,在启动回灌系统之前,记录开采井的流量表、供暖后尾水流量表和回灌井流量表的读数;记录开采井、回灌井的水位埋深及地热水的温度、尾水的温度。认真检查开采井、回灌井的井口和回灌管网的密闭程度。回灌时,应慢慢打开回灌阀,让地热尾水从回灌管内流入回灌井中。仔细观察回灌管网中的压力表,适当地调节回灌量,使回灌量由小到大梯度增加,在观测到每个阶段的抽水量、回灌量、水温、水位等监测数据稳定后,方可继续增大回灌量,直到回灌流畅,回灌井水位上升变缓,地热水没有从溢出口流出为止。

(2) 加压回灌

加压回灌管路系统是在自然回灌管路装置基础上,将井管密封,利用水泵压力进行回灌的系统。在回灌井水位较高、无法进行自然回灌时,可使用加压泵加压,以产生更大的水位差进行回灌。加压回灌压力可根据井的结构、回灌设备强度和回灌量确定。

加压回灌与自然回灌管路共同点是抽水管路不用控制阀门,排水及回扬管路完全一致。加压回灌因井管密封,既可以从泵管内进水,也可以用回流管从泵管外回灌。

加压回灌前的准备工作与自然回灌一样,做好回灌前的流量表、温度表、压力表及水位的观测记录工作,做好井口及回灌管网的密封工作。回灌量与压力要由小到大逐步调节,同时了解回灌系统的最大承载压力,当管网余压不足时,要开启加压泵进行加压回灌,压力从小到大逐渐增加,直至回灌量正常,不能盲目加压,以免系统压力过大而损坏地热井井管,造成不可估量的损失。在压力调节过程中,做到及时排除回灌系统内的气体,记录回灌量、水温、管道压力等数值,保证加压工作安全稳定地进行。

加压回灌时,系统有压力存在需要放气,因此在管路上应增设排气阀,运行时回灌水从排气阀溢出,使系统管路中的空气排尽后,再关紧排气阀。加压回灌时回灌系统应通畅,井口压力无明显、快速上升,加压管道无异响、泄漏、变形等异常现象,确保人员与设备安全。回灌过程中记录加压回灌量(瞬时回灌量和累计回灌量)、水温、井口管道压力表读数,确保数据记录准确完整。当井口压力达到加压回灌设计值时,应停止加压回灌,待井口压力减小到0时,再进行检查、维护。

3. 回扬

回扬是为清除回灌井中的沉淀物和热储层中堵塞物,利用回扬设备在回灌井中进行抽水的工作。根据回灌井回扬抽水时期的不同,可将其分为以下三个方面。

(1) 回灌井回灌开始前的回扬

停灌的回灌井距上一年回灌结束一般已停用8个月(按每年供暖季回灌,非供暖季停灌考虑)之久,回灌井井桶内的水由于封存时间过长,难免出现腐蚀污染,也可能有细菌滋生,为保证回灌效果,在正式启动回灌运行前须抽尽回灌井内的污水、污染物。针对砂岩热储回灌井,由于其成井结构的特殊性(滤水管和固井水泥)和成井层位碎屑孔隙岩性的影响,滤水管网容易被堵,在回灌前须进行回扬。

(2) 回灌井回灌期间的回扬

回灌期间的回扬是为了预防和处理地热井堵塞,而在回灌井中开泵抽排水中堵塞物。生产性回灌发生下列三种情况之一时应进行回扬:一是回灌量稳定,水位或压力持续上升时;二是水位或压力稳定,回灌量逐步减小时;三是水质发生恶化时。每口回灌井回扬次数和回扬持续时间主要由含水层颗粒大小、渗透性、回灌量和回灌持续时间决定。在回灌过程中,进行适当的回扬、把握好回扬次数和时间,可减缓或避免地热回灌井及热储层堵塞。回扬持续时间以浑水出完、清水出现为止(水清砂净)。

回灌堵塞明显的地热回灌井,尤其要注意定期回扬清洗;每次回扬应达到水清砂净。回扬的次数和持续时间应遵循以下三个原则:含水层中颗粒越细,越应增加回扬的次数和持续时间;回灌量越大,越应增加回扬的次数和持续时间;加压回灌时,压力越大,越应增加回扬的次数和持续时间。

(3) 回灌井回灌结束后的回扬

回灌工作结束后,应当对回灌井进行回扬洗井,抽出在回灌期间堵塞在回灌井滤水管管网处的细小颗粒及沉淀物，防止堵塞物在滤水管管网处淤积堵塞，延长回灌井的使用寿命。

回扬过程中应按时记录回扬量与静、动水位，并观测回扬水质浑浊度，直至水清砂净，必要时可取水样分析悬浮物含量及离子成分。

5.2.2 回灌流程

回灌流程主要为抽水—除砂—换热—粗效过滤—精效过滤—排气—回灌，即地热水通过潜水泵从开采井抽出后，首先经过除砂器进行除砂；然后进入板式换热器进行热交换；最后经粗效过滤器、精效过滤器与排气装置进行过滤与排气，过滤与排气后的低温地热水灌入回灌井热储中。

地热回灌流程详见图 5－9。

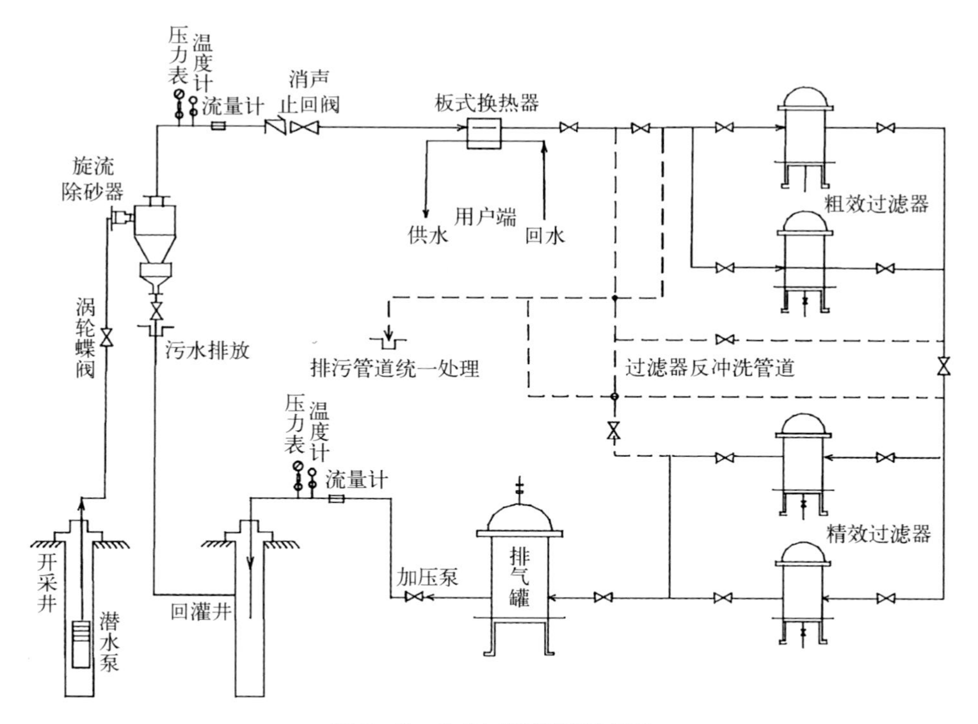

图 5－9　地热回灌流程示意图

5.3 回灌动态监测

地热回灌过程中，为保证回灌的正常、顺利、长期、稳定运行，须对水位、水量、水温、水质、水压和采灌量等进行监测。其中，水位、水温和采灌量应同步监测、记录，并对相应的数据进行分析和地质参数的计算。

5.3.1 水位监测

主要对开采井、回灌井和观测井的水位进行监测，具体要求如下。

（1）在回灌前确定回灌井、开采井和观测井的初始水位及管网压力；

（2）对开采井、回灌井和观测井动水位进行同步监测，监测频率以30 min一次为宜，监测记录精确到1 cm；

（3）应在定压条件下测量；

（4）可用人工测量或用自动水位仪进行监测。自动水位仪应定期进行人工校正。

5.3.2 水量监测

主要对开采量、回灌量、回扬量、排放量进行监测，具体要求如下。

（1）观测记录频率以30 min一次为宜，监测记录精确到0.1 m^3；

（2）回灌时应采用电磁流量计、声波流量计或水表等流量计进行计量；

（3）流量计进水前端直管长度不小于70 cm，后端直管长度不小于30 cm。

5.3.3 水温监测

主要对开采井井口水温、尾水温度和回灌井的液面水温进行监测，具体要求如下。

（1）分别在开采井井口、回灌井井口、除砂器前端安装温度计；

（2）观测记录频率以 30 min 一次为宜，监测记录精确到 0.1 ℃；

（3）应采用电磁温度计、机械温度计或分布式光纤测温系统进行监测，不宜采用液体温度计进行监测。

5.3.4 水质监测

主要对开采井水质、地热尾水水质、回扬水质进行定期监测，具体要求如下。

（1）地热开采井、地热尾水水质宜每 2 个月监测 1 次，回扬水质宜每月监测 1 次；

（2）水质监测应进行水质全分析（分析项目按 GB/T 11615—2010 执行）、悬浮物分析和细菌分析。

回灌监测方法建议采用自动化监测工艺（图 5－10），同时辅以人工监测的方法，实现集自动化监测与数据采集于一体的目的。

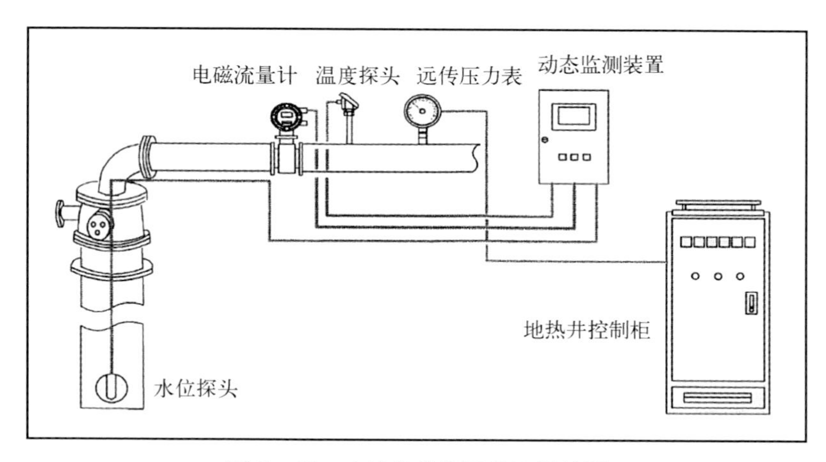

图 5－10 自动化监测工艺示例简图

第 6 章

回灌系统运行、维护与保养

6.1 回灌前准备

回灌系统运行前的准备主要包括回灌操作人员准备、回灌系统装置检查、回灌水源检查、回灌井回扬等工作。

6.1.1 回灌操作人员准备

回灌操作人员是回灌系统运行的具体实施人员，为保证回灌系统的有效运行，达到预期回灌目的，回灌操作人员须详细了解回灌系统组成、回灌设备及其性能参数、回灌工艺及流程，熟练掌握回灌仪器设备操作、动态监测、回灌异常应急处理等方面的技术要求。

回灌前，回灌操作人员应详细了解开采井、回灌井的井结构、采灌层位，以及成井时或上一年度回灌时的井口水温、涌水量、单位涌水量、水质等参数，并准备好回灌原始记录表格。

回灌前 3~4 h，回灌操作人员应每小时测定一次开采井、回灌井的水位埋深，3 次所测数字相同或 4 h 内水位变化不超过 2 cm，即为静水位，同时准确记录回灌井和开采井流量表起始读数及其他各类仪器仪表的起始读数。

6.1.2 回灌系统装置检查

1. 仪器仪表检查

回灌运行前按规定正确安装动态监测仪器仪表（水位计、温度表、流量表、压力表等）、井口装置、尾水处理装置（粗效过滤器、精效过滤器、排气罐等），仔细检查各仪器仪表的精度是否满足回灌要求。为提高自动化监测水平和工作效率，宜安装自动监测仪器（温度传感器、电磁流量计等）。

开采井的流量表至开采井井口之间、回灌井的流量表至回灌井井口之间不得再安装排水支管或排水支管阀门处于关闭状态，确保开采量、回灌量监测数据准确。

回灌系统运行前应认真检查各仪器仪表、井口装置、尾水处理装置等，确保设备状态良好，运行正常。

2. 回灌管网检查

为防止发生气体堵塞、化学堵塞及回灌系统水质发生变化，确保回灌系统与外界不发生气体交换和流体外泄，应定期检查管网是否漏气、漏水，定期检查仪器仪表读数是否有较大波动，确保回灌系统完全密闭。

回灌开始前对整个系统管路进行彻底冲洗，直至水清、无杂质，悬浮物粒径满足回灌要求，方可进行回灌，防止带入杂质产生物理堵塞。

3. 尾水处理系统检查

检查过滤器的过滤网精度，确保达到回灌系统的过滤精度要求：砂岩热储回灌系统过滤精度须达到1~3 μm；检查过滤器的连接方式，确保不同精度的过滤器采用串联方式、相同精度的过滤器采用并联方式；检查过滤器进出水口的压差，当压差接近过滤器的额定压差时，要及时更换或清洗滤料，确保过滤器正常运行。检查除砂器的排砂口是否通畅，是否满足除砂器的除砂要求，确保尾水处理系统通畅，达到运行要求。

4. 排气罐检查

为防止产生气相堵塞，在回灌管路上须安装排气罐，用以排除回灌水中的多余气体。回灌前应检查排气阀门，保证排气通道畅通；罐体内压力应高于大气压，不让空气进入；关闭排气罐后的阀门，查看自动排气阀是否正常排气；若排气罐压力超过其额定压力，应及时进行修理，确保正常工作。

5. 加压泵检查

当采用加压回灌时，应检查加压离心泵的工作状态，同时应在回灌井井管上增设排气阀。加压泵的最大压力不应超过回灌系统的额定压力。

6.1.3 回灌水源检查

回灌水源优先选择间接换热方式产生的供暖尾水，该尾水与外循环管网没有直接接触，可直接进入回灌系统进行回灌。直供等利用其他方式产生的尾水必须经处理达到回灌目的层的水质要求后方可回灌。

6.1.4 回灌井中下入潜水泵及泵管

孔隙型砂岩热储层由于回灌过程中存在灌量衰减问题,需要进行回扬,宜进行带泵回灌操作。潜水泵可选用泵管直径为4寸(外径为114 mm,内径为100 mm),泵管一侧焊接有ϕ25 mm的专用水位测管。潜水泵下入至静水位液面以下30~50 m,以满足回扬要求。潜水泵和泵管必须经过防腐、防垢处理,确保无锈、未腐蚀、测管通畅,不允许锈迹斑斑的泵管下入回灌井内。

6.1.5 回灌井回扬

在回灌前对回灌井进行回扬,清除井筒内的死水及杂质,确保回灌层位畅通、无堵塞。回扬时以最大水量抽水洗井,回扬时每30 min记录回灌井回扬水量、水温、水位、气温等动态数据及回扬水的颜色、浊度情况,至水清砂净,水位、水温无明显变化,基本恢复到成井时的单位涌水量时结束回扬。回扬结束前取水样进行全分析测试,用以与回灌后回扬采取的水样进行对比,分析回灌对地热流体的影响。

6.1.6 回灌系统试运行

回扬结束后对整个回灌系统的管网进行试运行测试,保证井口装置、过滤装置、动态监测系统等各设备运行正常。抽取开采井地热水通过回灌管网至旁路出水口排出,检查回灌管网是否通畅;关闭两端阀门,对回灌管网进行注水,检查管网是否漏水、漏气。

6.2 回灌运行及注意事项

回灌系统运行中的工作主要包括回灌动态监测、回灌系统装置维护、回灌堵塞与处理等。

6.2.1 回灌动态监测

回灌运行中应按时记录动态监测系统的数据：开采井瞬时开采量、累计开采量、井口水温、水位和水质；回灌井瞬时回灌量、累计回灌量、水位(压力)、回灌水温和水质等，计算开采井水位降深、回灌井水位升幅，并绘制以上数据的历时曲线、相关关系曲线。加压回灌时还应记录所加压力。

回灌过程中，应密切关注回灌系统畅通和水位、水温、水量变化情况。当回灌井水位无快速上升，回灌量、开采井出口水温稳定时，可持续回灌；当回灌水位上升较快、回灌量减小、开采井出口水温降低时，应加密监测；当水位距井口小于 10 m 时，应停止回灌，采取回扬措施疏通热储层，直至恢复回灌能力。

1. 水位监测

水位监测可采用自动监测与人工监测相结合的方式，监测精度精确到 0.01 m。回灌监测记录内容见表 6－1。

表 6－1　回灌监测记录表表头

回灌井
井号：______；地面标高：______；测点标高：______；静水位埋深：______；液面温度：______

观测时间				水位观测		回灌观测				回扬观测		
月日	时	分	延续时间/min	由地面算起的水位埋深/m	升幅/m	水表读数/m^3	水量/(m^3/h)	压力/MPa	水温/℃	水表读数/m^3	水量/(m^3/h)	水温/℃

开采井
井号：______；地面标高：______；测点标高：______；静水位埋深：______；液面温度：______

观测时间				水位观测		开采观测			
月日	时	分	延续时间/min	由地面算起的水位埋深/m	降深/m	水表读数/m^3	水量/(m^3/h)	压力/MPa	水温/℃

在回灌期间，自动水位监测仪监测频率设置为 1 次/h，人工监测频率设置为 1 次/5 d(每月的 1 日、6 日、11 日、16 日、21 日、26 日)，并与水量、水温观测时间一致。在非回灌期间，自动水位监测仪监测频率设置为 1 次/d，人工监测频率设置

为 1 次/10 d(每月的 1 日、11 日、21 日);回扬期间水位监测频率为 1 次/30 min。

加压回灌时还应监测回灌压力,监测频率为 1 次/h,必要时应加密监测,确保加压系统安全,回灌压力应小于回灌系统额定压力,确保系统安全运行,加压离心泵不应断水打空泵。

2. 水温、水量监测

水温、水量监测分为回灌期间与回扬期间监测,可采用人工监测与自动监测相结合的方式进行,监测频率、监测时间与水位监测一致。

水温监测可以用安装在输水管路上的指针式温度表进行人工监测,也可以采用温度传感器进行自动监测,监测精度为 0.1 ℃。

水量监测可以用安装在输水管路上的旋翼式水表进行人工监测,也可以采用高精度电磁流量计进行自动监测,监测精度为 0.1 m^3/h。

3. 水质监测

回灌过程中对开采井水质、尾水水质和回扬水质每年至少监测 1 次。

回灌基本稳定后(一般回灌正常运行 2 h 后),采集开采井水样、回灌尾水水样进行分析化验,回扬过程则是在回扬结束前采集水样进行分析化验。分析项目应包括全分析、悬浮物(含量、颗粒大小及成分)、溶解氧含量以及细菌样(铁细菌、硫酸盐还原菌、腐生菌),以此分析回灌水质对热储层水质的影响、堵塞原因。

4. 其他监测

回灌过程中还要详细记录各回灌设备仪器仪表的读数,特别是过滤装置、排气罐、管路压力的数据变化情况。

除密切监测回灌系统外,还应关注供暖系统的运行状态,密切注意回灌设备参数以及采灌井开采量、回灌量、水位、水温的动态变化,确保回灌设备的有效正常运行,发生异常情况及时处理,并做好记录。

6.2.2 回灌系统装置维护

1. 系统装置密封检查与维护

回灌过程中不定时检查回灌系统的密封效果,包括开采井、回灌井的井口密封情况及回灌管网的密闭情况，保证系统严格密封。此外还要做好室外输水管路的防冻保暖措施。

2. 过滤器维护

回灌运行时，应密切监测过滤器进、出水口压力变化情况，当过滤器进、出水口的压力差持续增大，临近过滤器额定压力值时，应及时清洗或更换滤料，确保过滤系统稳定运行。

3. 动态监测仪表维护

回灌过程中密切关注流量表、温度表、水位计的读数，一旦发现仪表损坏或异常，及时进行更换、维修，确保监测仪表正常工作，认真记录观测数据，确保监测数据真实可靠，以保证回灌工作的顺利进行。

4. 排气罐维护

回灌过程中密切关注排气罐压力，定时观察排气罐、排气阀的排气情况，确保其正常工作。

6.2.3 回灌堵塞与处理

地热回灌是一种避免地热尾水直接排放引起热污染和化学污染的可行措施，是维持热储压力最有效的措施（刘久荣，2003；张新文，等，2009），对保证地热田的开采技术条件具有重要的作用。为保证地热资源的可持续开发利用，砂岩热储地热尾水回灌已进行了20多年的回灌试验，陕西、天津、河南、山东等地先后开展了砂岩热储地热回灌试验（闫文中，等，2014；阮传侠，等，2017；梁静，等，2016；周世海，等，2009；谭志容，等，2010；张平平，等，2015），在地热回灌井成井工艺、回灌工艺等方面积累了大量的工作经验及资料，推动地热尾水回灌从试验阶段发展到生产工程阶段。试验表明，砂岩热储回灌在技术经济上是可行的，它实现了地热资源可持续开发利用的良性循环。但在地热回灌中发现，部分地热回灌井出现堵塞现象，以致回灌压力增大、回灌率降低，影响了地热可持续开发利用。

从地下水的运移过程分析，回灌是抽水的逆过程。注水和抽水的不同之处在于，前者是发散的径向流，后者是收敛的径向流。回灌水中带有细颗粒、有机物和空气，水由井口向井周流动，速度减小，所挟带的细颗粒将在一定的距离内沉淀在岩层中。水中所带有的某些溶解物质可能与岩石骨架或含水层中原有的水起作用，产生堵塞。水中带来的和由于压力降低从水中析出的气泡停留在微小空隙中，这些都会导致含水层的堵塞和渗透性的降低，会在回灌井周围产生一个渗透性降低的地带。该地带呈圆柱状包在回灌井外面，渗透系数与原来的渗透系数相比显著变小，而且不是常数。在时间上，表现为随着回灌时间的推移，同一位置的堵塞程度越来越大，渗透系数越来越小；在空间上，表现为随着距井轴的距离而变化，距井轴越近，堵塞程度越大，渗透系数越小（图 6－1）。

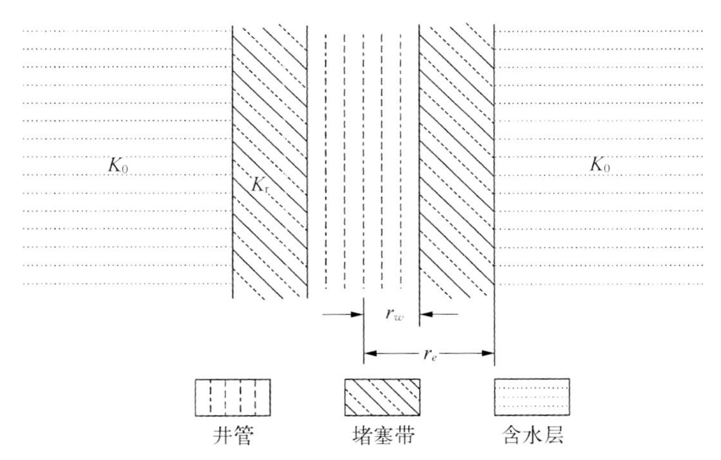

K_0—热储渗透系数；K_r—堵塞带渗透系数；r_w—滤水管半径；r_e—堵塞带半径

图 6－1　回灌井周围堵塞示意图

回灌堵塞是目前砂岩热储亟待攻克的问题，为研究回灌堵塞机理和影响因素，研究人员开展了室内模拟试验。

1. 室内物理堵塞模拟试验研究

（1）试验装置

本次室内试验分别通过一维砂柱和二维砂槽进行。一维砂柱用来模拟地热尾水回灌热储层物理堵塞过程、分析回灌水中悬浮物粒径和质量浓度对堵塞的影响，二维砂槽用来开展物理堵塞时空变化特征研究。

一维砂柱由有机玻璃制成,高 30 cm,内径 6 cm,外侧设有 1 个溢流口、5 个测压孔,测压孔间距自上而下依次为 2 cm、2 cm、2 cm、10 cm,砂柱实际填充高度为 18 cm。试验装置如图 6-2 所示。

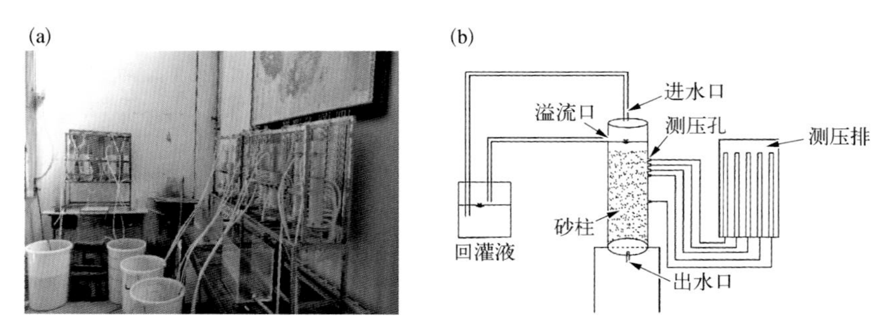

(a) 实物图;(b) 示意图

图6-2 一维砂柱试验装置

二维砂槽由有机玻璃制成,长 160 cm,宽 30 cm,高 90 cm。砂槽右边设进水口,左侧设出水口,出水溢流口相对于进水溢流口低 19 cm。砂槽主要由三部分组成:两侧分别设有 10 cm 进水缓冲区和出水缓冲区;中间为 140 cm 的渗流区,缓冲区与渗流区采用矩形筛网板相隔离,砂槽实际填砂体积为 140 cm×30 cm×90 cm;后侧自上而下、自左向右设有间距为 10 cm 的测压孔 112 个。试验装置如图 6-3 所示。

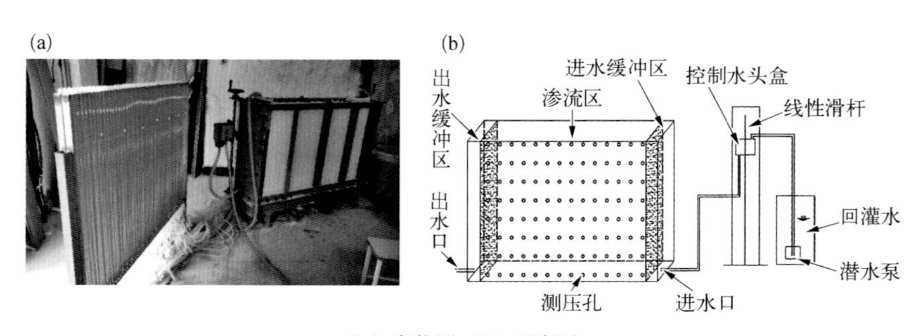

(a) 实物图;(b) 示意图

图6-3 二维砂槽试验装置

定水位装置:进、出水的定水位装置采用溢流原理控制供水水位和排水水位,可上、下自由调动,此次试验水位差控制在 19 cm。

辅助工具:水桶、胶皮管数米、秒表、量筒、玻璃管若干、止水夹若干、扳手、洗耳球、米尺、蠕动泵、三通等。

（2）试验材料

① 热储介质

根据研究区热储介质岩性与粒径分布特征，采用 SiO_2 含量在 99% 以上、粒径为 0.125～0.180 mm 的标准石英砂作为供试砂样。

② 回灌水

为真实反映研究区地热尾水中悬浮物特征，根据试验前采集的示范工程供暖尾水悬浮物质量浓度和粒径级配测试结果，本次试验回灌水源采用市政自来水和悬浮物按一定比例配制而成，其中悬浮物分别为野外采集砂样（用于一维砂柱试验）和纳米级 Fe_2O_3（用于二维砂槽试验）。同时在回灌水中加入 10 mL/L 的次氯酸钠以消除微生物的影响。从实测的地热尾水与实验室配制的回灌水中悬浮物粒径分布图（图 6－4）可以看出，配制的回灌水与实际的供暖尾水中悬浮物含量与粒径级配基本一致，可以用于模拟试验。

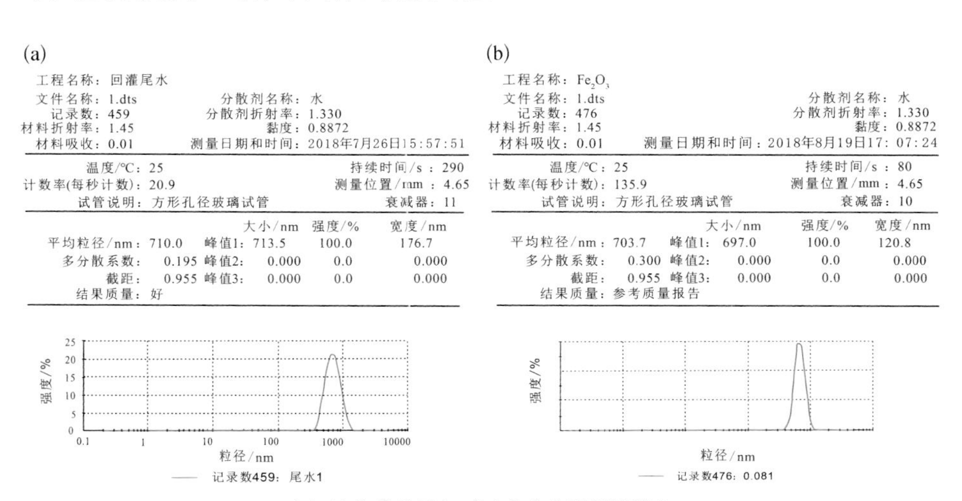

（a）地热供暖尾水；（b）实验室配制回灌水

图 6－4　悬浮物粒径分布图

（3）试验方法

① 一维砂柱试验

采用一维砂柱试验装置进行试验，具体试验步骤如下。

装柱：将风干、均匀的石英砂分层装入砂柱，装柱高度为 18 cm，每次称取一定质量的砂样，等容重将其压实，该过程须向砂柱缓慢注入自来水，逐步完成饱水装柱过程。

回灌水配制：依据地热尾水中悬浮物质量浓度背景值，使用野外采集砂样配制悬浮物质量浓度分别为 0 mg/L、20 mg/L、50 mg/L、60 mg/L 和 100 mg/L 的回灌水，进行不同悬浮物质量浓度试验；配制悬浮物粒径分别为 0.050 mm 和 0.038 mm 的回灌水，进行不同悬浮物粒径试验。

回灌试验：先用市政自来水对砂柱进行回灌，计算初始渗透系数 K_0（式 6－1）；然后用配制的回灌水对砂柱进行回灌，记录出水口的流量、测压管间的水位差，计算回灌过程中不同时刻、不同部位的渗透系数 K，定时在进、出水口处采取水样，测量其浊度。

$$K_0 = QL/(A\Delta h) \tag{6-1}$$

式中，K_0 为初始渗透系数，cm/s；Q 为出水口的流量，mL/s；L 为砂柱顶底两测压管之间的距离，cm；Δh 为顶底两测压管间的水位差，cm；A 为砂柱截面积，cm^2。

采用相对渗透系数 K' 式 6－2 来直观地反映系统的堵塞程度。

$$K' = K/K_0 \tag{6-2}$$

式中，K' 为相对渗透系数；K_0 为回灌前砂柱的初始渗透系数，cm/s；K 为回灌过程中任意时刻砂柱的渗透系数，cm/s。

② 二维砂槽试验

采用二维砂槽装置进行试验，砂槽的充填方法与一维砂柱相同，采用纳米 Fe_2O_3 配制悬浮物粒径为 0.7 mm 的回灌水。试验前排除砂槽里的气泡，参照一维砂柱试验记录出水口的流量、测压管间的水位差，分别计算初始渗透系数 K_0 和回灌过程中不同时刻、不同部位的渗透系数 K。

（4）物理堵塞机理及效应

① 物理堵塞机理及影响因素

a. 回灌水悬浮物粒径对物理堵塞的影响

根据相同悬浮物质量浓度、不同粒径下热储介质相对渗透系数随时间的变化（图 6 - 5）可知，回灌前期（0~51 h）回灌水悬浮物粒径为 0.050 mm 时，热储介质相对渗透系数降低幅度比粒径为 0.038 mm 时大；回灌后期（51~99 h）不同粒径悬浮物回灌后的热储介质相对渗透系数均降低至 0.05 后基本维持稳定状态。

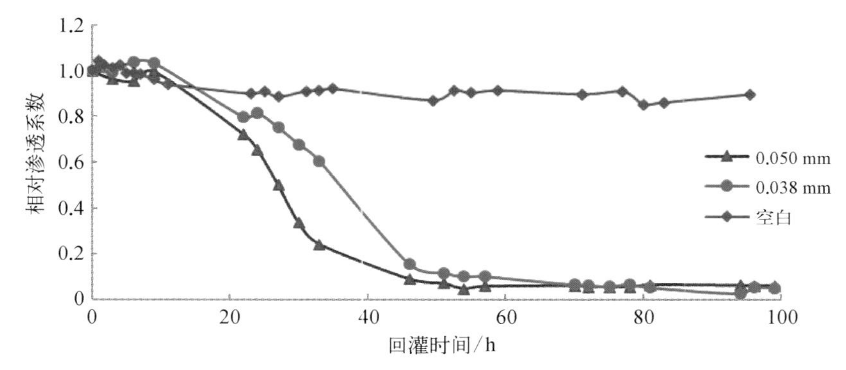

图 6 - 5　不同悬浮物粒径下热储介质相对渗透系数随时间变化图（质量浓度为 50 mg/L）

由此表明，在悬浮物造成的物理堵塞过程中，悬浮物粒径可以影响热储介质堵塞发生时间，悬浮物粒径越大，堵塞发生时间越早。

b. 回灌水悬浮物质量浓度对物理堵塞的影响

由图 6 - 6 可知，整个回灌过程中，不同悬浮物质量浓度的回灌水回灌热储介质后，相对渗透系数降幅基本一致，但降至稳定相对渗透系数所需时间不同，回灌

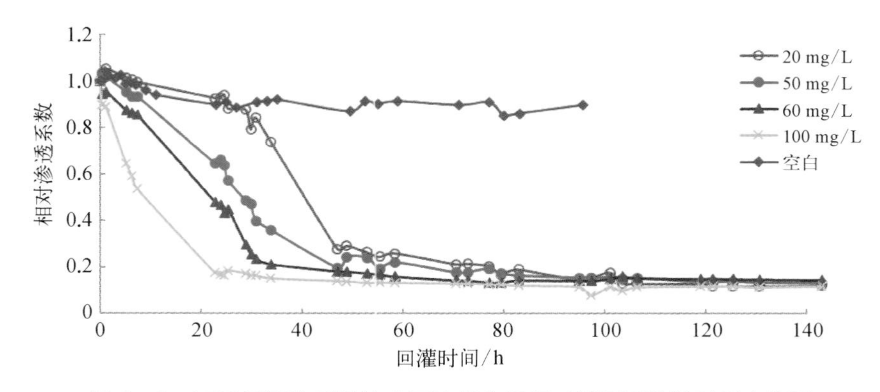

图 6 - 6　不同悬浮物质量浓度下热储介质相对渗透系数随时间变化图

水悬浮物质量浓度分别为100 mg/L、60 mg/L、50 mg/L、20 mg/L，相对渗透系数稳定时间分别为33.8 h、47 h、70 h、82 h。回灌前期回灌水悬浮物质量浓度越高，相对渗透系数降低幅度越大，堵塞用时越短，但最终都趋于稳定状态。

由此表明，在悬浮物造成的物理堵塞过程中，悬浮物质量浓度可以影响热储介质堵塞的发生时间，回灌水中悬浮物质量浓度越高，物理堵塞发生时间越短。

② 物理堵塞效应(对热储介质渗透性能的影响)

图6－7为二维砂槽历时170 h回灌试验后整体及不同渗流层位热储介质相对渗透系数随时间和空间变化图。由图可知，在空间上，不同层位热储介质渗透性存在差异性变化。其中，进水端0～3 cm处相对渗透系数变动幅度较大，高达83%；10～20 cm段介质相对渗透系数降低幅度较小，维持在14%左右；20～30 cm段介质相对渗透系数变幅不大。从时间上看，表层0～3 cm处热储介质的渗透性呈现“缓慢降低—快速下降—趋于稳定”的规律，其中缓慢降低阶段(0～25 h)相对渗透系数降低幅度为30%，快速下降阶段(25～49 h)相对渗透系数降低幅度为48%，趋于稳定阶段(49～170 h)相对渗透系数维持在初始渗透系数的20%左右；砂槽整体、10～20 cm和20～30 cm介质相对渗透系数变化幅度较单一，维持恒定变动幅度，呈现小幅度平缓降低的现象。

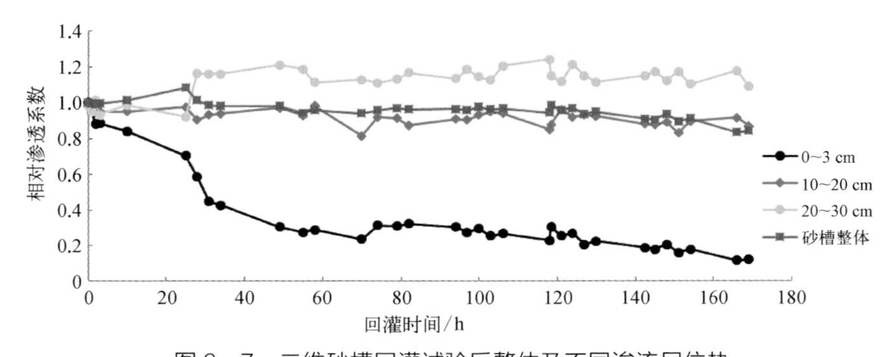

图6－7 二维砂槽回灌试验后整体及不同渗流层位热储介质相对渗透系数随时间和空间变化图

图6－8为不同回灌时间下砂槽出水浊度随时间变化图。由图可以看出，回灌4 h时，砂槽不同位置处出水浊度均较大，特别是进水端0～13 cm处浊度最大，此时相对渗透系数也较大，未发生堵塞现象，回灌水中悬浮物有部分流出。回灌23 h时，

进水端 0~10 cm 处浊度明显减小,此时相对渗透系数也出现明显降低,说明已经发生堵塞,部分悬浮物被截留。回灌至 77 h 时,砂槽不同位置处出水浊度均较小,相对渗透系数降至最低,说明此时堵塞较严重。回灌后期浊度基本保持不变。

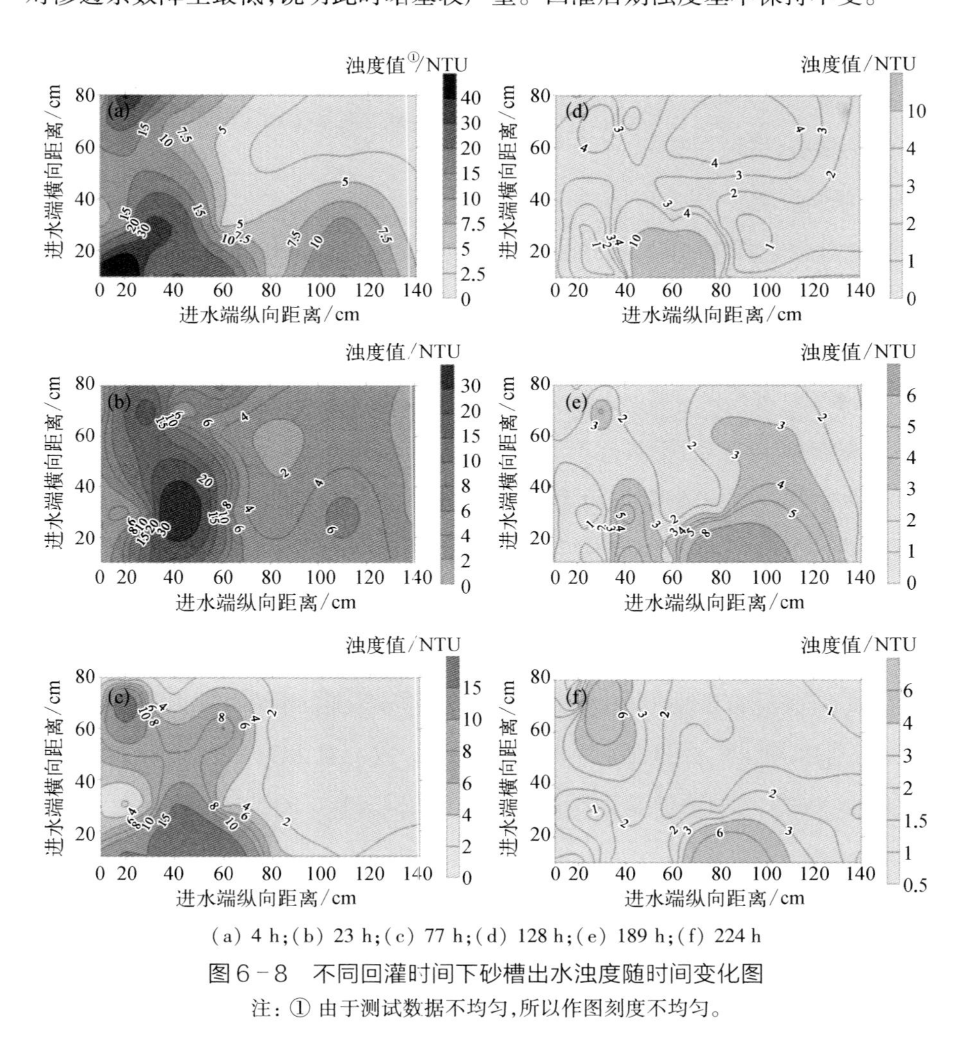

(a) 4 h;(b) 23 h;(c) 77 h;(d) 128 h;(e) 189 h;(f) 224 h

图6-8　不同回灌时间下砂槽出水浊度随时间变化图

注:① 由于测试数据不均匀,所以作图刻度不均匀。

由图 6-8 可知,物理堵塞在空间上呈现明显的非均质性,越靠近进水端,热储介质渗透性降低越大,堵塞越严重;砂槽整体渗透系数降幅较小,物理堵塞程度较轻;随着回灌时间的延长,出水口的浊度逐渐降低,热储介质逐渐发生物理堵塞,且越来越严重。分析原因,可能是回灌初期大量悬浮物截留在表层堵塞热储介质孔喉与孔隙,导致靠近进水端堵塞严重,而热储介质内部堵塞现象不明显。回灌后期,表层热储介质孔隙堵塞达到阈值时相对渗透系数维持稳定状态。

2. 室内化学堵塞模拟试验研究

(1) 试验装置

试验装置同物理堵塞模拟试验。

(2) 试验材料

① 热储介质

本试验分别采用标准石英砂和热储介质土样填充砂柱,进行化学堵塞模拟试验。其中,标准石英砂特征同物理堵塞模拟试验用的石英砂(参见本节 1.(2)节);研究区热储层介质主要由岩屑、晶屑和胶结物组成,碎屑颗粒中大部分样品的石英含量大于 75%,沉积岩岩屑为 2%~15%,胶结物以泥质为主,不透明矿物呈粒状分散分布。热储砂岩由上至下颗粒逐渐变粗,上部 0.075~0.25 mm 的颗粒与 0.25~0.5 mm 的颗粒各占 40%左右,0.5~2 mm 的颗粒占 6%左右,其中 0.075~0.25 mm 颗粒所占比例较大,最大可达 60%;而下部颗粒直径明显增大,0.075~0.25 mm 的颗粒占 10%~23%,0.25~0.5 mm 的颗粒所占比例最大,占 42%~53%,0.5~2 mm 的颗粒占 22%~34%。

② 回灌水

为真实反映研究区地热尾水化学特征,根据试验前采集的示范工程供暖尾水测试结果,本次试验采用如下方法配制回灌水:硫酸钠(Na_2SO_4)、氯化钾(KCl)、氯化钙($CaCl_2$)和氯化钠(NaCl),质量浓度分别为 0.738 g/L、0.0134 g/L、0.1665 g/L 和 3.132 g/L。

(3) 试验方法

① 静态配伍试验

将现场采集的地热源水与尾水分别以 10∶0、9∶1、8∶2、7∶3、6∶4、5∶5、4∶6、3∶7、2∶8、1∶9、0∶10 的体积比混合,在 30 ℃、60 ℃、90 ℃恒温水浴摇床中振荡 8 h 后,测定水中 K^+、Na^+、Ca^{2+}、Mg^{2+}、SiO_2、Cl^-、SO_4^{2-}、HCO_3^- 等质量浓度变化,并采用 0.45 μm 滤膜过滤水样,计算滤膜上沉淀量,采用扫描电子显微镜和能谱技术(SEM - EDS①)定性分析生成沉淀的微观形态和类型。

① SEM: scanning electron microscope; EDS: energy dispersive spectrometer。

② 一维砂柱试验

采用一维砂柱试验装置，模拟地热尾水回灌热储层化学堵塞过程，分析热储介质化学堵塞影响因素。试验步骤同物理堵塞试验。

③ 二维砂槽试验

试验步骤同物理堵塞模拟试验。

（4）化学堵塞机理及效应

① 化学堵塞机理及影响因素

a. 地热源水和尾水混合体积比对化学堵塞影响

根据 60 ℃下地热源水和尾水不同混合体积比静态配伍试验数据，绘制不同混合体积比下溶液中离子质量浓度变化图（图 6-9）和总沉淀量变化图（图 6-10）。

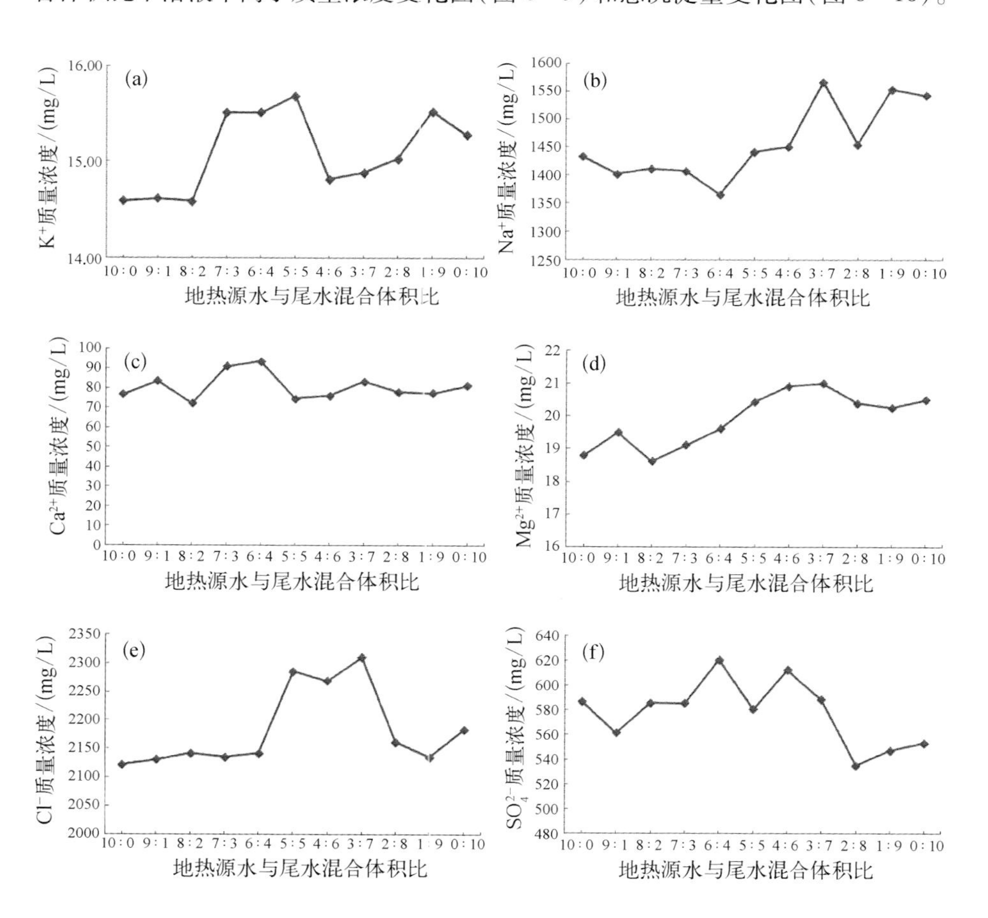

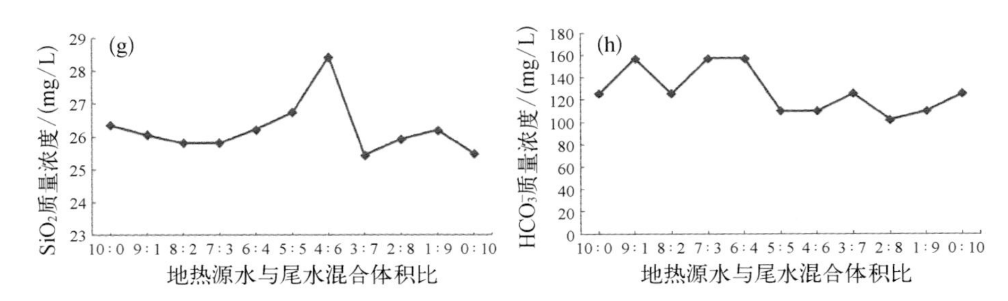

(a) K^+;(b) Na^+;(c) Ca^{2+};(d) Mg^{2+};(e) Cl^-;(f) SO_4^{2-};(g) SiO_2;(h) HCO_3^-

图6-9 不同地热源水与尾水混合体积比下物质质量浓度变化图

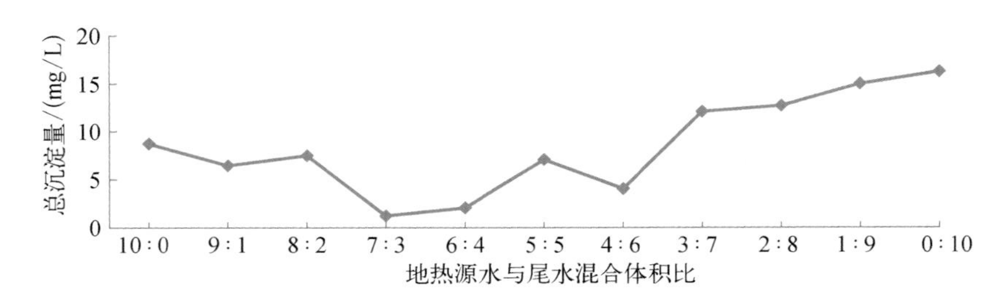

图6-10 不同地热源水与尾水混合体积比下总沉淀量变化图

由图6-10可以看出,所有混合体积比下生成的沉淀量均小于20 mg/L,说明地热源水和尾水配伍性较好。结合图6-9可以得出,混合体积比为3∶7、2∶8、1∶9、0∶10下Ca^{2+}和HCO_3^-离子质量浓度略微降低。另根据60 ℃下不同混合体积比沉淀扫描电子显微镜照片(图6-11)和60 ℃下混合体积比为5∶5时沉淀能谱分析图(图6-12)可知,不同混合体积比下沉淀量不同,其中,混合体积比为0∶10时沉淀量最高(图6-11),混合体积比为3∶7、2∶8、1∶9时次之,由此推测生成的沉淀为碳酸盐类沉淀(图6-12)。

b. 回灌水温度对化学堵塞的影响

选取源水与尾水混合体积比为7∶3的回灌水分别在30 ℃、60 ℃、90 ℃下进行振荡试验。测定混合溶液中K^+、Na^+、Ca^{2+}、Mg^{2+}、Cl^-和HCO_3^-离子质量浓度,并计算生成的沉淀量。结果如图6-13和图6-14所示。

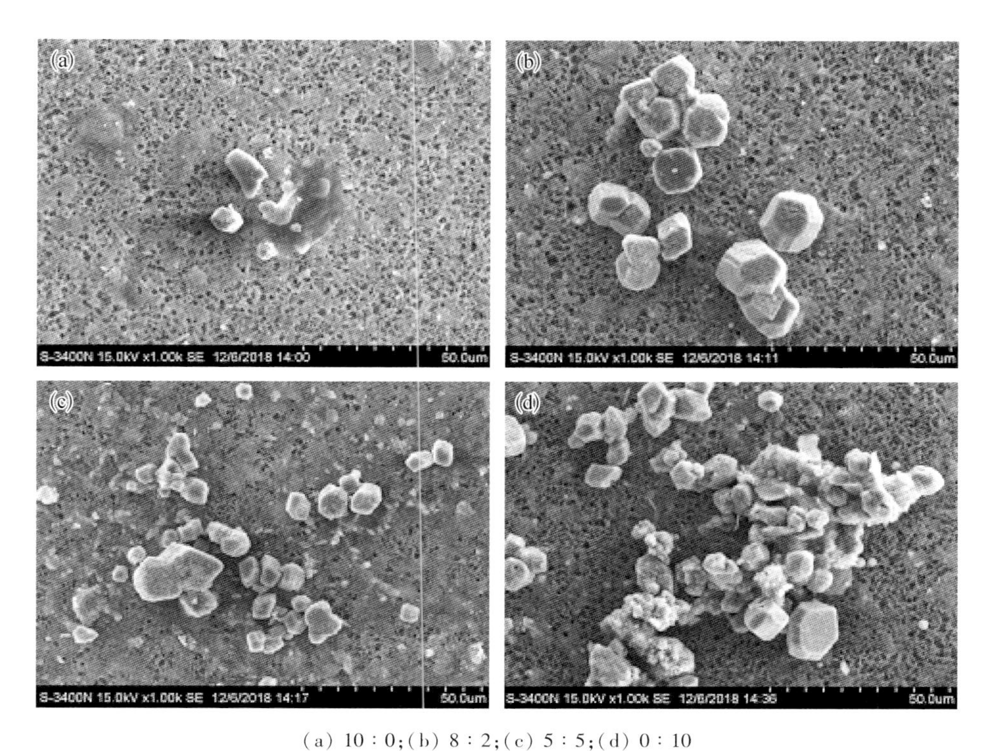

(a) 10 : 0;(b) 8 : 2;(c) 5 : 5;(d) 0 : 10

图 6 - 11　60 ℃下不同混合体积比沉淀扫描电子显微镜照片

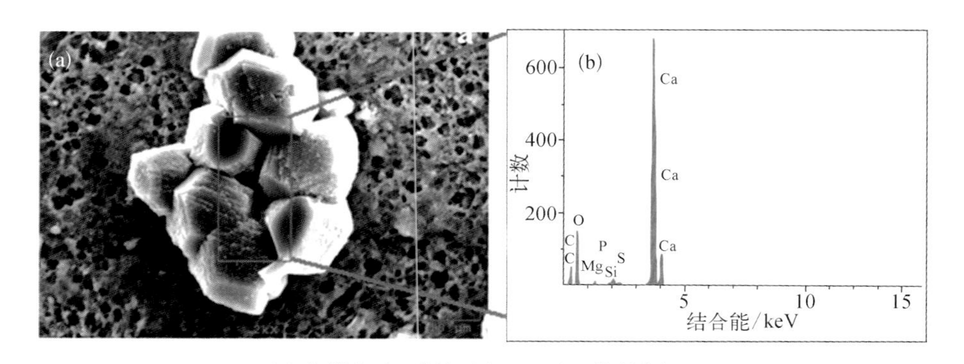

(a) 扫描电子显微镜照片;(b) 电子能谱分析图

图 6 - 12　60 ℃下混合体积比为 5:5 时沉淀扫描电子显微镜照片和电子能谱分析图

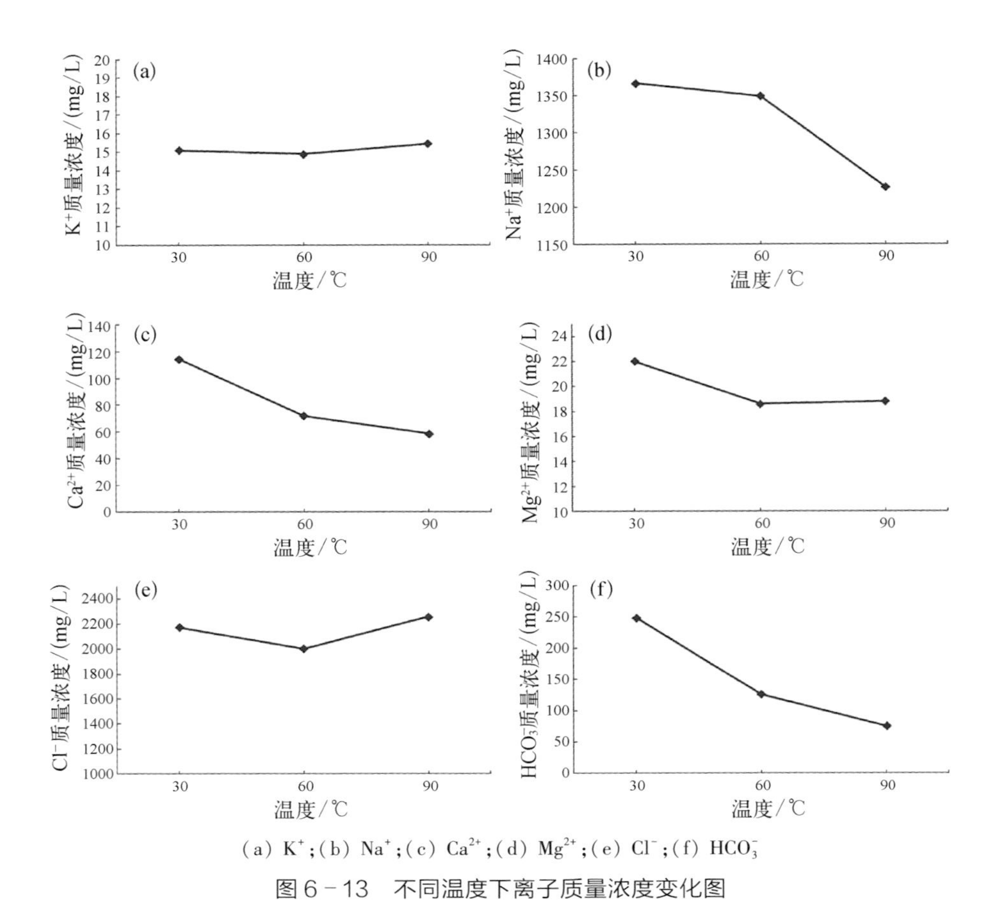

(a) K^+;(b) Na^+;(c) Ca^{2+};(d) Mg^{2+};(e) Cl^-;(f) HCO_3^-

图6-13　不同温度下离子质量浓度变化图

图6-14　不同温度下总沉淀量变化图

由图 6－14 可以看出，所有温度下生成的总沉淀量均小于 20 mg/L，说明源水和尾水配伍性比较好。随着温度升高，总沉淀量有所增加，表明高温条件下源水和尾水混合更易于生成沉淀。结合图 6－13 可以得出，随着温度的升高，HCO_3^-质量浓度呈现减小趋势，可能是由于 CO_2逸散使得碳酸溶解平衡向生成 CO_3^{2-}的方向进行。此外，混合溶液中 Ca^{2+}和 Mg^{2+}质量浓度也有不同程度的减小。另据 90 ℃下混合体积比为 7 : 3 时，生成沉淀的扫描电镜照片和电子能谱分析图（图6－15）推测，随着温度的升高，可能生成碳酸盐类沉淀。

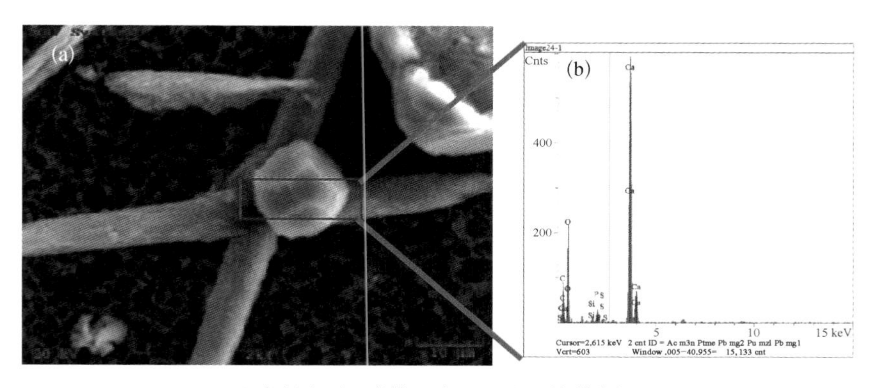

（a）扫描电子显微镜照片；（b）电子能谱分析图

图 6－15　90 ℃下混合体积比 7 : 3 时扫描电子显微镜照片和电子能谱分析图

② 化学堵塞效应（对热储介质渗透性能的影响）

根据一维砂柱试验，热储砂岩介质在回灌 9 h 后堵塞现象发生完全、渗透性降至恒定状态（图 6－16），相对渗透系数降幅在 55%左右。以石英砂岩为含水介质在回灌初期（0～9 h）有小幅度的上升，前期（9～57 h）相对渗透系数降幅为 80%，后期（57～99 h）相对渗透系数呈现稳定状态，维持在 20%左右。由此表明，热储砂岩介质比石英砂热储介质发生化学堵塞的时间早，相对渗透系数的降幅低。另采用标准石英砂作为填充介质时，进、出水口 K^+、Ca^{2+}、Mg^{2+}和 HCO_3^-质量浓度变化均不明显（图 6－17）；而采用热储砂岩作为填充介质时，砂柱出水口 K^+、Ca^{2+}、Mg^{2+}和 HCO_3^-质量浓度呈现缓慢降低趋势。究其原因，研究区热储砂岩矿物成分复杂，介质主要由岩屑、晶屑和胶结物组成，其中，胶结物以黏土矿物为主。热储介质矿物成分及构成比例会影响化学堵塞的发生及堵塞程度，随着回灌试验

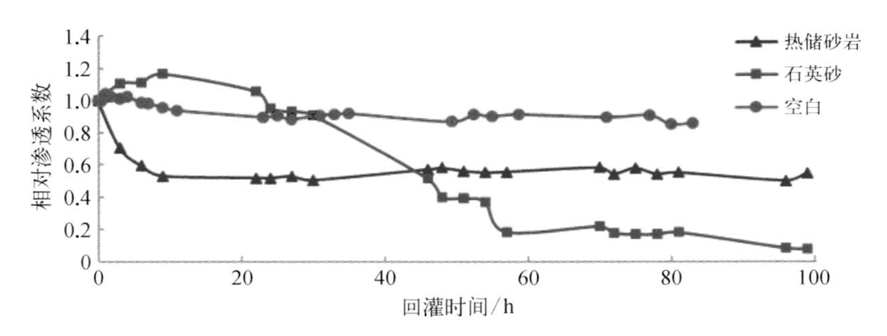

图6-16 不同热储介质下的相对渗透系数随时间变化图

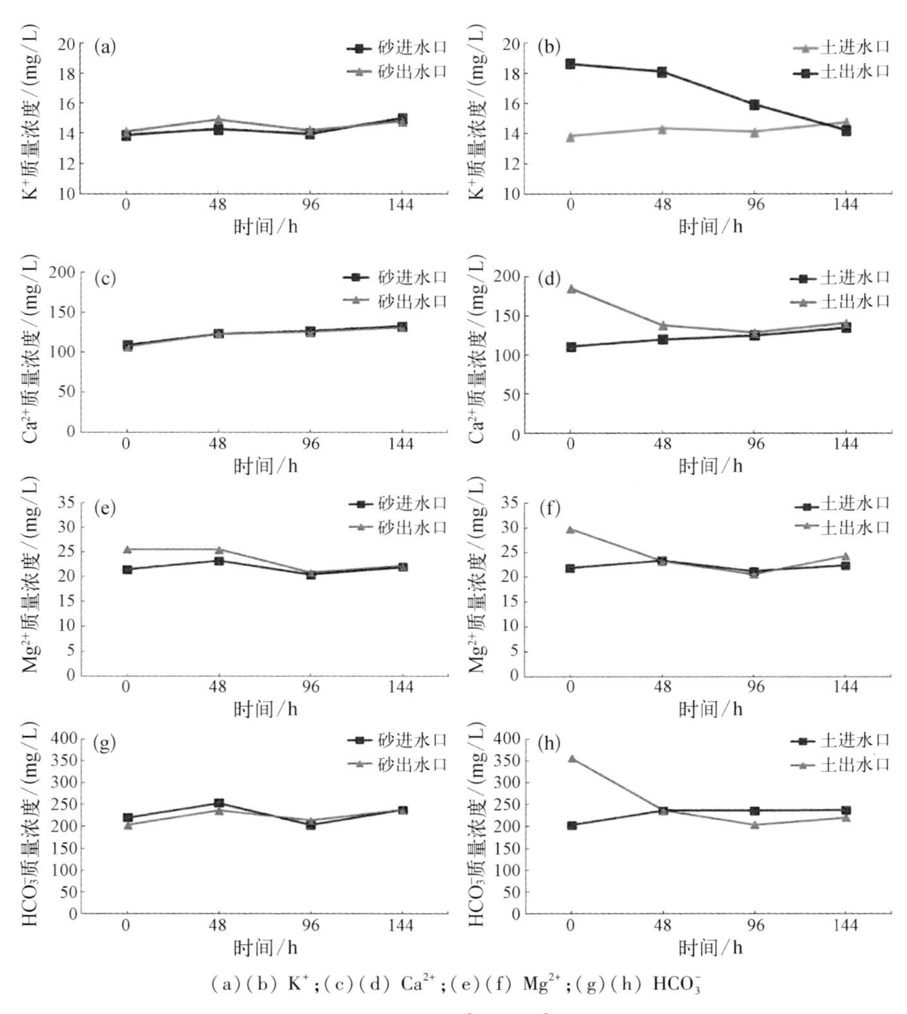

(a)(b) K^+;(c)(d) Ca^{2+};(e)(f) Mg^{2+};(g)(h) HCO_3^-

图6-17 不同填充介质下 K^+、Ca^{2+}、Mg^{2+}和 HCO_3^-质量浓度变化图

的进行，渗透系数降低，回灌水中离子成分可能与介质发生水岩相互作用，导致出水口离子浓度发生变化。这说明回灌过程中热储介质与地热尾水之间的水岩相互作用是化学堵塞的影响因素之一。

图 6－18 为二维砂槽历时 287 h 回灌试验后整体及不同渗流层位热储介质相对渗透系数随时间和空间变化图。由图可知，在空间上，回灌过程中砂槽整体相对渗透系数呈降低趋势，其中进水端 0～3 cm 表层介质相对渗透系数变动幅度最大，达 92%；10～20 cm 和 20～30 cm 段热储介质相对渗透系数降低幅度较小，维持在 15%左右。分析原因，靠近进水端堵塞严重，可能是由于回灌水中离子优先与表层热储介质发生化学反应；热储介质内部堵塞较弱，可能与回灌水中离子含量在运移过程中质量浓度降低、化学反应变弱有关。从时间上看，表层 0～3 cm 渗流层位呈现“缓慢降低—快速下降—趋于稳定”的规律，缓慢降低阶段（0～47 h）相对渗透系数降低幅度为 21%，快速下降阶段（47～100 h）相对渗透系数降低幅度为 47%，趋于稳定阶段（100～287 h）相对渗透系数维持在初始渗透系数的 16%左右。其他渗流层位相对渗透系数变化幅度较单一，维持恒定变动幅度，呈现小幅度平缓降低的趋势，分析原因，随着回灌的进行，回灌水中离子质量浓度增加，热储介质与源水中离子发生化学反应的概率增加。

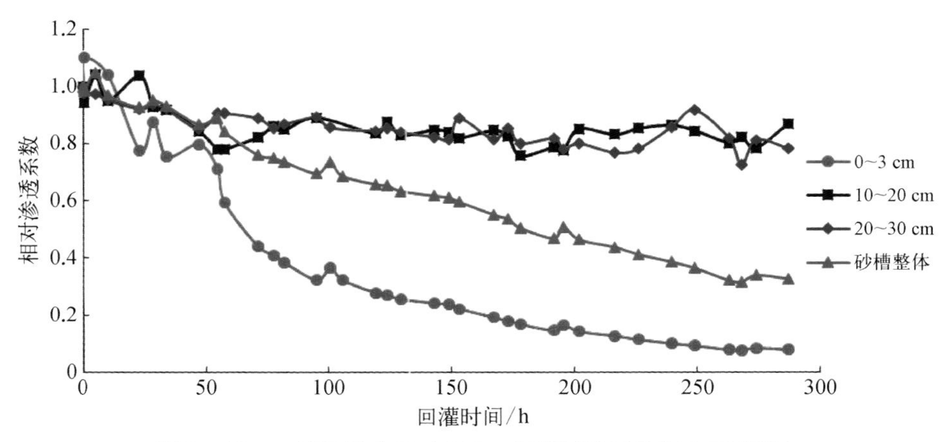

图 6－18　二维砂槽中历时 287 h 回灌试验后整体及不同渗流层位热储介质相对渗透系数随时间和空间变化图

由此表明，化学堵塞在空间上呈现明显的非均质性，空间堵塞范围跨度较广；越靠近进水端，堵塞现象越明显，即堵塞越严重；热储介质中部堵塞现象较少，介质相对渗透系数均呈降低趋势。

3. 室内微生物（细菌）堵塞模拟试验研究

（1）试验装置

试验装置同物理堵塞模拟试验。

（2）试验材料

① 热储介质

本试验供试砂样采用标准石英砂，标准石英砂特征同物理堵塞模拟试验用的石英砂。

② 回灌水

为真实模拟研究区地热尾水中营养盐情况，本试验以现场尾水水质为依据，选取葡萄糖、NH_4Cl、$KH_2PO_4 \cdot 3H_2O$ 作为细菌生长的唯一碳源、氮源、磷源，实验室配制回灌水，质量浓度分别是 6 mg/L、4.46 mg/L、0.12 mg/L。

（3）试验方法

① 一维砂柱试验

采用一维砂柱试验装置，模拟地热尾水回灌热储层微生物堵塞过程，考察回灌水中营养盐类对堵塞的影响。试验步骤同物理堵塞模拟试验。

② 二维砂槽试验

试验步骤同物理堵塞试验。

（4）地热尾水回灌热储层微生物堵塞效应及机理

从时间上看，回灌过程中砂柱不同渗流层介质的相对渗透系数呈现持续降低趋势（图 6-19），分为“快速下降—缓慢降低—趋于稳定”三个阶段。回灌初期（0~11 h）相对渗透系数迅速降低，相对渗透系数降低 90%（由 1 降至 0.1）用时 169 h，回灌后期相对渗透系数降低趋于平缓，由 0.1 降至 0.01 用时 173 h。回灌至 95 h 时，从空间上看，砂柱整体渗透系数降幅为 70.44%，表层渗透系数降幅为 80.55%，中层和底层渗透系数降幅为 25%。回灌至 169 h 时，砂柱整体渗透系数降幅为 89.07%；表层渗透系数降幅为 94.96%，中层渗透系数降幅为 61.19%，底层渗透系数降幅为 51.51%。

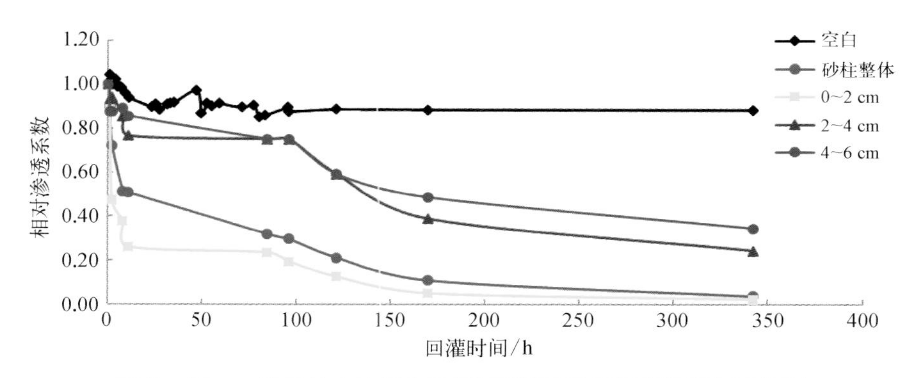

图6-19 一维砂柱中热储介质相对渗透系数随时间和空间变化图

提取砂样上细菌总DNA,应用高通量测序,分析回灌过程中细菌群落多样性和结构特征。反映细菌多样性的Chao指数、Ace指数、Sobs指数、Shannon指数均呈现先增后降趋势(表6-2),在相对渗透系数为0.5时指数值最高,表明相对渗透系数降至0.5时,砂柱中微生物OTU① 数目最多、物种最丰富、群落多样性最高。在尾水回灌过程中,细菌逐渐适应由尾水回灌引起的热储层营养物、酸碱条件及氧化还原环境的改变,由于细菌生长和代谢引起热储层介质堵塞,后期细菌进入衰老期,群落多样性下降,启动自身保护机制,分泌胞外聚合物,继续影响热储介质渗透性。

表6-2 α 多样性指数表

样品①	序列数	Sobs 指数	Shannon 指数	Simpson 指数	Ace 指数	Chao 指数	Coverage 指数
S_1	34613	124	3.1489	0.0737	125.0967	125.2000	0.9999
S_2	36744	273	3.5427	0.0611	285.7657	286.0000	0.9992
S_3	42352	212	3.0150	0.1035	257.1176	249.2759	0.9985
S_4	42712	214	3.2549	0.0643	241.6503	249.2857	0.9990

注:① 样品 S_1、S_2、S_3、S_4 分别为砂柱整体相对渗透系数为1、0.5、0.2、0.01时采集砂样。

由此可见,随着回灌时间的延长,各个渗流层的渗透系数均降低,但热储介质表层(0~2 cm)的渗透系数降低最快,堵塞速率远高于其他渗流层。微生物对整体砂柱的堵塞占有较大的贡献率,是砂柱整体渗透系数降低的主因,即由于回灌

① 运算分类单元(operational taxonomic unit):用于系统关系分析,尤其是表征分类研究中的终端类群。

初期细菌大量生长繁殖,各种代谢分泌物质附着于砂柱表层形成生物膜,大部分细菌被截留在热储介质表面(图 6 - 20、图 6 - 21),堵塞表层热储介质的连接通道、孔隙孔喉,有效孔隙度降低,渗透系数大幅降低,形成微生物堵塞。回灌后期,随着细菌生长代谢活动的进行,有害物质代谢积累、介质孔隙度降低、含氧量不足等因素严重抑制细菌的正常生长,细菌生命活力、繁殖速率降低,细菌生命活动维持稳定状态,热储介质渗透系数变化幅度不大。

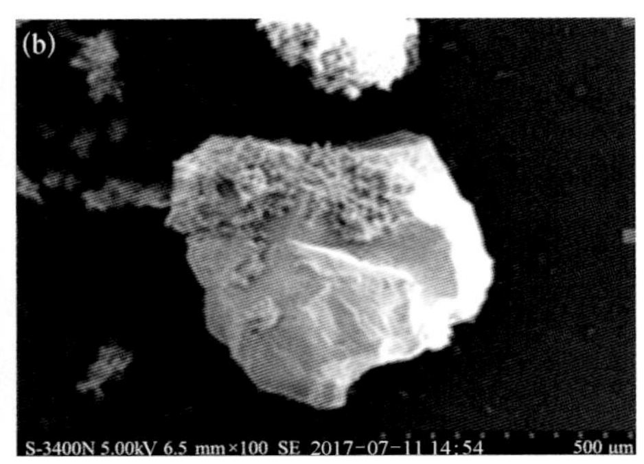

(a) 0 h;(b)342 h

图 6 - 20 回灌过程中热储介质表面扫描电子显微镜图

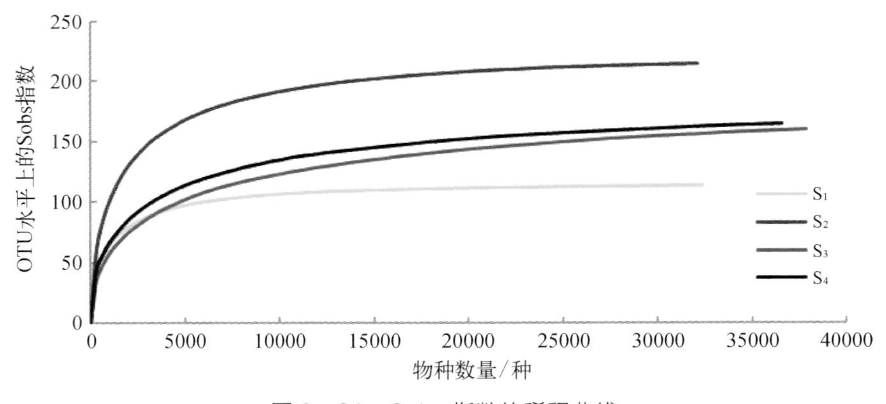

图 6 - 21 Sobs 指数的稀释曲线

4. 堵塞的类型与原因

国内外众多地热田调查考证结果显示:有 80% 的孔隙型热储回灌井出现了堵塞,部分回灌井被迫停滞(刘雪玲,等,2009)。回灌过程的堵塞问题目前仍是制约孔隙型地下热水可持续开发利用的世界性难题。

回灌堵塞与回灌水质、入渗介质的矿物成分及颗粒组成特征等多种因素有关,可能是物理、化学或生物某一方面的原因,也可能是它们共同作用的结果。根据上述室内模拟试验和已有的实际经验,按堵塞的原因来分,回灌堵塞可以分为物理堵塞、化学堵塞、气体堵塞、生物堵塞、化学反应产生的黏粒膨胀和扩散堵塞以及含水层细颗粒重组造成的热储层孔隙变小堵塞等。研究认为,物理堵塞是回灌堵塞的主要类型(武晓峰,等,1998;何满潮,等,2004;高宝珠,等,2007;刘雪玲,等,2009;林建旺,等,2010;马致远,等,2013;周鑫,2013;徐国芳,2013;云智汉,2014;戴群,等,2017),也是导致回灌量衰减的主要原因。

(1) 物理堵塞

物理堵塞主要包括回灌水中悬浮物堵塞、热储岩石中颗粒堵塞等。通过回灌尾水过滤装置去除大部分的悬浮物,是防止物理堵塞的首要因素。

回灌水中悬浮物含量过高、粒径大于热储岩石孔径时,会堵塞热储岩石孔隙,从而使回灌井的回灌能力降低直至无法回灌,这是回灌井中最常见的堵塞情况。悬浮物进入热储层的深度和数量取决于悬浮物中固相颗粒直径和热储层岩石喉道直径的匹配程度,匹配度越高,越容易产生堵塞。回灌尾水悬浮物主要来源于自身挟带颗粒、管道腐蚀产物、化学沉淀产物及微生物代谢产物等,具有多样性。此外,由于砂岩热储岩石胶结性能差,其中的微粒易脱落运移,在热储岩石喉道处易堆积造成堵塞。

物理堵塞发生原因可归结为以下几点。

① 沉淀:由于固体与液体的密度不同,重力作用的影响比较显著,从而比流体运动慢的颗粒就可能驻留在砂岩的某个位置而不随流体运动。

② 惯性:由颗粒产生的浮力使之偏离原来的流向,与地层砂岩壁面的纹理接触并沉积下来。

③ 水力影响:在非球形或不规则的剪切应力场的作用下,颗粒会向吸附面做侧向移动并可能被吸附。

④ 直接拦截:由于尺寸关系,颗粒不会跟随流体在细小、扭曲的路径中运动,它们会因碰撞到地层砂岩上而被吸附。

⑤ 散乱性:布朗运动使颗粒从主流中分散开去,从而被困在地层的死角。因

此,在储层回灌过程中易发生水敏、速敏等作用,会引起储层物性变化。随流体运移距离的增加,压力减小,固体颗粒逐渐沉淀或被捕获,堵塞孔隙,渗流阻力增大,渗透率降低,使地热流体回灌能力减弱。

(2)生物堵塞

回灌水中微生物或当地微生物的作用会在富含硫酸盐地层的水和低温条件下出现,当满足这种条件时,会加速消耗硫酸盐细菌的生长,在回灌井周围迅速繁殖,生成微生物物质堆积在管壁,形成生物膜,堵塞介质孔隙。

铁细菌为好氧菌,能在中性或偏酸性水中发育,在与铁质的输水管接触过程中使 Fe^{2+} 加速氧化成 Fe^{3+},形成 $Fe(OH)_3$ 沉淀,从而降低含水层的导水能力或回灌率。地下水中所含的铁主要以 $Fe(HCO_3)_2$ 的形式存在,在铁细菌的作用下,反应如下:

$$2Fe(HCO_3)_2 + H_2O + \frac{1}{2}O_2 \longrightarrow 2Fe(OH)_3 + 4CO_2 + \text{能量} \tag{6-3}$$

铁细菌的生长条件,经试验可归纳为以下几点。

① 适宜的水温。铁细菌是种“嗜冷”微生物,在回灌井中最适生长水温在 12 ℃左右。

② 丰富的 Fe^{2+}。铁细菌以 Fe^{2+} 为生。因滤水管是铁管缠丝,易发生电化学腐蚀,溶解于地下水中的大量 Fe^{2+} 可供铁细菌生长。

③ 所需的溶解氧。铁细菌对氧的需要不亚于 Fe^{2+}。地下水中的溶解氧一般仅为 1~2 mg/L。但由于回灌水含溶解氧的浓度较高,为 8~11 mg/L,还有空气混入井内,也增加了地下水溶解氧的含量,为铁细菌的大量繁殖提供了条件。另外,溶解氧也加速了电化学腐蚀,使地下水中 Fe^{2+} 的含量增加。

④ 合适的 pH。当 pH 在 8 以上时,水中不含 Fe^{2+},间接抑制了铁细菌生长;当 pH 为 6.5~7.5 时,最有利于铁细菌生长。

⑤ 共生的有机物。从显微镜下鉴定可知,常有大量的有机物与之共生。故可以认为,地下水中含有机物时,易促使铁细菌生长。

为减少生物堵塞,防止生物膜的形成,主要通过去除水中的有机质或者进行预消毒杀死微生物的手段来实现。

（3）化学堵塞

低温地热水的热力学变化会引发不利于回灌水化学特性的热化学反应，当地层温度高于回灌水温度时，因为气体在较高温度下溶解度降低，氧气将重新释放到气相中，气体将再一次向地表流动，尤其将沿着井管壁移动，并发生化学反应，化学原因引起的水质问题应视具体情况进行具体分析。矿物质在溶解过程中饱和状态指数的表达式如下：

$$I_S = \log_K^{P_{IA}} \tag{6-4}$$

式中，I_S 为饱和状态指数；P_{IA} 为离子活性值；K 为溶解性值。

在到达过饱和状态（$I_S>0$）时，矿物质可能会析出也可能不会析出，这就要看达到过饱和状态溶液的稳定性如何。另外，通常希望地热利用系统中能源利用效率最大化，因此排水温度较低。所以，可能会在温度降低和压力变化的过程中产生化学析出物。

地热水由潜水泵抽至地上，经地面设备换热后再回灌到地下的过程中，由压力和温度的变化而产生的化学物质析出或溶解的状况比较复杂，如化学离子析出的多重条件及析出过程的变化趋势（线性或非线性），特别是析出后可能生成新的物质颗粒，产生析出的临界温度、压力，发生逆向反应的条件等。某些矿物质会因温度变化过饱和而产生沉淀，导致堵塞孔隙孔喉。另外，地热流体中含有多种化学物质，会对金属材料的输水管线产生腐蚀而生成难溶的物质，如不经过处理直接回灌到井中就会产生堵塞。

（4）气体堵塞

回灌过程中，在一定的流动情况下，水中可能挟带大量气泡；同时水中溶解性气体可能因温度、压力变化而被释放出来。此外，也可能因生化反应而生成气体物质，典型的如反硝化反应会生成氮气和氮氧化物。一般生成的气泡能在潜水含水层中自行逸出，不会形成气堵。但在承压含水层中，因压力变化及流体在流动中生成的气泡（甲烷、二氧化碳气体等）被回灌水裹挟一起回灌到地层后，由于地层压力相对稳定，生成的状态很难发生质的变化。因此，气泡在水动力逐渐减小时，较容易驻留在孔隙介质中，进而堆积在孔隙中产生气体堵塞。

防止气体堵塞常用的方法是将回灌尾水通过排气罐进行排气，减少回灌尾水中的气体含量，同时采用泵管回灌的方法，防止回灌水将空气带入储层中。

（5）化学反应产生的黏粒膨胀和扩散堵塞

这是报道得最多的因化学反应产生的堵塞，具体原因是水中的离子和含水层中黏土颗粒上的阳离子发生交换，这种交换会导致黏粒的膨胀和扩散。这种原因引起的堵塞可以通过注入 $CaCl_2$溶液等来解决。

（6）含水层细颗粒重组造成的热储层孔隙变小堵塞

多数回灌井在回灌过程中要进行回扬或当作开采井，反复的抽、灌水可能引起存在于井壁周围的细颗粒介质的重组，这种堵塞一旦形成，很难处理。所以在此种情况下，回扬的频率不宜过高。

回灌井的堵塞现象，在初期以物理堵塞（气相、悬浮物堵塞）为主，在中期以化学沉淀堵塞（铁质、钙质盐类沉淀堵塞）为主，在后期以生化堵塞（铁细菌、硫酸盐还原菌、排硫硫杆菌、脱氮硫杆菌等生化作用而产生堵塞）为主。

在回灌井堵塞中，生物化学作用堵塞，特别是铁细菌堵塞是经常发生的。堵塞一旦发生，回灌井的机能就基本丧失，甚至造成回灌井报废，危害极大。

5. 回灌堵塞的判别

回灌过程中，若回灌量保持一定时，回灌水位突然上升或连续上升，甚至溢出井口，单位回灌量逐渐减少；回扬时的动水位突然下降或连续下降，不能稳定在某一标高，单位涌水量远小于成井时或回灌前的单位涌水量，则说明回灌井已被堵塞。当回灌井水位上升较快时应注意加密监测，水位上升距井口小于 10 m 时，应及时停止回灌并查明原因，以便采取措施。

6. 防止堵塞的措施

堵塞一旦发生，其处理通常是比较棘手的。因此，除了研究处理堵塞的方法，更重要的是设计防止堵塞的措施。应分析现场地质条件、回灌水质和可能造成堵塞的原因和类型，制定相应的对策。

（1）加强回灌井成井时的洗井工作。回灌井成井时，可以采用间隔抽水的方式进行洗井，即先以最大涌水量抽水至水清砂净后，停止洗井不少于 4 h；再次洗井直至水清砂净,水位、水温稳定。

(2) 回灌水源多级过滤处理。预处理控制回灌水中悬浮物含量和粒径大小,是防止回灌井堵塞的重要手段。特别是针对系统中物理颗粒和化学析出的颗粒等,这些颗粒肉眼可见,粒径通常较大。因此,可采用多级除砂、过滤的方式,使过滤精度达到储层主要孔隙通道的 1/2 ~ 1/3,从而去除大部分粒径较大的悬浮颗粒。

(3) 定期检查回灌系统密封效果。如发现漏气,则须及时处理。采用泵管回灌的方式进行回灌,泵管下入动水位以下 5 m。

(4) 定期检测回灌水源和回扬水的水质。尤其应检测悬浮物含量、铁离子含量、溶解氧含量的变化,若含量增大,应在分析原因的基础上,采取措施降低含量,从而降低堵塞发生的概率。

(5) 做好回灌监测。回灌过程中密切关注回灌量、回扬时回灌量、回灌井水位的动态变化,根据回灌堵塞的判别方式判别是否发生堵塞,若发生堵塞,须立即停灌,深入分析堵塞原因,针对具体情况及时采取有效措施处理,防止堵塞问题越来越严重。

(6) 坚持定时回扬。每次回扬必须做到水清砂净,恢复至回灌前的单位涌水量。

7. 回灌堵塞处理措施

回灌中悬浮细小颗粒(物理)及化学反应、气体等是产生堵塞的主要原因。根据回灌堵塞类型和原因,在回灌过程中出现回灌井堵塞后,可采用回扬、化学处理和灭菌等方法处理堵塞。这些方法都是在堵塞发生后采用的补救方法,但由于地层构造特点,尤其是砂岩的胶结程度不同,频繁地回扬可能会造成地层中砂岩构造重组,而产生不可逆的负面效果。所以,一定要对发生堵塞的原因进行充分的分析,制定合理的处理措施。

(1) 回扬

回扬是处理回灌堵塞最常用的措施。对于回灌管路的堵塞,可用连续反冲洗方法处理;对于回灌井本身产生的堵塞,可用连续、间歇与回灌回扬相结合的方法处理。

连续回扬：对于轻度堵塞的回灌井，可用连续回扬的处理方法，即用最大涌水量连续抽水的方式进行回扬，中途不停，直至水清砂净。

间隔回扬：对于堵塞程度较严重、连续回扬不能疏通储层的回灌井，可用间隔回扬的处理方法，即用最大涌水量抽水的方式回扬至水清砂净，停抽不少于 4 h 后，再次回扬至水清砂净，如此循环，直至回灌储层疏通。

回灌回扬：对于堵塞程度严重、间隔回扬不能疏通的回灌井，可采用回灌回扬的处理方法，即先用最大涌水量抽水的方式回扬至水清砂净后，再以不溢出井口的水量进行回灌，回灌时间不少于 8 h，然后再次回扬至水清砂净。如此循环反复，直至回灌储层疏通。

在回扬过程中每 30 min 测定回扬水量、水位、水温等动态数据及回扬水的颜色、浊度情况，至水清砂净，水位、水温无明显变化，基本恢复到成井时或回灌开始前的单位涌水量，结束回扬。

（2）化学处理方法

化学处理方法包括加酸、消毒及加入氧化剂等，以改变回灌水质。

如果堵塞沉淀物是 $CaCO_3$ 或 $Fe(OH)_3$，已与砂胶合成 Ca 质或 Fe 质结垢，在井壁管路上已形成坚硬的水垢时，一般可用 HCl（质量分数为 10%，加酸洗抗蚀剂）使之生成溶解性的 $CaCl_2$ 或 $FeCl_3$ 来处理。但在用 HCl 处理之前，必须掌握井管口径、深度、材料、静动水位等资料，依具体情况制定安全有效的处理方案，以不造成回灌水二次污染为前提。

（3）灭菌法

铁细菌堵塞的防治措施，一般为在水中加药（漂白精）杀菌，或提高 pH（加石灰），使之变为碱性水，以抑制铁细菌的生长。通常在冬灌期，定时、定量加漂白精，与水一起灌入井内，能有效地杀死铁细菌。

其他微生物通常以生物膜的方式出现，肉眼很难观测到其单体粒径，同时它们还具有极易聚集的特性。常规水处理灭菌的方法是向水中加入消毒杀菌的药剂或超滤过滤去除微生物。前者在回灌过程中适用性差，如过量加入消毒杀菌的药剂会改变地热水质，污染该层的地热水，不符合可持续开发的原则；后者一般采用超滤膜（1~5 μm）过滤，有效拦截粒径在 1 μm 以上的各种微生物，在某种程度上可以防止微生物堵塞的发生。

6.3　回灌后维护与保养

回灌系统在停止回灌后,为保证回灌系统的回灌能力和使用寿命,停灌后的维护保养工作尤为重要。

6.3.1　回灌井的维护与保养

（1）停灌后,宜对回灌井进行回扬,防止回灌井堵塞。停灌后回扬操作的要求与回灌运行回扬的要求一样,即至水清砂净、单位涌水量恢复时停止回扬。

（2）停灌后,从回灌井中提出回灌水管,除去管内外污渍、锈斑,做好防腐、防锈等保养措施,堆放整齐,妥善保管。

（3）封闭回灌井井口,对回灌系统各部分进行密封处理。把井口用万能钢板或水泥石板封盖,防止杂物落入回灌井中。

（4）在停灌期间,有条件的企业可利用自动控制的氮气保护充气装置,将停用的地热井(开采井、回灌井)水位液面以上的泵管部分充满惰性气体,隔绝空气与地热水,防止空气渗入井管而造成氧化腐蚀。

6.3.2　回灌水源净化处理系统清洗

停灌后,应对除砂器、过滤器、排气罐等回灌水源净化处理系统进行彻底清洗、维修或更换,保证其后续能正常工作。

6.3.3　动态监测系统养护

停灌期间,对回灌系统设备及仪器仪表(远程或专用的人工监测仪器仪表)应按照要求进行标定、校核,以保证监测数据准确可靠。尤其是人工监测的水位测管，应保证其通畅性，一旦发现已堵塞或测线下入困难，应及时维修、更换。

6.3.4 回灌管网养护

回灌设备关闭进出口，用大量淡水冲洗管路，待水清砂净后，关闭出口，充满水，关闭进口，进行密封处理。

6.3.5 停灌后动态监测

停灌期间每 10 d 监测一次水位、液面水温，并认真填写记录表。有条件的还应进行井内测温，并记录热储层段温度的恢复情况。

第 7 章

砂岩热储回灌工程评价

7.1 回灌对热储层影响评价

地热回灌原则上要求同层回灌,地热尾水的水质与热储层虽相差不大,但水温相差较大,所以地热尾水回灌至热储层后,可能会对热储层造成影响,为此需要开展回灌对热储层的影响评价工作。

回灌对热储层的影响评价项目包括回灌水质对回灌热储层地热流体影响评价、回灌对热储层涌水量影响评价、回灌对热储层损害评价、回灌堵塞评价、回扬疏通评价、回灌对热储温度影响评价等。

7.1.1 回灌水质对回灌热储层地热流体影响评价

1. 评价指标

地热尾水的水质应优于热储层水质,以防止回灌尾水对热储层地热流体造成不可逆转的有害影响。回灌水质对热储层地热流体水质的影响评价可分为单指标评价和综合指标评价。

单指标评价:用评价指标值 $F_{指}$ 与起始值 $F_{始}$ 的比值 F_i 进行评价,热储层地热流体的水质起始值 $F_{始}$ 可采用回灌井成井时(或回灌前)的水质检测值,评价指标值 $F_{指}$ 采用回灌井回扬时采取的水样检测值。

$$F_i = F_{指}/F_{始} \tag{7-1}$$

回灌水质对热储层地热流体影响评价分级标准见表7-1。

表7-1 回灌水质对热储层地热流体影响评价分级标准表

分级标准 F_i	>1.2 或<0.8	0.8~1.2
影响程度	大	一般

综合指标评价:以单指标评价结果的最高类别来确定,并指出最高类别的指标。

2. 回灌水质影响分析

回灌对热储水质的影响取决于回灌水与原热储层热水水质的差别。依据已往开展的地热尾水回灌试验过程中的水质分析数据来分析地热尾水水质对热储层地热流体的影响程度。

由表7－2可知，回灌后与回灌前，Na^+质量浓度比值为0.92～1.06，Ca^{2+}质量浓度比值为1.02～1.60，Fe^{3+}质量浓度比值为0.18～7.33，Fe^{2+}质量浓度比值为1.00～2.56，Cl^-质量浓度比值为0.96～1.07，SO_4^{2-}质量浓度比值为0.87～1.19，游离CO_2质量浓度比值为0.33～4.00。因此回灌对热储层地热流体主要元素Na^+、Ca^{2+}、Cl^-、SO_4^{2-}含量的影响一般，而对Fe^{3+}、Fe^{2+}、游离CO_2含量的影响较大。回灌过程中不可避免地会带入空气，导致Fe^{3+}、Fe^{2+}、游离CO_2含量增大，这也是导致回灌堵塞的主要原因之一。

7.1.2 回灌对热储层涌水量影响评价

1. 评价指标

回灌对涌水量的影响程度用回灌前后的单位涌水量的变化率B进行评价。

$$B=(q_{采}-q_{灌})/q_{采}\times 100\% \tag{7-2}$$

式中，$q_{采}$、$q_{灌}$分别为回灌前、后的单位涌水量，$m^3/(h\cdot m)$。

利用回灌井在成井时或回灌前开展的抽水试验成果资料确定回灌前的单位涌水量，利用回灌井在回灌后回扬的抽水试验成果资料确定回灌后的单位涌水量。

$$q_{采}=Q_{涌}/S_{降} \tag{7-3}$$

$$q_{灌}=Q_{回涌}/S_{回降} \tag{7-4}$$

式中，$Q_{涌}$、$Q_{回涌}$分别为回灌前、后的涌水量，m^3/h；$S_{降}$、$S_{回降}$分别为回灌前、后的抽水试验降深，m。

回灌对热储层涌水量影响评价分级标准见表7－3。

表7-2　地热尾水回灌前后水质对比一览表

位置	日期	井别	项目	质量浓度/(mg/L)													pH	矿化度/(mg/L)
				K^+	Na^+	Ca^{2+}	Mg^{2+}	NH_4^+	Fe^{3+}	Fe^{2+}	Cl^-	SO_4^{2-}	HCO_3^-	F^-	游离CO_2	可溶SiO_2		
商河县旭润新城小区	2014	回灌井	回灌前	15.0	3000	505.01	88.70	13.75	0.06	0.2	4856.65	888.56	140.35	0.75	6.8	25	7.6	9535.03
			回灌后	17.5	3050	513.02	92.34	14.50	0.06	0.2	4892.10	910.17	164.75	0.75	9.06	25	7.6	9681.43
		开采井	回灌前	30.0	3775	651.30	111.78	17.5	0.59	0.09	6646.88	706.04	152.55	0.75	26.43	31.24	6.9	12127.48
			回灌后	32.5	3850	661.32	116.64	17.5	0.77	0.23	6735.50	725.25	170.86	0.75	27.19	32.50	6.9	12347.34
平原县魏庄社区	2013—2014	回灌井	回灌前	7	1540	108.22	30.38	1.16	0.59	0.26	1591.70	1255.98	237.98	2.12	4.41	11.25	8.2	4788.39
			回灌后	11	1635	138.57	23.65	1.18	0.64	<0.09	1666.15	1095.60	251.32	1.50	8.81	14.75	7.9	5007.93
		开采井	回灌前	7	1540	132.26	19.44	1.6	<0.08	<0.08	1928.48	958.2	268.49	1.50	4.41	14.38	8.2	4872.19
			回灌后	7	1640	140.28	23.08	1.8	<0.08	<0.08	1953.30	1027.84	305.10	1.75	8.81	14.38	8.2	5115.87
鲁北院办公地	2014—2015	回灌井	回灌前	13	1680	70.14	41.31	1.3	0.48	0.06	2144.72	631.59	262.39	1.50	13.6	35.00	8.0	4882.81
			回灌中	12	1580	104.21	21.87	1.3	1.80	0.20	2091.55	619.59	237.98	0.75	—	17.50	8.4	4696.40
			回灌后	10	1650	112.22	21.87	1.1	1.15	<0.08	2144.72	754.07	274.59	0.50	4.53	15.62	8.1	4986.56
		开采井	回灌前	12	1600	88.18	42.52	0.95	1.80	0.7	2095.10	703.64	237.98	1.25	9.06	32.50	8.2	4816.62
			回灌中	12	1580	108.22	31.59	1.30	1.80	0.2	2119.91	734.86	256.28	0.50	9.06	19.38	8.1	4867.67
			回灌后	11	1640	110.22	29.16	1.30	0.32	<0.08	2242.21	775.68	219.67	1.50	36.26	13.75	8.1	5045.22

续表

位置	日期	井别	项目	质量浓度/(mg/L)													pH	矿化度/(mg/L)
				K^+	Na^+	Ca^{2+}	Mg^{2+}	NH_4^+	Fe^{3+}	Fe^{2+}	Cl^-	SO_4^{2-}	HCO_3^-	F^-	游离CO_2	可溶SiO_2		
示范基地	2016—2017	回灌井	回灌前	13.07	1743	101.70	20.52	1.0	<0.04	—	2157.60	654.61	229.06	1.16	4.23	—	7.91	4980.82
			回灌后	11	1600	106.21	23.09	0.9	1.55	<0.08	2144.73	653.21	231.88	1.25	5.79	9.75	8.20	4785.53
			回灌前	14.44	1732	102.40	20.43	1.20	0.06	—	2218.93	654.61	214.44	1.32	4.23	—	7.98	4988.17
		开采井	回灌初期	11.00	1560	92.18	25.52	0.95	0.12	<0.08	2144.73	648.41	134.24	1.25	—	9.50	8.40	4652.76
			回灌中期	12.00	1600	88.18	35.24	0.90	0.20	<0.08	2134.09	629.19	195.26	1.50	—	9.75	8.40	4719.01
			回灌末期	12.00	1620	108.22	24.30	0.95	0.44	<0.08	2141.18	662.81	225.77	1.75	5.79	11.25	8.10	4809.78

表 7-3　回灌对热储层涌水量影响评价分级标准表

分级标准/%	>5	2~5	<2
影响程度	严重影响	轻微影响	不影响

2. 回灌对热储层涌水量影响评价

依据在山东省砂岩热储地热尾水回灌示范基地、鲁北院办公地分别在回灌前、回灌后取得的非稳定流抽水试验数据来评价回灌对热储层涌水量的影响。

（1）山东省砂岩热储地热尾水回灌示范基地非稳定流抽水试验

本次试验分别在回灌前后利用回灌井为抽水井、开采井为观测井进行非稳定流抽水试验，回灌井与开采井直线距离为 180 m，试验数据见表 7-4。

表 7-4　山东省砂岩热储地热尾水回灌示范基地非稳定流抽水试验数据一览表

试验阶段	降深/m	流量/(m^3/h)	单位涌水量/[$m^3/(h \cdot m)$]	单位涌水量的变化率/%
回灌前	14.50	76.31	5.26	14.3
回灌后	16.42	74.00	4.51	

（2）鲁北院办公地非稳定流抽水试验

鲁北院办公地分别在 2014—2015 年供暖季和 2015—2016 年供暖季进行了两次回灌试验，其采用的回灌设备及回灌方法相同，回灌试验前后均开展了非稳定流抽水试验，抽水孔与观测孔的取水层位相同，均为馆陶组，抽水井均为回灌井，观测井均为开采井，两井直线距离均为 172 m，试验数据见表 7-5。

表 7-5　鲁北院办公地回灌试验前后非稳定流抽水试验数据一览表

试验日期	试验阶段	降深/m	流量/(m^3/h)	单位涌水量/[$m^3/(h \cdot m)$]	单位涌水量的变化率/%
2014 年 11 月—2015 年 3 月	回灌前	10.68	83.00	7.77	36.4
	回灌后	11.74	58.00	4.94	
2015 年 11 月—2016 年 3 月	回灌前	8.65	70.53	8.15	59.0
	回灌后	14.27	47.72	3.34	

(3) 评价结果

根据表 7 - 4、表 7 - 5 可知,回灌前后单位涌水量的变化率分别为14.3%、36.4%、59.0%,说明回灌对热储层的涌水量造成了很大的影响。

7.1.3 回灌对热储层损害评价

1. 评价指标

热储层损害是指在地热回灌过程中因岩石孔隙通道缩小或物理、化学、生物堵塞而造成回灌井的渗透性能降低的现象,可以根据回灌前后回灌井的渗透系数的比值进行判断。

砂岩热储回灌过程中容易发生堵塞,进行科学的操作方可避免。根据堵塞的位置不同,可分为回灌井堵塞和热储层堵塞,其中回灌井堵塞一般影响不到热储层。当热储层发生堵塞时,如果可以消除,那么对热储层的影响较小;如果不能消除,那么就对热储层产生了损害,其损害的程度须通过抽水试验来确定。

当回灌后的渗透系数(k_r)大于回灌前的渗透系数(k_e)时,则可以认为热储层改良了。但根据国内外及笔者所在单位以往的工作经验,地热井的回灌能力随着回灌时间的延续是降低的,即热储层出现损害。因此,当回灌后的渗透系数小于回灌前的渗透系数时,判断为热储层损害,损害程度用 k_r/k_e来判断。当 $0.8 \leqslant k_r/k_e < 1$ 时,轻度损害,可通过适当回扬来解决;当 $0.5 \leqslant k_r/k_e < 0.8$ 时,中度损害,可通过长时间回扬或酸洗来解决;当 $k_r/k_e < 0.5$ 时,严重损害,须对回灌井进行酸洗及长时间回扬。

一般求取热储层的渗透系数有两种方法,一是主井稳定流抽水,二是非稳定流抽水。前者主要反映开采井的渗透系数,后者则反映开采井及观测井间含水层的渗透系数。而地热回灌的过程中,热储层的损害往往发生在回灌井周边的热储层中。

2. 回灌对热储层损害评价

如前所述,本次仍然依据在山东省砂岩热储地热尾水回灌示范基地和鲁北院办公地分别在回灌试验前、回灌试验后开展的非稳定流抽水试验数据(表 7－6)来评价回灌对热储层的损害程度。

表 7－6　回灌试验前后非稳定流抽水试验渗透性能参数一览表

试验日期、地点	试验阶段	主井稳定流抽水		非稳定流抽水(观测孔)			
		渗透系数/(m/d)	k_r/k_e	导水系数/(m^2/d)	渗透系数/(m/d)	弹性释水系数/($\times10^{-4}$)	k_r/k_e
2016 年 11 月—2017 年 4 月示范基地回灌试验	回灌前	0.833	0.86	948.5	7.78	2.82	0.88
	回灌后	0.719		837	6.86	2.84	
2014 年 11 月—2015 年 3 月鲁北院办公地回灌试验	回灌前	1.323	0.62	2.22	1.37	1.64	0.97
	回灌后	0.825		2.15	1.33	1.35	
2015 年 11 月—2016 年 3 月鲁北院办公地回灌试验	回灌前	1.35	0.41	2.07	1.39	1.08	0.90
	回灌后	0.558		1.87	1.25	1.35	

从表 7－6 可知,回灌后,根据观测孔计算的渗透性能参数均有减小趋势,但减小程度不大,$k_r/k_e=0.88\sim0.97$;根据抽水主井计算的渗透系数明显减小,$k_r/k_e=0.41\sim0.86$。这说明回灌对热储层的损害主要发生在回灌井周围,在回灌井周边产生了中度至严重的损害,使其渗透性能降低。因此,在回灌结束后,对回灌井进行充分的回扬是十分必要的。

7.1.4　回灌堵塞评价

1. 评价指标

根据回灌量、回扬量与水位的关系,分析、判别回灌井的堵塞情况。在回灌过程中,若回灌井水位突然上升或连续上升、回扬时的动水位突然下降或连续下降,不能稳定在某一标高,则可认为回灌井堵塞。

引入堵塞比这一概念来判断堵塞的发展程度。堵塞比(ε_s)是回灌末期的单位回灌量与回灌初期的单位回灌量之比。其判别依据:在一个回灌期内,当 $\varepsilon_s\geqslant0.6$ 时,为轻度堵塞;当 $0.3<\varepsilon_s<0.6$ 时,为中等堵塞;当 $\varepsilon_s\leqslant0.3$ 时,为严重堵塞。

2. 回灌堵塞评价

依据山东省以往开展的地热尾水回灌试验,计算堵塞比(表7－7)。由表7－7可知,回灌对热储层产生了轻度至中等堵塞。

表7－7 各回灌井回灌后期堵塞程度

项　目	初期单位回灌量/[m^3/(h·m)]	末期单位回灌量/[m^3/(h·m)]	堵塞比	堵塞评价
鲁北院办公地地热尾水回灌试验	2.50	1.83	0.73	轻度
平原县魏庄地热尾水回灌试验	11.62	5.88	0.51	中等
商河县旭润新城小区回灌井	2.49	2.21	0.89	轻度
砂岩热储地热尾水回灌示范工程	0.39	0.36	0.92	轻度

堵塞评价是回灌过程监测的一项重要内容,可以判断回灌是否通畅。如果产生了轻微堵塞,应及时地进行回扬处理。

砂岩热储地热尾水回灌示范基地2017年供暖季回灌试验前对回灌井进行回扬时发现,回扬初期地热流体较为浑浊,呈褐色—黑褐色,2 h后逐渐清澈。但回扬水量明显减小,静水位为76 m、降深为16.4 m时出水量为42.96 m^3/h,单位涌水量为2.62 m^3/(h·m),远小于成井时的单位涌水量6.41 m^3/(h·m)(静水位为64.6 m,降深为14.38 m,涌水量为92.24 m^3/h),说明回灌井产生了堵塞;伴随着继续回扬,48 h后回灌水量有增大,降深为18.2 m时,出水量达70.06 m^3/h,单位涌水量为3.85 m^3/(h·m),水温为46 ℃。经过一个供暖季的生产性回灌试验,发现回灌过程中回灌量随着回灌压力的增加而增加,回灌量较为稳定时,回灌压力也趋于稳定,回灌量轻微变化对回灌压力基本没有影响,说明回灌量稳定,回扬可以使热储含水层变得通畅。2018年3月25日至3月30日为回灌试验后回扬。回灌井潜水泵位置为106 m,静水位为85.42 m。回扬时水量明显减小,潜水泵出现掉泵情况。后更换潜水泵扬程至120 m,以保证大流量回扬,彻底洗清回灌井。24 h后出水量有增大趋势,48 h后出水量基本稳定,动水位为103.2 m,降深为17.78 m时,出水量达 65 m^3/h,单位涌水量为 3.656 $m^3/(h \cdot m)$,水温为 46 ℃,基本达到了回灌前的出水能力。通过回扬前后井下测温数据对比发现,本次回扬对热储层具有明显扰动作用,回灌段测温曲线变化明显,亦说明回扬使得热储含水层变得通畅。

7.1.5 回扬疏通评价

回灌工作结束后,应当对回灌井进行回扬洗井,抽出在回灌期间堵塞在回灌井滤水管管网处的细小颗粒及沉淀物,防止堵塞物在滤水管管网处淤积堵塞,以延长回灌井的使用寿命。回扬对热储层的疏通情况可采用疏通比来评价。疏通比(ε_d)是回扬末期的单位涌水量与回灌前的单位涌水量的比值,是指通过回扬疏通以恢复回灌热储层的回灌能力。其判别依据：当 $\varepsilon_d \geqslant 0.8$ 时,疏通情况良好;当 $0.5 \leqslant \varepsilon_d < 0.8$ 时,疏通情况中等;当 $\varepsilon_d < 0.5$ 时,疏通情况较差。

依据在山东省砂岩热储地热尾水回灌示范基地和鲁北院办公地分别在回灌前、回灌后开展的非稳定流抽水试验数据进行回灌疏通评价(表 7－8)。

表 7－8 回扬疏通评价表

试验日期、地点	试验阶段	降深/m	流量/(m^3/h)	单位涌水量/[$m^3/(h \cdot m)$]	疏通比	疏通评价
2016 年 11 月—2017 年 4 月砂岩热储地热尾水回灌示范基地回灌试验	回灌前	14.50	76.31	5.26	0.86	良好
	回灌后	16.42	74.00	4.51		
2014 年 11 月—2015 年 3 月鲁北院办公地回灌试验	回灌前	10.68	83.00	7.77	0.64	中等
	回灌后	11.74	58.00	4.94		
2015 年 11 月—2016 年 3 月鲁北院办公地回灌试验	回灌前	8.65	70.53	8.15	0.41	较差
	回灌后	14.27	47.72	3.34		

由表 7－8 知,砂岩热储地热尾水回灌示范基地回灌试验后进行回扬疏通回灌井,疏通比为 0.86,表明热储层疏通情况良好。而鲁北院办公地 2014—2015 年供暖季回灌的疏通比大于 0.64,第二次回灌后的疏通比小于 0.41,说明回灌井疏

通能力降低。2017 年 2 月，对回灌井进行井下电视观察，发现 1306 m（热储层）处有淤积物附着在滤水管上。为解决回灌井周堵塞问题，用回灌井中下入冲孔器对滤水管段进行冲洗，冲洗结束后，又进行了抽水，基本恢复至原单位涌水量。

另外还可以通过观察回扬过程中地热流体的颜色及含砂量来辅助判断热储层是否已经疏通。若回扬过程中地热流体的颜色由棕红色逐渐变浅，直至无色透明、水清砂净（图 7－1），同时单位涌水量恢复，则可以判断热储层已经疏通。

图 7－1　鲁北院办公地回灌井回扬水质照片

7.1.6　回灌对热储温度影响评价

1. 评价指标

地热回灌是将提取热量后的低温回灌水回灌至热储层中，回灌水温通常比原热储层流体温度低得多，因此把相对温度低得多的回灌水通过回灌井注入热储层中，势必引起热储层局部流体温度的降低甚至产生热突破，导致回灌工程失败。本次采用温度的变化率评价回灌对热储温度的影响。

$$\Delta T = (T_{初} - T_{后})/T_{初} \times 100\% \tag{7-5}$$

式中，ΔT 为温度变化率，%；$T_{初}$ 为回灌前开采井井口温度，℃；$T_{后}$ 为回灌后开采井井口温度，℃。

根据开采井热储温度变化，将回灌对热储温度的影响程度分为大、中、小三级，分级标准如表7－9所示。

表7－9 回灌对热储温度影响程度分级标准表

温度变化率/%	≥2	>1～<2	≤1
影响程度	大	中	小

2. 回灌对热储温度影响评价

2013—2020年供暖季，德城区、平原县、商河县等地开展的回灌试验均对地热供暖尾水回灌温度进行了动态观测（图7－2）。同时，示范工程2017—2018年供暖季回灌结束后，自2018年3月23日至10月20日共开展了9次回灌热储层段温度动态观测（图7－3）。根据观测数据分析评价回灌对热储温度的影响程度（表7－10）。

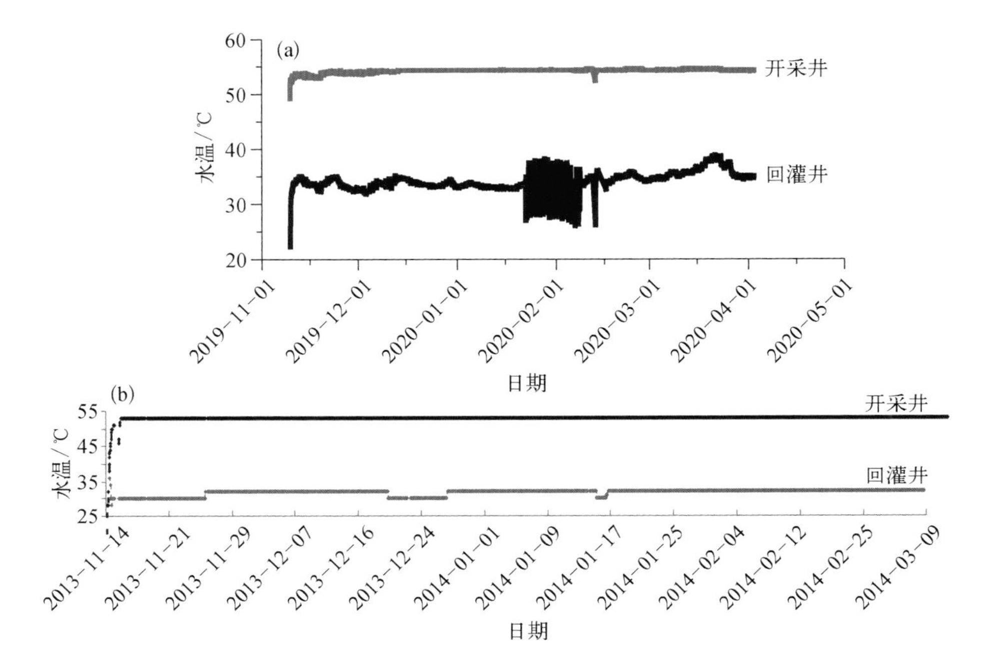

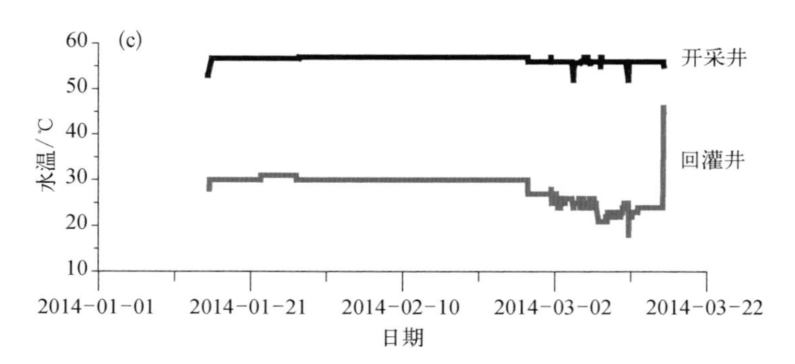

(a) 德城区;(b) 平原县;(c) 商河县

图7-2 地热供暖尾水回灌温度动态曲线

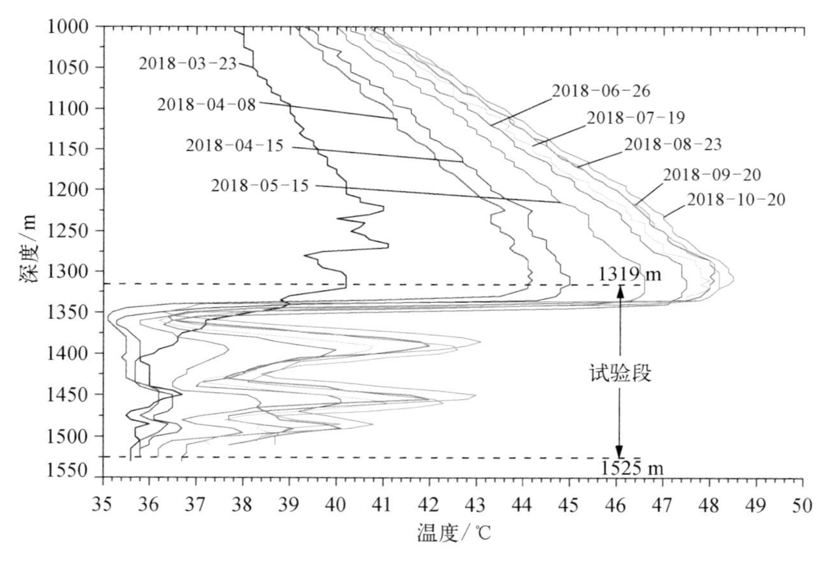

图7-3 示范工程回灌热储层段温度动态曲线图

表7-10 回灌对热储温度影响程度评价表

位置	回灌前井口温度/℃	回灌后井口温度(热储温度)/℃	回灌水温/℃	采灌井距/m	开采井井口水温变化率/%	影响程度
德城区	53	53	32	180	0	小
平原县	57	56.7	21~32	231	0.5	小
商河县	55	54.9	34.1	500	0.2	小

注：观测周期为一个供暖季。

（1）采灌井距为180~500 m时，回灌的低温地热尾水对开采井水温影响较小。由表7-10可知，历经一个供暖季的回灌，回灌水温为21~34.1 ℃，热储温度为53~56.7 ℃，开采井井口水温变化率为0~0.5%，回灌对热储温度的影响较小。但应当指出的是，该数据仅是一个供暖季的观测结果，随着回灌的逐年进行，应当持续观测开采井的井口水温，若变化率大于1%或温度降低大于1 ℃，则应调整回灌方案，如减小回灌量、增大回灌温度等，以防止产生热突破。

（2）回灌导致回灌井周边热储温度明显降低，并且恢复速率缓慢，历经一个非回灌期的温度恢复后仍未恢复到原热储温度。自2018年3月至11月，历经224 d的恢复，示范工程回灌井热储层段温度从35.75 ℃逐步升高至40.53 ℃（图7-4），11月15日后进入下一个回灌周期，远未恢复到原热储温度55 ℃，温度下降14.47 ℃，降幅达26.3%，这主要是热量补给不足造成的。热储温度恢复速率为0.036~0.022 ℃/d，恢复速率由快变慢直至基本稳定。据此推测，若不受人为干扰，按0.022 ℃/d的恢复速度估算，恢复到原热储温度，还需要658 d。回灌在回灌井周围形成一个冷水场，回灌井的水温回升直至恢复至热储温度所需时间较长。因此需要确定合理的采灌井距，以防止产生热突破。

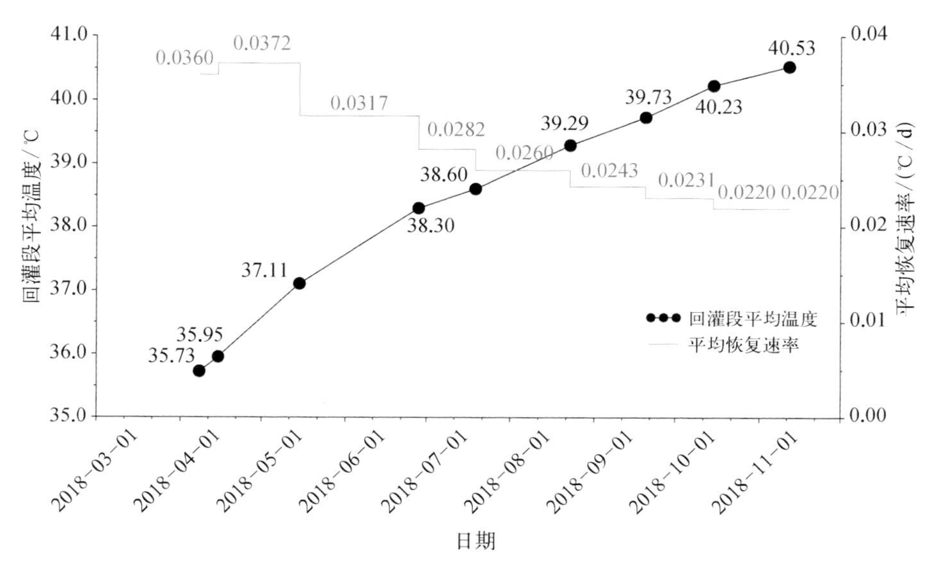

图7-4　示范工程回灌井热储层段平均温度与平均恢复速率曲线图

7.2 回灌效果评价

开展地热回灌试验或生产性回灌后,需要开展回灌能力评价,其目的是了解回灌井的回灌效果,并对不同回灌井以及同一回灌井在不同回灌时期的回灌效果进行比较,以判别回灌能力的大小。

7.2.1 评价指标

回灌量、回灌率、灌采比等都可以用来评价回灌效果。回灌量是指单位时间通过回灌井将利用后的地热流体回灌至热储层的水量。回灌率是指回灌至热储层的总水量与应进行回灌尾水量的比值,用于衡量回灌量的大小。灌采比是指回灌至热储层的总水量与开采井总开采量的比值,用于衡量灌采平衡情况。由此可以看出,上述指标侧重点不同,都只是相对的评价指标,因为回灌至热储层的水量还与回灌井的水位升幅有关,不同水位升幅对应的回灌量是不同的。为此,引入单位回灌量这一评价指标。

单位回灌量是指回灌井单位水位升幅对应的回灌量,可以定量反映回灌能力,单位回灌量越大,回灌效果越好,说明回灌能力越强。

$$P = Q_{灌}/S_{升} \tag{7-6}$$

式中,P 为单位回灌量,$m^3/(h \cdot m)$;$Q_{灌}$ 为回灌量,m^3/h;$S_{升}$ 为水位升幅,m。

基于单位回灌量的大小,将回灌效果划分为 3 个等级:当 $P<0.5\ m^3/(h \cdot m)$ 时,回灌效果较差;当 $0.5\ m^3/(h \cdot m) \leqslant P<1\ m^3/(h \cdot m)$ 时,回灌效果一般;当 $P>1\ m^3/(h \cdot m)$ 时,回灌效果较好。

7.2.2 回灌效果评价

通过分析、计算以往开展的砂岩热储地热尾水回灌试验的数据,平原县、商河县等地的单位回灌量均大于 1 m^3/(h · m),回灌效果较好,山东武城县的单位回灌量为 0.5~1 m^3/(h · m),回灌效果一般。

7.2.3 回灌效果影响因素分析

回灌效果的影响因素很多,包括回灌压力、回灌水温、回灌工艺等,这在目前开展的回灌试验也得到了证实。现根据以往开展的回灌试验进行对比分析。

1. 回灌压力影响

根据是否加压,地热回灌可分为自然回灌和加压回灌。在地热水位埋深较大的地区,其回灌空间较大,多采用自然回灌,当回灌水位到达井口后则需加压回灌。而对于水位埋藏较浅的地区,宜采用加压回灌。

德城区开展了两组馆陶组同层对井加压回灌,回灌水源为开采井原水,按压力由小到大分别进行了不同压段的回灌试验。由表 7 - 11 及回灌量与回灌压力关系曲线图(图 7 - 5)可以看出,回灌量与回灌压力呈正相关,即回灌量随回灌压力的增大而增大;单位压力回灌量则与回灌压力呈负相关,即单位压力回灌量随回灌压力的增大而减小。这说明回灌量增加的过程对回灌水位的影响相当于物理运动中的加速度的概念。也可以理解为随着压力的增大,回灌量增加的加速度在减小。回灌量增加的加速度等于零时的压力为最大压力,这时再增大压力,回灌量反而减小。

表 7 - 11　德城区有压地热回灌试验回灌压力与回灌量关系一览表

试验地点	日　期	回灌层位	回灌压力/MPa	回灌水温/℃	回灌量/(m^3/h)	单位压力回灌量/[m^3/(h · MPa)]
水文二队	2006 - 10 - 20—2006 - 10 - 28	馆陶组	0.10	51.2	7.1	71.000
			0.34	51.0	8.3	24.412
			0.45	50.9	10.2	22.667
			0.60	51.5	11.6	19.333
东建德州花园小区	2011 - 05 - 22—2011 - 05 - 29	馆陶组	0.16	52~55	16.86	105.375
			0.19		17.89	94.158
			0.22		18.92	86.000

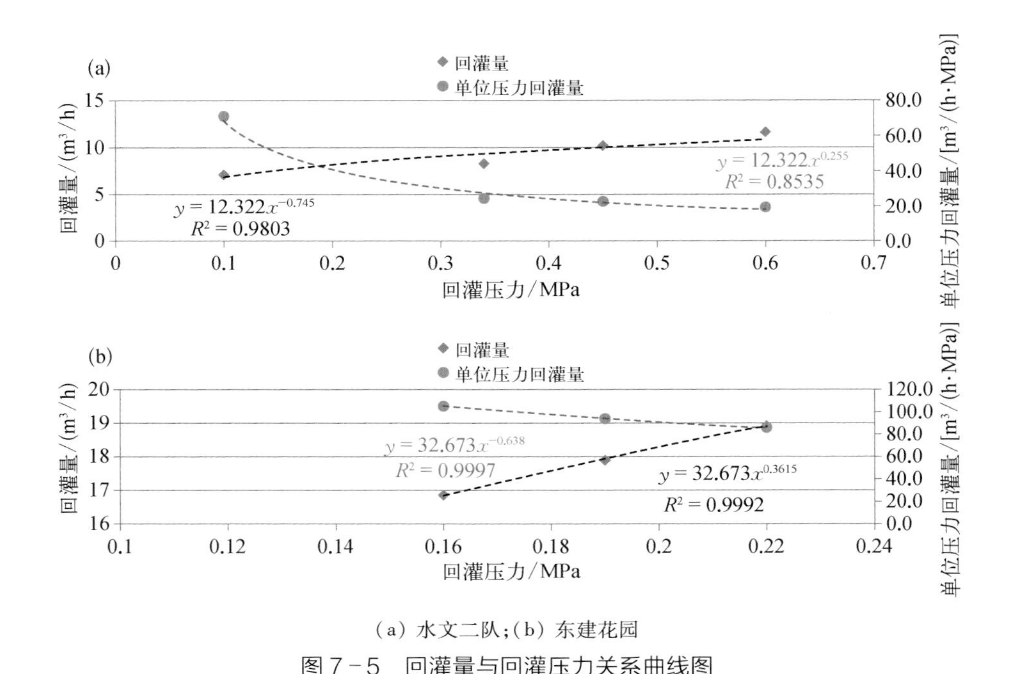

(a) 水文二队;(b) 东建花园

图 7-5 回灌量与回灌压力关系曲线图

此外,从平原县、商河县等地开展的馆陶组供暖地热尾水同层对井自然回灌来看(表 7-12),同样可以得出回灌量随回灌压力(水位升幅)的增大而增大(图7-6、图 7-7),单位回灌量随回灌压力(水位升幅)的增大而减小(图 7-8、图 7-9)的结论。

表 7-12 山东省首次地热尾水回灌试验水位升幅与回灌量关系一览表

试验地点	回灌日期	回灌层位	回灌压力/MPa	水位升幅/m	回灌量/(m^3/h)	单位回灌量/[m^3/(h·m)]
平原县魏庄社区	2013-11-14—2014-03-15	馆陶组	自然回灌	3.91	10.2	2.61
				9.23	23.0	2.49
				13.29	31.8	2.39
				20.60	42.3	2.05
商河县旭润新城小区	2014-01-15—2015-03-15	馆陶组	自然回灌	34.00	75.0	2.21
				25.12	66.0	2.63
				19.18	54.0	2.82
				16.21	43.0	2.65
				14.83	37.0	2.49

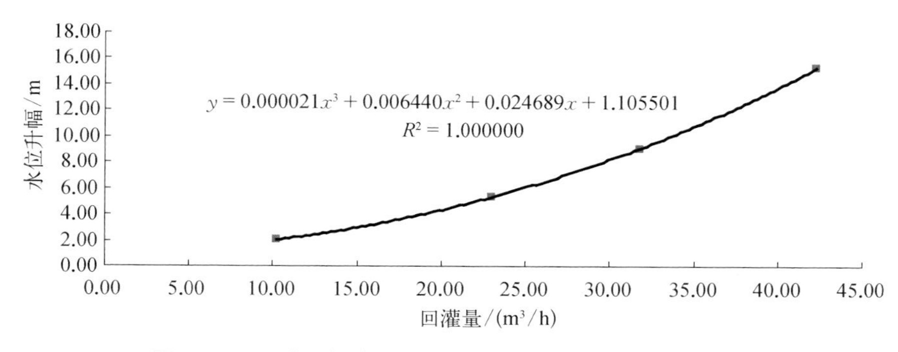

图7-6　回灌量与水位升幅回归曲线（平原县魏庄社区）

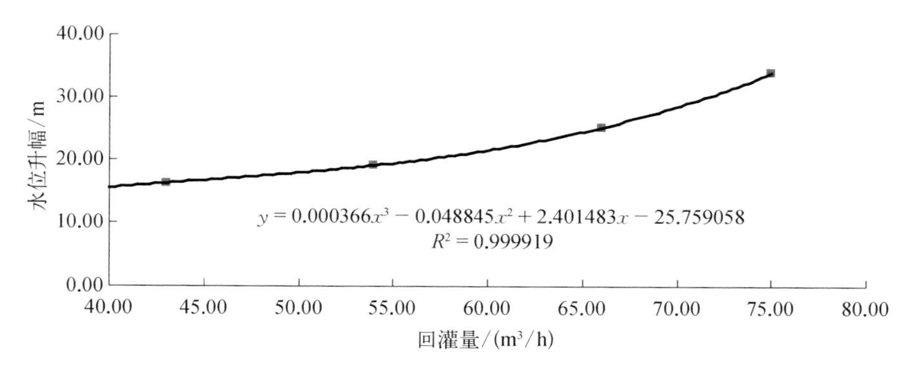

图7-7　回灌量与水位升幅回归曲线（商河县旭润新城小区）

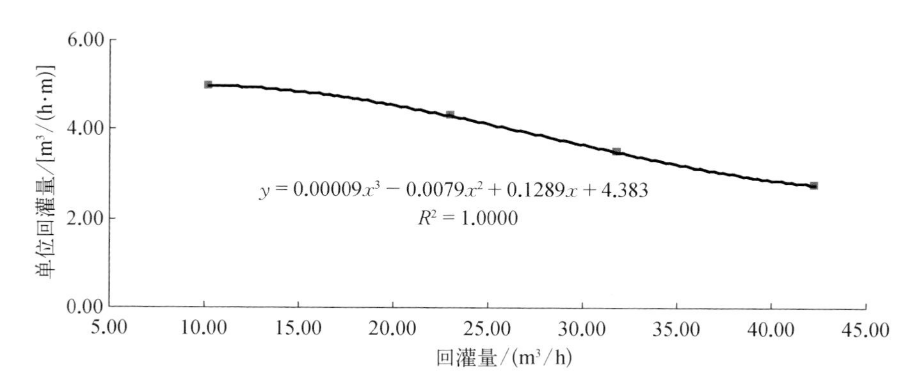

图7-8　回灌量与单位回灌量回归曲线（平原县魏庄社区）

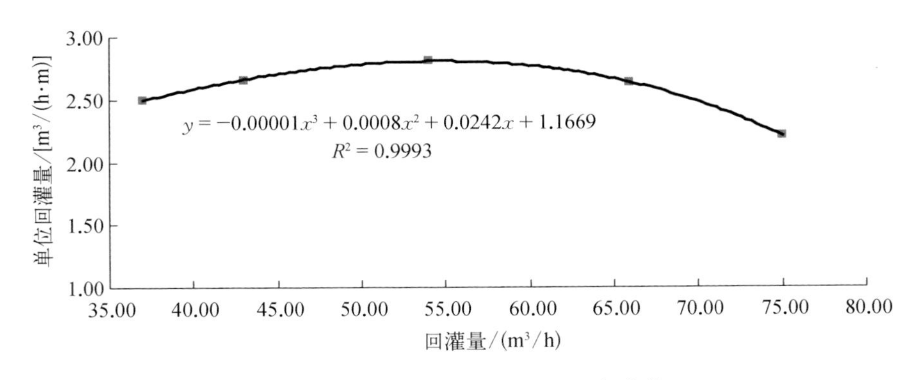

图 7-9 回灌量与单位回灌量回归曲线
(商河县旭润新城小区)

然而,从经济角度考虑,加压回灌增加了设备运行和维护的费用,作为可推广的回灌方案,不容易被认可和接受,因此自然回灌更为合理,便于推广。2012 年,平原县魏庄社区地热原水回灌表明,水位升幅为 28 m 的条件下,自然原水回灌量可达 70 m^3/h;2013 年,生产性回灌试验的整个供暖期在 37.6 m 允许水位升幅条件下,推测平均回灌量为 76.33 m^3/h;同年,商河县旭润新城水位升幅为 34 m 的条件下,自然尾水回灌量最大稳定回灌量可达 75 m^3/h;2014 年,鲁北院办公地地热回灌试验区域水位埋深为 50 m 的条件下,按泵管回灌时单位回灌量为1.83 $m^3/(h \cdot m)$,稳定回灌量约为 90 m^3/h。因此,根据区内试验现状,建议水位埋深在 50 m 以上时,采用自然回灌方式。

2. 回灌水温影响

山东省鲁北地质工程勘察院在平原县魏庄社区于 2012 年和 2013—2014 年的供暖季分别采用地热原水、尾水作为回灌水进行了试验(表 7-13)。因是同一套回灌井组进行的不同温度尾水回灌试验,故排除了含水层、井结构、地面净化设备等对回灌效果的干扰,即相同回灌量条件下,不同水温对应回灌水位升幅直接反映了回灌效果:水位升幅越小,回灌效果越好。根据表 7-13 绘制不同温度条件下水位升幅与回灌量的回归曲线(图 7-10)。

表7-13 平原县魏庄社区地热回灌试验基本情况一览表

2012年原水回灌试验				2013—2014年供暖季尾水回灌试验			
平均稳定回灌量/(m^3/h)	水位升幅/m	单位回灌量/[m^3/(h·m)]	回灌水温/℃	平均稳定回灌量/(m^3/h)	水位升幅/m	单位回灌量/[m^3/(h·m)]	回灌水温/℃
11.50	4.49	2.561	50~52	10.2	-2.70	-3.78	32
19.50	7.27	2.682	50~52	23.0	1.98	11.62	32
25.10	10.22	2.456	50~52	31.8	5.80	5.48	32
43.51	16.82	2.587	50~52	42.3	11.99	3.53	32

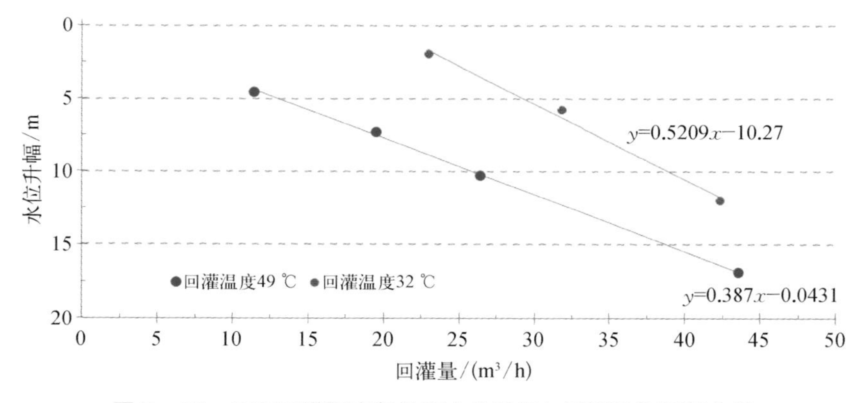

图7-10 不同回灌温度条件下水位升幅与回灌量的回归曲线

由图7-10可知,相同回灌量下,50~52℃地热水与32℃地热尾水相比,低温尾水相对回灌前水位升幅更小。分析其原因,地热水在不同温度下密度不同,相同水柱高度对回灌井底压力也不同。故通过公式 $p=\rho gh$ 可知,温度较低时,水的密度变大,对井底压力也变大,相当于增加了回灌压力,回灌效果也更好。从另一角度看,井底压力相同的情况下,水的密度大,对应的水柱高度相对较小,进而增大了水位埋深,给水位升高提供了空间。

综上说明,回灌水温越低,越利于回灌。

3. 回灌方式影响

根据回灌水的入井方式的不同,地热回灌分为环状间隙回灌和泵管回灌。

2014 年 11 月 12 日至 2015 年 3 月 12 日研究人员开展了供暖尾水自然回灌试验，分别进行了环状间隙回灌和泵管回灌，试验成果如表 7－14 所示。

表 7－14　鲁北院办公地地热回灌试验基本情况一览表

回灌方式	回灌水温度/℃	延续时间/min	平均稳定回灌量/(m^3/h)	单位回灌量/[m^3/(h·m)]
环状间隙	37	10024	4.47	2.49
环状间隙	38	4312	11.06	2.22
环状间隙	35	14408	14.96	2.37
泵管回灌	48	5082	43.68	1.83

通过对比发现，泵管回灌最大回灌量可达 43.68 m^3/h，而环状间隙回灌最大回灌量仅为 14.96 m^3/h，说明泵管回灌优于环状间隙回灌。

环状间隙进行回灌时水位呈持续上升趋势，回扬后，依然呈水位逐渐上升趋势，而泵管回灌时水位相对稳定。两种方式回灌提泵后，发现环状间隙回灌的泵管上覆红褐色黏稠物，分析原因为地热回灌尾水与空气充分接触，水中的 Fe^{2+} 容易氧化成为 Fe^{3+}，形成红褐色黏稠物。环状间隙回灌的主要优点是热水泵留在井内，便于回扬，可减少提下泵的次数；缺点是回灌中容易带入大量气体进入含水层，而受目前密封技术的限制，地热回灌尾水与空气充分接触，易形成红褐色黏稠物，堵塞滤水管，不利于回灌的进行。泵管回灌的主要优点是可以防止气体进入含水层，即泵管深入水面以下，能够有效地隔绝回灌水源与空气，能够有效地延长回灌稳定时间，例如：本次回灌试验保持水位稳定，不出现持续上升的时间可达 60 d 左右。

7.2.4　成井工艺影响

1. 成井工艺

结合国内外回灌经验以及对比区内以往回灌试验，回灌井的成井结构和工艺对回灌效果有很大的影响。以往回灌试验均采用区内已有的地热井作为回灌井，未采用填砾成井工艺，回灌率低，堵塞严重。如 2011 年 5 月在德州市东建德州花园小区进行的回灌试验，同为原水回灌条件下，水位升幅为 28 m 时，回灌量为 11.21 m^3/h，远远低于 2012 年平原县魏庄社区采用填砾成井工艺回灌井 70 m^3/h 的回灌量，含水层内滤水管单位面积回灌量也明显偏小（表 7－15）。

表 7－15　不同成井工艺对回灌影响对比表

回灌时间	试验地点	成井工艺	水位升幅/m	对应回灌量/(m^3/h)	滤水管直径/mm	滤水管在含水层有效长度/m	单位面积的回灌量/[m^3/(h·m^2)]
2011 年	德州市东建德州花园小区	未填砾	28	11.21	177.8	87.97	0.2436
2012 年	平原县魏庄社区	填砾	28	69.30	177.8	135.53	0.8625

2. 井型

根据井型的不同，成井可以分为直井和斜井。热储层段采用斜井完井，可以增大滤水管的过水断面，从而增大回灌量。

2013 年商河县旭润新城小区与 2015 年商河县泰和名都小区分别开展了回灌试验，回灌层位均为馆陶组热储层，两井的热储层岩性特征相近，均为细砂、中粗砂、砂砾岩，回灌井型分别为斜井和直井，成井结构如表 7－16 和图 7－11 所示。

表 7－16　商河县旭润新城小区与泰和名都小区回灌井成井结构及滤水管规格

试验地点及井型	井深/m	井径/mm	井管规格/(mm×mm)	滤水管长/m	取水范围/m	砂层累计厚度/m
商河县旭润新城小区回灌斜井	0.00～297.81	444.5	ϕ339.7×9.65	—	1178.60～1469.39	119.8
	297.81～1514.00	241.3	ϕ177.8×8.05	187.54		
商河县泰和名都小区回灌直井	0.00～257.75	500.0	ϕ339.7×9.65	—	1146.3～1393.3	156.8
	257.75～1413.26	450.0	ϕ177.8×8.05	150.70		

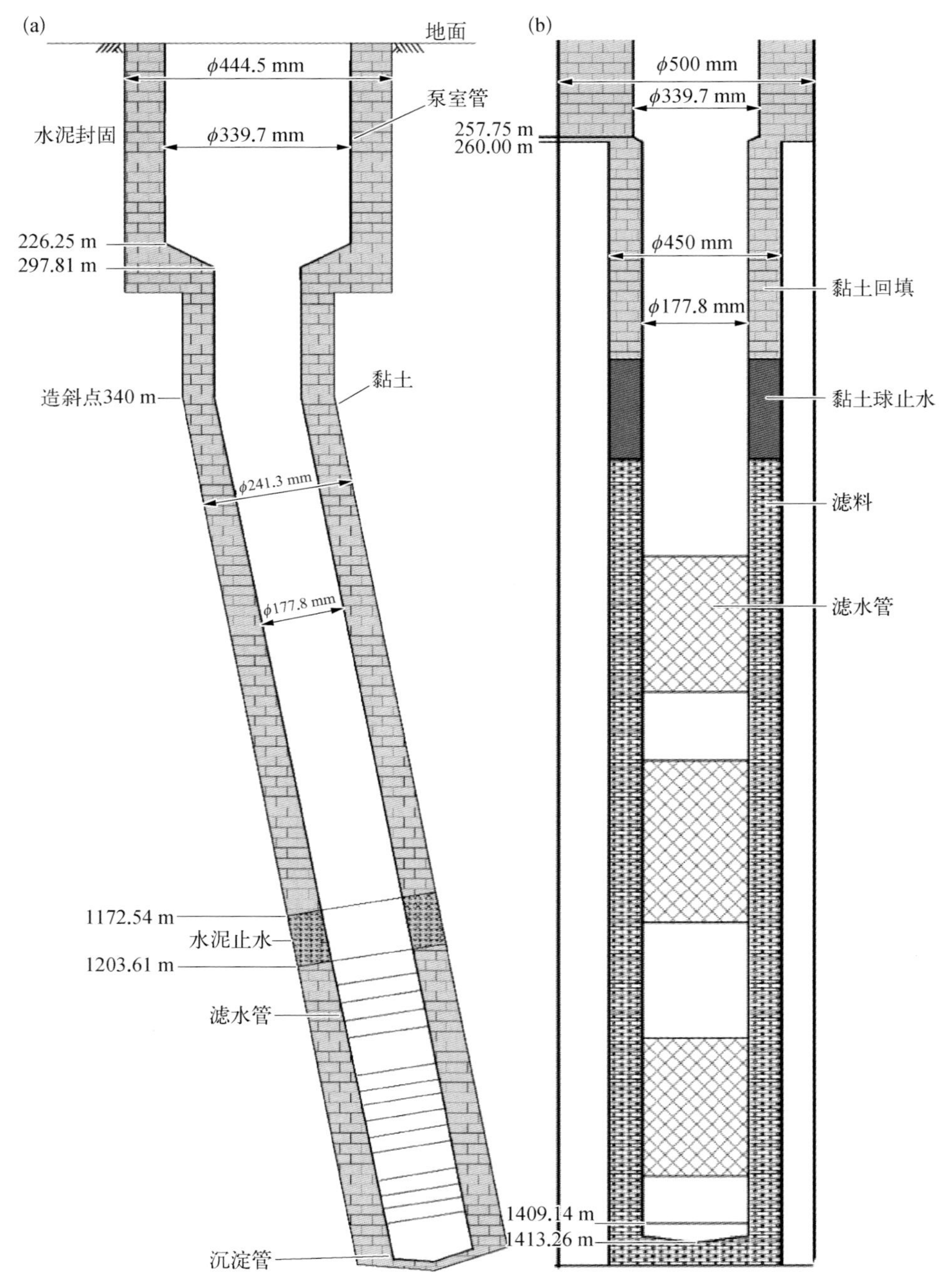

（a）商河县旭润新城小区回灌斜井；（b）商河县泰和名都小区回灌直井

图7-11 成井结构示意图

两次回灌试验均采用对井自然回灌，回灌中均加入了除砂器和过滤器等设备。商河县旭润新城小区与泰和名都小区回灌试验情况如表 7－17 所示。

表 7－17　商河县旭润新城小区与泰和名都小区回灌试验数据

试验地点及井型	回灌量/(m^3/h)	回灌井水位升幅/m	单位回灌量/[m^3/(h·m)]	回灌水温/℃
商河县旭润新城小区回灌斜井	75.00	34.00	2.21	30
	66.00	25.12	2.63	30
	54.00	16.21	2.81	30
商河县泰和名都小区回灌直井	74.67	49.35	1.51	32
	60.42	46.95	1.28	32

从表 7－16 和表 7－17 可看出，在回灌水温、热储层特征近似的情况下，商河县旭润新城小区回灌斜井单位回灌量为 2.21～2.81 m^3/(h·m)，而商河县泰和名都小区回灌直井单位回灌量为 1.28～1.51 m^3/(h·m)，说明斜井增大了热储层过水断面面积，进而可提高地热井的开采及回灌能力。

3. 取水段孔径

地热井取水段孔径越大，其取水的过水断面也越大。同时，回灌水透过回灌井进入热储层的灌量也越大。但受砂岩热储岩性特征影响，地热井在钻进过程中会出现缩径现象，且大口径钻探施工技术难度随钻进深度增加而增大。地热井的井深结构应根据钻进地层的岩性特征、钻进深度、取水量（回灌量）及施工技术的可行性等条件而定。

平原县魏庄社区于 2012 年进行了回灌试验，无棣五营于 2015 年进行了回灌试验，两者的回灌井地层和井结构参数，以及各自的回灌试验数据如表 7－18 所示。从表 7－18 可看出，平原县魏庄社区和无棣五营回灌井热储层岩性特征，如孔隙度、胶结程度、渗透率等相近，两井均采用大口径填砾成井工艺，两者的取水段孔径分别为 444.5 mm 和 400 mm，滤水管直径均为 177.8 mm。平原县魏庄社区单位回灌量为 3.53～11.61 m^3/(h·m)，而无棣五营单位回灌量为 2.32～3.93 m^3/(h·m)，说明增大回灌井取水段孔径或者提高取水段孔径与滤水管直径的比例，可增大回灌井的过水断面面积，提高回灌井的回灌效能。

表 7-18 回灌井成井结构及回灌效果对比表

试验地点	平原县魏庄社区	无棣五营
热储层	馆陶组	馆陶组
岩 性	砂岩和砂砾岩	粗砂岩和砂砾岩
胶结程度	较差	较差
孔隙度/%	32.51	33.62
渗透率均值/($\times10^{-3}$ μm^2)	402	475
井深/m	1400	1503.51
成井温度/℃	55	51
最大出水量/(m^3/h)	84.25	112.78
成井工艺	大口径填砾	大口径填砾
滤水管	单层筛管	单层筛管
缠丝间距/mm	0.55~0.60	0.6~0.7
滤水管直径/mm	177.8	177.8
滤水管总长度/m	135.53	160.34
取水段孔径/mm	444.5	400
回灌水温/℃	49~50	52~53
回灌量/(m^3/h)	23.0~42.3	57.0~81.6
回灌水位升幅/m	1.98~11.99	14.5~35.1
单位回灌量/[m^3/(h·m)]	3.53~11.61	2.32~3.93

综上所述，回灌井成井工艺是影响回灌量的重要因素之一，可采取增大滤水管直径、斜井结构等方式来增大滤水管与含水层的有效接触面积，或采取增大滤水管的孔隙度、滤水管外不缠丝或增大缠丝间距的方式来增大滤水管的渗透性能，从而增强地热井回灌能力。但目前山东省地热井多为直井，且热储砂岩胶结

程度一般,为减小热储层砂岩颗粒对地热井的破坏,延长地热井使用寿命,滤水管须进行包网缠丝。

7.2.5 热储岩性影响

对地热尾水进行深部回灌实质上是热流体的压缩。热储层的地层岩性、岩土颗粒粒径、地层的孔隙度和渗透性对回灌能力起着重要作用。基岩热储回灌率相对较高,构造复杂程度、岩溶裂隙的发育程度、回灌空间等是影响基岩热储回灌的主要因素。砂岩孔隙型热储回灌率低的主要原因为回灌堵塞严重。理论上,砂岩热储厚度、颗粒粒径和孔隙度越大,渗透性越好,越利于回灌。

选择相同成井工艺、回灌工艺条件下的不同热储层岩性的回灌试验进行分析(图7-12)。其中一组试验为2013—2014年在平原县魏庄社区进行的地热尾水回灌试验,回灌井为区内首眼大口径填砾地热回灌井;另一组为2014年供暖季在德州市城区进行的地热尾水回灌试验,回灌井为区内第二眼大口径填砾地热回灌井。两组回灌试验井结构与回灌工艺相同,但平原县魏庄社区回灌井对应馆陶组热储岩性为砂砾岩,孔隙度为32.51%;德州市城区地热回灌井对应馆陶组热储层岩性为中砂岩,孔隙度为26.90%。将相同水位升幅条件下的单位回灌量进行比较(表7-19),可以看出热储层岩石孔隙度大的平原县魏庄社区回灌能力更强。试验结论与理论一致,即砂岩热储层颗粒粒径和孔隙度越大,回灌能力越强。

表7-19 不同热储层岩性回灌量对比表

试验地点	孔隙度/%	水位升幅/m	回灌量/(m^3/h)	滤水管直径/mm	滤水管在含水层有效长度/m	单位面积的回灌量/[m^3/(h·m^2)]	单位回灌量/[m^3/(h·m)]
平原县魏庄社区	32.51	20.3	42.30	177.8	135.53	0.55876	2.084
德州市城区	26.90	20.3	37.69	177.8	172.69	0.39073	1.857

(a)

地质时代	层底深度/m	地质-水文地质描述
新近纪馆陶组(Nr)	1013.50	泥岩：灰黄色—棕黄色，质纯，性硬
	1047.20	细砂岩与泥岩互层：细砂岩为灰色、灰白色，主要成分为石英、长石，分选差、磨圆一般。泥岩为棕红色夹灰色，性软，可塑，含钙核
	1104.60	泥岩：灰黄、棕黄色—棕红、棕褐色，夹灰白—灰绿色团块。性硬，含钙核
	1111.70	砂砾岩：以灰白色为主，成分以石英为主
	1130.70	泥岩：棕红色夹灰绿色，质不纯，性硬
	1161.50	砂砾岩：杂色，成分以石英、长石为主
	1174.50	泥岩：灰绿色夹棕红色，质纯，性硬
	1217.40	砂砾岩：杂色，以灰白、灰色为主。质纯，性硬
	1239.80	泥岩：灰绿色夹棕红色，质纯，性硬
	1257.80	砂砾岩：以灰白、灰色为主，成分以石英、长石为主，颗粒呈次棱角—次圆状
	1298.30	泥岩：灰绿色夹棕红色，质纯，性硬
	1348.20	凝灰岩：灰黑色—黑色，富水性极差
	1367.30	泥岩：棕红色质不纯，性硬，含砾石
	1378.50	细砂岩：灰白色，主要成分为石英、长石
	1393.30	底砾岩：灰色、灰白色，主要成分为石英、长石。砾径较大，多在10 mm以上
古近纪东营组(Ed)	1418.30	泥岩：棕红色质不纯，性硬，含砾石
	1477.20	泥质砂岩：浅灰、灰白色，主要成分为石英、长石。质不纯，泥质含量较高

成井结构 深度/m：1108.10、1128.10、1161.72、1173.44、1218.55、1241.11、1264.38、1320.99、1332.17、1366.85、1389.20、1400.75、1410.14

剖面图：黏土止水段；黏土球止水段；填砾段；2445 mm

深度/m：1100、1200、1300、1400、1500

(b)

地质时代	层底深度/m	地质-水文地质描述
新近纪明化镇组(Nm)	1013.40	泥岩：黄褐色夹棕红色，质纯，性软
	1022.30	细砂岩：灰白色，分选及磨圆一般
	1043.40	泥岩：黄褐色夹棕红色，质纯，性软
	1051.00	细砂岩：灰白色，主要成分石英、长石
	1098.10	泥岩：黄褐色夹棕红色，质纯，性软，含钙核
	1104.60	细砂岩：灰白色、主要成分石英，分选及磨圆一般
	1163.40	泥岩：黄褐色夹棕红色，质纯，性软
	1168.80	细砂岩：灰白色，主要成分石英、长石
	1204.90	泥岩：黄褐色夹棕红色，质纯，性软，含钙核
	1208.90	细砂岩：灰白色，主要成分石英、长石
	1222.40	泥岩：棕红色，质纯，性软
	1227.90	细砂岩：灰白色，主要成分石英、长石
		泥岩：棕红色夹绿色，质纯，性软。其中1285.8~1288.8 m夹细砂岩
新近纪馆陶组(Nr)	1311.40	细砂岩：浅灰、灰白色，主要成分石英、长石，分选及磨圆中等
	1335.90	泥岩与细砂岩互层：泥岩棕红色夹绿色，质纯，性软 细砂岩：灰白色，主要成分石英、长石，分选及磨圆一般
	1386.00	中砂岩：浅灰、灰白色，主要成分石英、长石，分选及磨圆中等。其中1339.3~1340.4 m、1346.6~1348.9 m夹泥岩
	1413.00	泥质砂岩：砂岩以灰白色为主，主要成分为石英、长石，分选及磨圆一般；泥岩为棕红色
	1494.40	中砂岩：浅灰、灰白色，主要成分为石英、长石，分选及磨圆中等
古近纪沙河街组(Es)		泥岩：灰色夹紫色，质纯，性硬

成井结构 深度/m：1293.99、1385.58、1409.11、1490.21、1501.95、1504.00

剖面图：黏土球止水段；投砾段

深度/m：1200、1300、1400、1500

(a) 首眼大口径填砾地热回灌井(平原县魏庄社区)；(b) 第二眼大口径填砾地热回灌井(德州市城区)

图7-12　两眼大口径填砾地热回灌井地层柱状图

第8章

回灌条件下地热水可持续开采量计算

随着砂岩热储开采量的持续增大,地热井出现压力(水位)下降、单井涌水量降低、抽水耗能增加等问题,制约了地热资源的可持续开发利用。因此,地热资源可持续开采量的计算评价和可持续开采解决方案是我国地热界亟须解决的问题。

8.1 地热水可持续开采量的概念

基于地热水大规模开采后的长期动态响应,包括热储层压力(水位)、温度、水质动态变化和生态环境影响等,本书提出理论意义上的地热水可持续开采量定义。地热水可持续开采量(sustainable yield, SY)是指长期开采条件下不会引发以下问题的开采量:(1)热储层压力(水位)持续下降、低于最大允许水位埋深;(2)地热水水温持续下降、低于最低允许水温;(3)地热水水质持续淡化、失去医疗价值;(4)干扰已有地热井的正常开采;(5)单井抽水量明显减少、耗能急剧增加;等。

为了提高可持续开采量的实用性,增强其计算评价的具体可操作性,本书提出可实际应用的地热水可持续开采量的定义:地热水可持续开采量为地热水动水位埋深不超过最大允许水位埋深,即地热水位降深不超过最大允许水位降深条件下的最大允许开采量。其内涵包括以下几个方面。

(1)确定最大允许水位埋深和最大允许水位降深是计算评价可持续开采量的先决条件——几乎所有地热水开采诱发的水温降低、水质淡化、产能减少、耗能增加、影响已有地热井正常开采等问题皆由地热水水位降深过大而导致。因此,地热水位埋深是否超过最大允许水位埋深、水位降深是否超过最大允许水位降深是判别地热水开采是否具有可持续性的最直接、最根本的指标。这也如 Hirsch 在 *Ground-Water-Level Monitoring and the Importance of Long-Term Water-Level Data*(Taylor and Alley, 2001)的序言中指出的:地下水位提供了地下水资源状态的最根本的指标(fundamental indicator),同时它也是地下水水量、水质评价以及地下水与地表水相互作用的一个临界值。

(2)地热水动态长期监测是准确确定最大允许水位埋深和最大允许水位降

深的最有效手段,因此,必须高度重视地热水动态的长期监测,并确保监测资料的连续性和系统性,即:除了监测地热水位外,还要监测与之密切相关的各个因素,包括水质、水温、开采量等。

换言之,地热水可持续开采量可理解为地热水位这个变量的函数,只有确定了最大允许水位埋深和最大允许水位降深,才可能求取可持续开采量。

8.2 可持续开采量的计算原则与计算步骤

可持续开采量的计算原则为水热均衡:一是水均衡,地热水水位不能持续下降,要保持动态稳定;二是热均衡,对井采灌及群井采灌模式下不能发生热突破,开采井水温要保持稳定。计算步骤如下。

1. 确定最大允许水位埋深和最大允许水位降深

对于已开发的地热田,根据长期动态监测资料,确定不产生危害性的生态环境问题和单井抽水量不明显减少、耗能不急剧增加条件下的最大允许水位埋深,进而确定相应的最大允许降深;对于尚未开发的地热田,根据群孔抽水试验确定不产生危害性的生态环境问题条件下的最大允许水位埋深,进而确定相应的最大允许降深。

2. 确定采灌井优化布局

基于水位降深相互干扰影响最小、不发生热突破与回灌量不衰减的约束条件,确定对井采灌及群井采灌模式下的合理采灌井距及采灌井优化布局。

3. 建立热储动态模拟模型

(1) 针对已大规模开发、积累了长期动态监测资料的地热系统,应利用开采量、回灌量和地热水水位、水质、水温长期动态监测资料,以最大允许水位降深和采灌井优化布局为约束条件,建立热储动态模拟模型,预测计算评价可持续开采量。

(2) 针对新勘探发现的地热系统,则应利用群孔抽水试验期间的开采量、回灌量和地热水水位、水质、水温动态监测资料,以最大允许水位降深和采灌井优化布局为约束条件,建立热储动态模拟模型,计算预测可持续开采量。

热储动态模拟模型包括集中参数模型(lumped parameter modelling)和数值模型(detailed numerical modelling)。基于水位(压力)、温度对开采量的长期动态响应而建立的集中参数模型具有建模高效、预测准确的特点,被广泛应用于已开发地热田可持续开采量的计算评价,下面主要介绍这一模型的原理、建模方法和应用实例。

8.3　集中参数模型

该方法适用于积累了长期动态监测资料的地热田。

8.3.1　原理

在建立地热田地热地质概念模型的基础上,采用集中参数模型模拟热储的温度和水位(压力)对不同采灌情境的响应。集中参数模型可用于模拟地热系统对不同开采量热储水位(压力)的响应,已经在中国、冰岛、中美洲、东欧、菲律宾、土耳其等多个国家和地区广泛应用。与需要大量野外数据的数值模型相比,集中参数模型的优势在于仅需要历年开采量及相应的水位(压力)响应数据即可。此外,它更简便,且可以在相对较短的时间内对热储的性质进行评估。

模拟地热系统的集中参数模型原理如图 8-1 所示,其包含有若干个储槽及若干个流动阻抗。流动阻抗模拟的是储层中受岩石渗透率控制的流动阻力。模型中流动阻抗的流导率 σ 取决于在压差 Δp 下单位时间传输的流体质量:$M = \sigma \cdot \Delta p$。储槽模拟了地热系统中不同位置热储的储蓄能力,储槽中的水位(压力)模拟了地热系统相应部分的水位(压力)。每个储槽具有储存系数(容量)κ,该参数取决于储槽负载质量为 Δm 的流体及此时增加的压差 $\Delta p = \Delta m/\kappa$。

模型中的第 1 个储槽用以模拟开采中热储最中心的区域,即开采井群所处的集中开采区;第 2 个储槽模拟热储集中开采区的较外部区域;第 3 个储槽则模拟了热储集中开采区的外部与深部区域,代表了热储外部和深部的补给。如果第 3

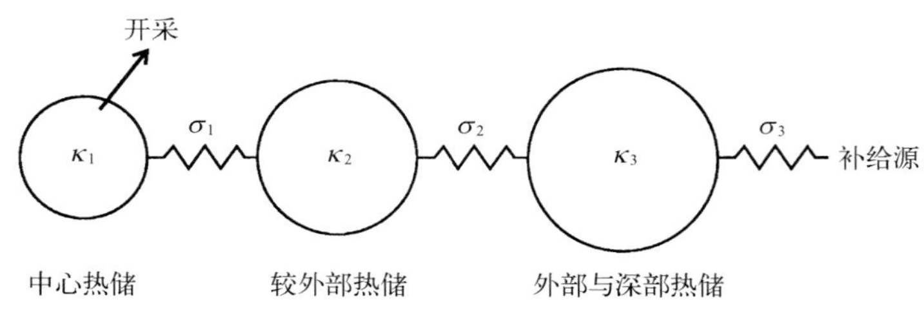

图 8-1 模拟地热系统的集中参数模型原理示意图

个储槽通过流动阻抗连接一个外部定水位补给源时，补给源为地热系统提供补给，图 8-1 的模型便是开放式模型。反之，若没有与外部定水位补给源相连接，即图 8-1 中的 $\sigma_3=0$，则被视为封闭式模型。开放式模型的特征是在历经一定时间的开采，水位（压力）下降到一定程度后，开采量与补给量最终能够达到平衡，水位（压力）保持相对稳定；相反，封闭式模型没有外部恒定补给源，地热水水位（压力）随着开采的持续进行而不断下降。地热水从第 1 个储槽中抽出，造成模型中水位（压力）的降低，这就模拟了实际地热系统中水位（水压）的响应。利用这种集中参数方法建立模型时，输入项是地热田的历时开采量，模拟的是地热田开采井的历时水位（压力）响应。利用非线性最小二乘迭代法拟合观测水位（压力），集中参数模型的参数初估后，在自动迭代过程优化改变，直至得到符合拟合精度要求的模型参数。在这里，不存在事先对热储性质和几何形状的假设。

储槽中的水位（压力）代表了地热系统中不同区域的水位或水压。水位（压力）从 $t=0$ 开始，对具有 N 个储槽的开放式集中参数模型开采时（开采量为 Q）的响应变化公式为

$$p(t)=p_0-\sum_{j=1}^{N}Q\frac{A_j}{L_j}[1-e^{-L_j t}] \tag{8-1}$$

同样，水位（压力）对具有 N 个储槽的封闭式集中参数模型开采时的响应变化公式为

$$p(t)=p_0-\sum_{j=1}^{N-1}Q\frac{A_j}{L_j}[1-e^{-L_j t}]-QBt \tag{8-2}$$

式中，系数 A_j、L_j、B 为模型中储槽的储存系数（κ_j）和流动阻抗的流导率（σ_j）的函数。

储槽的储存系数（κ_j）主要反映地热系统中不同热储部分即不同储槽的体积，

该参数主要与热储体积、孔隙度及热储压缩系数相关。流动阻抗的流导率(σ_j)反映地热流体的传输能力,该参数主要与热储渗透率、流体黏度和热储参数相关。

8.3.2 热储性质评估

建立的集中参数模型可以用于评估热储的性质和特征,如利用集中参数模型求取的参数计算二维流模型热储的体积和渗透率(图 8-2)。

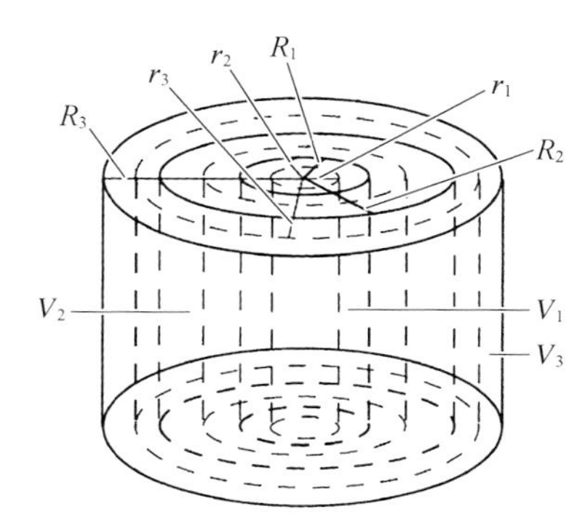

R_1、R_2 和 R_3 分别为 1 储槽、2 储槽和 3 储槽的半径;r_1、r_2 和 r_3 分别为 1 储槽、2 储槽和 3 储槽的半半径,是圆环中点到圆心的距离;V_1、V_2 和 V_3 分别为 1 储槽、2 储槽和 3 储槽的热储体积。

图 8-2　二维流三储槽模型

释水系数(储水系数),是指压力水位下降 1 个单位时,单位面积热储全部厚度的柱体中,由于水的膨胀和岩层的压缩所能释放出热水的水量;或是压力水位升高 1 个单位时,其所储入的水量。承压热储释水系数(储水系数)的计算公式为

$$s = \rho_w[\phi\beta_w + (1-\phi)\beta_\gamma] \qquad (8-3)$$

式中,s 为热储的释水系数(储水系数);β_w 为地热流体的压缩系数;β_γ 为岩石的压缩系数;ρ_w 为在特定的热储条件下地热流体的密度;ϕ 为热储的孔隙度。

计算出热储的释水系数(储水系数)后,根据下列公式计算二维流模型热储的体积,特别是热储不同部位的体积,以及它们的面积和半径:

$$\kappa_1 = V_1 s \quad \kappa_2 = V_2 s \quad \kappa_3 = V_3 s \qquad (8-4)$$

式中,κ_1、κ_2、κ_3 为不同储槽的储存系数;V_1、V_2、V_3 为不同储槽的体积,L;s 为热储的释水系数(储水系数)。

二维流模型热储不同储槽的半径计算公式为

$$R_1 = \sqrt{\frac{V_1}{\pi H}} \quad R_2 = \sqrt{\frac{V_1 + V_2}{\pi H}} \quad R_3 = \sqrt{\frac{V_1 + V_2 + V_3}{\pi H}} \qquad (8-5)$$

式中，R_1、R_2、R_3 为不同储槽的半径，m；H 为热储厚度，m。

然后，为了评估储层的渗透率，引入半半径的概念，二维流集中参数模型储槽的半半径计算公式如表 8－1 所示。渗透率的计算公式为

$$k_i = \sigma_i \frac{\ln(r_{i+1}/r_i)\mu}{2\pi H} \tag{8-6}$$

式中，k_i 为不同热储部分的渗透率；r_i 为不同储槽的半半径，m；σ_i 为储槽之间的流导率；μ 为地热流体的黏度，Pa·s。

表 8－1　二维流集中参数模型储槽的半半径计算公式

模　型	半　半　径	模　型	半　半　径
1 储槽开放式模型	$r_1 = \frac{R_1}{2}$ $r_2 = \frac{3R_1}{2}$	3 储槽封闭式模型	$r_1 = \frac{R_1}{2}$ $r_2 = R_1 + \frac{R_2 - R_1}{2}$ $r_3 = R_2 + \frac{R_3 - R_2}{2}$
2 储槽封闭式模型	$r_1 = \frac{R_1}{2}$ $r_2 = R_1 + \frac{R_2 - R_1}{2}$	3 储槽开放式模型	$r_1 = \frac{R_1}{2}$ $r_2 = R_1 + \frac{R_2 - R_1}{2}$ $r_3 = R_2 + \frac{R_3 - R_2}{2}$ $r_4 = R_3 + \frac{R_3 - R_2}{2}$
2 储槽开放式模型	$r_1 = \frac{R_1}{2}$ $r_2 = R_1 + \frac{R_2 - R_1}{2}$ $r_3 = R_2 + \frac{R_2 - R_1}{2}$		

进行集中参数模拟的最主要问题是储槽和流动阻抗参数的计算。可采用冰岛能源局开发的计算软件 Lumpfit 对地热系统进行集中参数模拟。该代码从 1986 年至今一直被用于各种集中参数模拟的研究中，取得了很好的效果。

8.3.3　采灌均衡条件下地热水可持续开采量计算

采灌均衡条件下，保持热均衡、水位降至最大允许水位埋深时的开采量即为回灌条件下地热水可持续开采量，此时的可持续开采量等于最大允许水位埋深时的可回灌量。

8.4　山东省德州市德城区馆陶组热储可持续开采量计算

德州市德城区馆陶组砂岩孔隙层状热储地热田（以下简称“德城区地热田”）是鲁北地区地热井分布密度最大、开采强度最大的集中开采区，在 168 km^2的范围内分布有 98 眼地热开采井，每平方千米达 0.6 眼。

1. 热储特征

新近纪馆陶组热储属砂岩孔隙传导型层状热储。地层厚度为 350～500 m，顶板埋深为 1026～1195 m，与下伏古近纪东营组地层呈不整合接触，底板埋深为 1350～1650 m。热储层为其中的砂砾岩孔隙承压含水层，呈水平且相对无限延展分布，砂砾岩厚度为 150～210 m。馆陶组热储层岩性为浅灰色细—中砂岩和灰白色含砾粗砂岩及砂砾岩，垂向上呈上细下粗的正旋回沉积，底砾岩明显，砾石成分以石英和长石为主，砾石直径为 1～10 mm 不等，磨圆度中等，砂砾岩成岩性差，呈疏松状，孔隙度大，一般为 24%～30%，具有良好的储水空间。单井涌水量为 80～120 m^3/h，水温为 54～59℃，水化学类型为 Cl－Na 型，矿化度为 4000～5000 mg/L。岩石密度为 2600 kg/m^3，比热容为 894.1 J/(kg·℃)。

2. 集中参数模型建立

依据德城区地热田 DZ1 监测井 1998—2017 年的地热水水位埋深监测数据及相应时间段内地热田总开采量，利用 LUMPFIT 集中参数模型模拟软件分别建立了 2 储槽开放式和 2 储槽封闭式集中参数模型，对其模拟和预测结果进行对比。图 8－3 为模拟水位埋深和实测水位埋深随实际开采量增大的变化情况,表 8-2 和表 8-3 分别展现了两个模型计算出的模型参数和热储性质参数。可见,两个模型模拟水位均能与实测水位较好拟合,拟合度参数相同,均为 0.94。

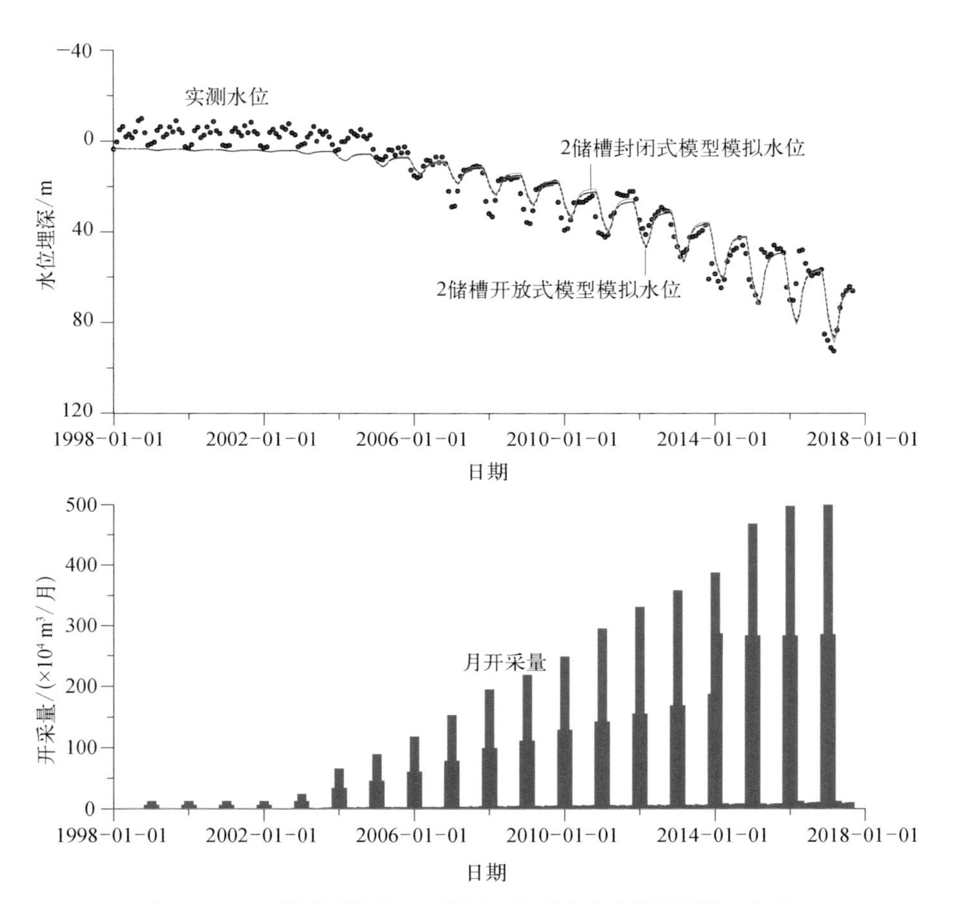

图 8-3　2 储槽封闭式和 2 储槽开放式集中参数模型拟合结果

表 8-2　德城区地热田封闭式与开放式模型计算参数一览表

参　数	模　型		参数说明
	2 储槽封闭式	2 储槽开放式	
$A_1(\times 10^{-2})$	1.1	1.1	模型中储槽的储存系数(κ_j)和导体的导水系数(σ_j)的函数
$L_1(\times 10^{-1})$	7.4	8.3	
$A_2(\times 10^{-3})$	—	1.2	

续表

参　数	模　型		参数说明
	2 储槽封闭式	2 储槽开放式	
$L_2(\times10^{-9})$	—	4.9	模型中储槽的储存系数(κ_j)和导体的导水系数(σ_j)的函数
B	9.6×10^{-4}	—	
κ_1/ms^2	23000	22000	1 储槽(中心热储)的储存系数
κ_2/ms^2	260000	200000	2 储槽(外部热储)的储存系数
$\sigma_1/(\times10^{-3}\ \mathrm{ms})$	5.8	6.2	1 储槽与 2 储槽之间的导水系数
$\sigma_2/(\times10^{-4}\ \mathrm{ms})$	—	4.1	2 储槽与外部补给源之间的导水系数
模型拟合度	0.94		

表 8-3　德城区地热田两种不同模型求得水文地质参数一览表

水文地质参数	2 储槽承压封闭式	2 储槽承压开放式	参数说明
V_1/km^3	180	1500	1 储槽体积
$k_1/(\times10^{-12}\ \mathrm{m}^2)$	3.8	3.8	1 储槽渗透率
$K_1/(\mathrm{m/d})$	6.1	6.1	1 储槽渗透系数
V_2/km^3	2100	1800	2 储槽体积
$k_2/(\times10^{-13}\ \mathrm{m}^2)$	—	1.3	2 储槽渗透率
$K_2/(\mathrm{m/d})$	—	0.2	2 储槽渗透系数

3. 可持续开采量计算

(1) 可持续开采的约束条件

可持续开采量计算的先决条件是在一个时间尺度内，确定地热田开采井的最大允许水位降深。德城区地热田可持续开采的水位约束条件主要制约因素包括：

① 开采井下泵深度：水位下降引发的抽水水泵吊泵；

② 抽水耗能：水位下降引发的抽水耗电量的急剧增加；

③ 地面沉降：水位下降引发的危害性的地面沉降。

综合以上制约因素，德城区地热田可持续开采的约束条件为开采 50 a 内最大允许水位埋深不低于 150 m。

（2）无回灌条件下的可持续开采量

分别采用 2 储槽封闭式和 2 储槽开放式集中参数模型，在无地热尾水回灌的开采条件下，对地热田的水位变化进行为期 50 a 的响应预测。

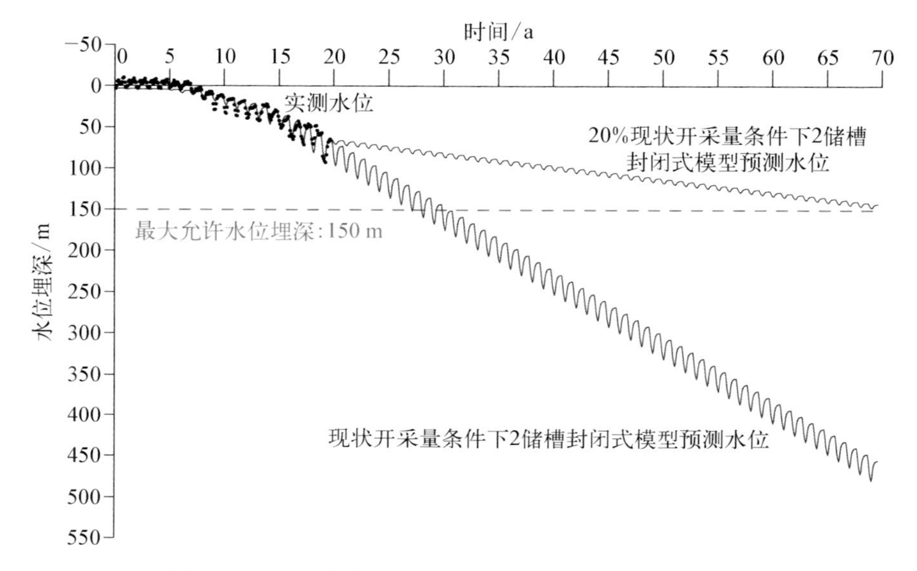

图 8-4　无回灌条件下 2 储槽封闭式模型水位埋深预测

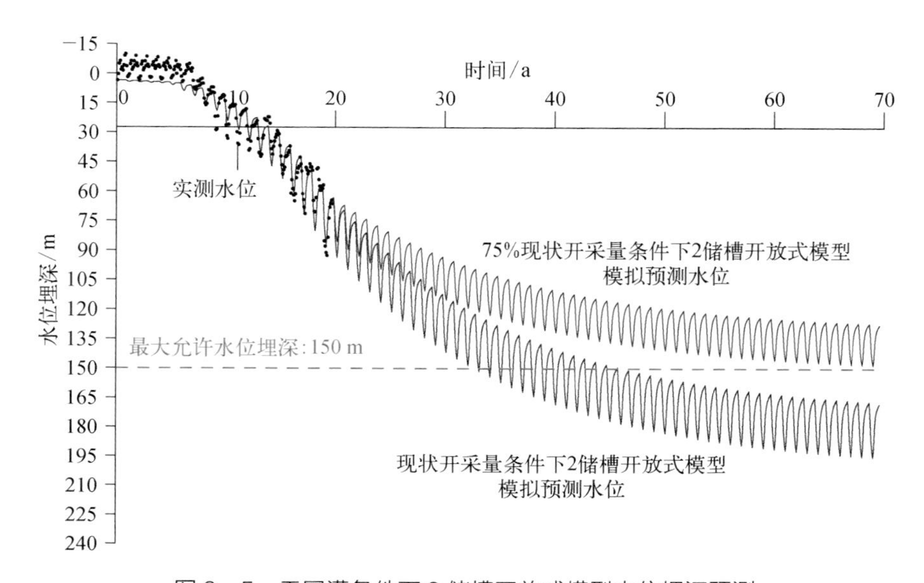

图 8-5　无回灌条件下 2 储槽开放式模型水位埋深预测

由图 8 - 4 和图 8 - 5 可以看出,维持现状开采量不变的情况下,无论是用封闭式模型还是开放式模型进行预测,分别在约 10 a 和 20 a 后,水位埋深将低于最大允许水位埋深 150 m,即: 如果无回灌,在满足最大允许水位埋深 150 m 约束条件下,两模型计算的可开采量分别为现状开采量的 20%和 75%,无法实现现状开采量的可持续开采。

具体各时段开采量见表 8 - 4。

表 8 - 4　现状开采量和现状无回灌条件下可持续开采量对比表

开采期	现状开采量 Q_c/(×10⁴ m³/d)	现状无回灌条件下封闭式模型预测的可开采量 Q_{cs}/(×10⁴ m³/d)(20%现状开采量)	现状无回灌条件下开放式模型预测的可开采量 Q_{cs}/(×10⁴ m³/d)(75%现状开采量)
供暖期(11 月 15 日—3 月 15 日)	16.42	3.28	12.32
过渡期(3 月 16 日—3 月 31 日,11 月 1 日—11 月 14 日)	2.25	0.45	1.69
非供暖期(4 月—10 月)	0.39	0.08	0.29
年均	5.85	1.17	4.39

德城区地热田在区域尺度上处于华北沉积盆地的鲁北传导型地热系统、临清坳陷之德州凹陷的次级构造单元德南向斜的全部和避雪店地垒的一部分,距离补给区远,侧向径流补给微弱,开采出的地热水主要来自储存量的消耗量——含水层的弹性释水和弱透水层的压密释水,属典型的封闭型地热田。

对比开放式和封闭式模型的拟合和预测结果: 由表 8 - 2 可以看出,开放式模型开放程度,即外部和深部地热田与外围补给源水力联系强弱的参数 σ_2 为 4.1×10^{-4} ms,相比反映中心地热田与外部和深部地热田水力联系密切程度的 σ_1(6.2×10^{-3} ms)差了 1 个数量级,表明此开放模型与外部补给源的水力联系微弱,佐证了德城区地热田的封闭性。因此,下一步计算评价回灌条件下德州城区地热田的可持续开采量时,仅采用2储槽封闭式集中参数模型对地热田的水位响应进行预测分析。

(3) 回灌条件下的可持续开采量

图8-6为不同回灌率条件下地热水水位响应预测结果:若要现状开采量满足可持续开采的条件——50 a开采期水位埋深不超过150 m,则回灌量须大于现状开采量的80%。

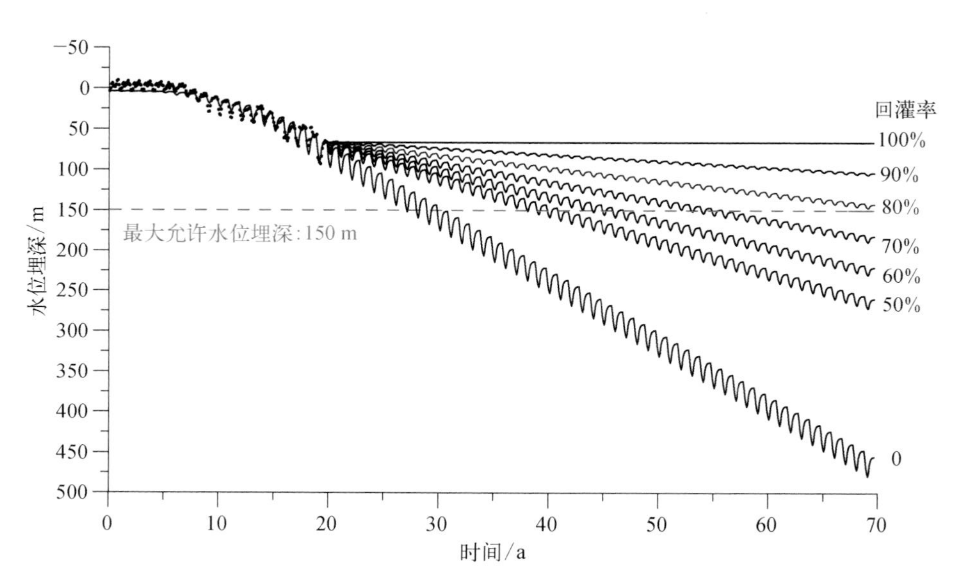

图8-6 不同回灌率条件下2储槽封闭式模型水位埋深响应预测

表8-5列出了不同地热尾水回灌率条件下各供暖时段的可持续开采量情况:

① 回灌率达到80%时,可以维持现状开采量,年均可持续开采量可达到5.85×10^4 m^3/d,120 d供暖期的平均可持续开采量为16.42×10^4 m^3/d,是无回灌条件下年均可开采量1.17×10^4 m^3/d的5倍。

② 回灌率达到90%时,年均可持续开采量增加到11.7×10^4 m^3/d,供暖期间的平均可持续开采量为32.84×10^4 m^3/d,是现状开采量的2倍、无回灌条件下可开采量的10倍。

表 8-5　不同回灌率条件下可持续开采量一览表

回灌率/%	可持续开采量 Q_s				Q_s/Q_c ①	Q_s/Q_{cs} ②
	供暖期（$\times10^4$ m^3/d）	非供暖期（$\times10^4$ m^3/d）	过渡期（$\times10^4$ m^3/d）	年均（$\times10^4$ m^3/d）		
50	6.57	0.16	0.90	2.34	0.4	2
60	8.21	0.2	1.13	2.93	0.5	2.5
70	10.95	0.26	1.50	3.90	0.7	3.3
80	16.42	0.39	2.25	5.85	1	5
90	32.84	0.78	4.5	11.7	2	10

注：① 不同回灌率条件下可持续开采量与现状开采量的比值。
② 不同回灌率条件下可持续开采量与现状无回灌条件下可持续开采量的比值。

4. 小结

（1）德州市回灌试验、示踪试验及地温场长期动态监测表明，德州馆陶组砂岩热储地热尾水可实现 100% 自然回灌，回灌量为 50～100 m^3/h；供暖期间的尾水回灌未引发热储温度降低现象；示踪试验的回收模型预测表明，回灌不会使热储层产生热突破。这为德城区地热水资源采灌均衡可持续开采提供了依据。

（2）回灌地热尾水温度 30 ℃、50 a 内避免热突破的最小采灌井距为 400 m。

（3）2 储槽封闭式集中参数模型适用德州馆陶组砂岩热储可持续开采量计算。

（4）在 50 a 的时间尺度内，水位埋深不超过 150 m 的约束条件下，预测无回灌和有回灌两种情况下德城区地热田的可持续开采量如下。

① 无回灌情况下，地热水可持续开采量仅为现状开采量的 20%，年均为 1.17×10^4 m^3/d，120 d 供暖期为 3.28×10^4 m^3/d。

② 若保持现状开采量，回灌率须达到 80%，即回灌率达到 80% 时，地热水可持续开采量年均为 5.85×10^4 m^3/d，120 d 供暖期为 16.42×10^4 m^3/d。回灌率达到 90% 时，可持续开采量可达到现状开采量的 2 倍，年均为 11.7×10^4 m^3/d，120 d 供暖期为 32.84×10^4 m^3/d。

第9章

典型案例

9.1 禹城市回灌工程

9.1.1 地热资源开发利用现状

禹城市地热资源主要开发利用层位为古近纪东营组,现有地热开采井 15 眼,开采量约为 2.5×10^6 m^3/a,主要集中在市区及市区周边,为东营组热储开采集中区。区内地热成井深度为 1917.83~2246 m,井口水温为 50~68 ℃,单位出水量为 2.50~5.31 m^3/(h·m)。在整个地热资源开发利用结构中,供暖用水占 94%,洗浴用水占 6%。虽然区内地热资源开发利用程度较高,但开发利用方式较单一,且尾水多为直接排放,资源浪费较为严重。

禹城市于 2017 年启动了地热尾水回灌项目,目前已有 5 眼回灌井,且都进行了回灌试验。根据初步回灌数据,单井回灌量为 50~60 m^3/h,回灌水位埋深一般为 20~60 m,灌采比为 85%~100%。

9.1.2 热储层特征

东营组热储开采集中区位于济阳坳陷区,地层发育齐全,根据石油钻探和大极距电测深解译资料,在 3000 m 深度范围内的地层主要有古近纪东营组和沙河街组、新近纪明化镇组和馆陶组、第四纪平原组。该区现主要利用的热储层为馆陶组下部和东营组,上覆巨厚的第四纪平原组、新近纪明化镇组,以泥岩、砂岩为主,结构较为致密,热导率较低,地下水在垂直方向上的水交替十分微弱,构成了热储保温盖层。

东营组热储顶界与上覆馆陶组热储呈平行不整合接触,其地层岩性以紫红、棕黄、灰绿色泥岩为主,夹灰白色、浅灰色细砂、粉细砂岩,结构较为致密。孔隙、裂隙发育,孔隙度为 15%~25%,具有一定的储热空间,构成孔隙—裂隙型层状热储层。顶板埋深为 1278~1500 m,地层厚度变化较大,一般为 528~942 m。其分布特征主要受基底起伏和区域构造的控制，总趋势是由东南向西北逐渐变薄。东北角的埋深最大，达 1500 m 以上，厚度大于 700 m。

区内热源主要来自地壳深部的正常传导热流。由于上覆巨厚的松散沉积物盖层的阻热保温作用，将这些热能在热储层的孔隙、裂隙中储存下来。

9.1.3 回灌场地布局

1. 场地概况

截至 2017 年供暖期，禹城市共有 5 眼配套回灌井，回灌热储层主要为东营组，其中宜家小区 3 眼，栖庭水岸小区 1 眼，龙尚国际小区 1 眼，回灌井均采用大口径填砾成井工艺。宜家小区与栖庭水岸小区地热井仅用于冬季供暖，龙尚国际小区地热井用于洗浴、供暖。本节主要介绍宜家小区与栖庭水岸小区地热尾水回灌情况。

2. 位置交通情况

宜家小区位于禹城市区北部，西临建设路，南临益民街；栖庭水岸小区位于禹城市区中部，西临通衢路，南临汉槐街。栖庭水岸小区位于宜家小区东南2.8 km处（图 9－1）。

3. 供暖情况

（1）宜家小区

小区 3 眼地热井主要用于冬季供暖，年开采量约为 4.5×10^5 m^3，供暖面积为 1.75×10^5 m^2，采用换热器间接供暖，供暖效果良好。回灌试验前供暖尾水直接排入洛北干渠，尾水排放温度为 30～35 ℃。

（2）栖庭水岸小区

小区地热井主要用于冬季供暖，年开采量约为 1.8×10^5 m^3，供暖面积为 5×10^4 m^2，采用换热器间接供暖，供暖效果良好。回灌开始之前供暖尾水直接排入洛北干渠，尾水排放温度约为 34 ℃。

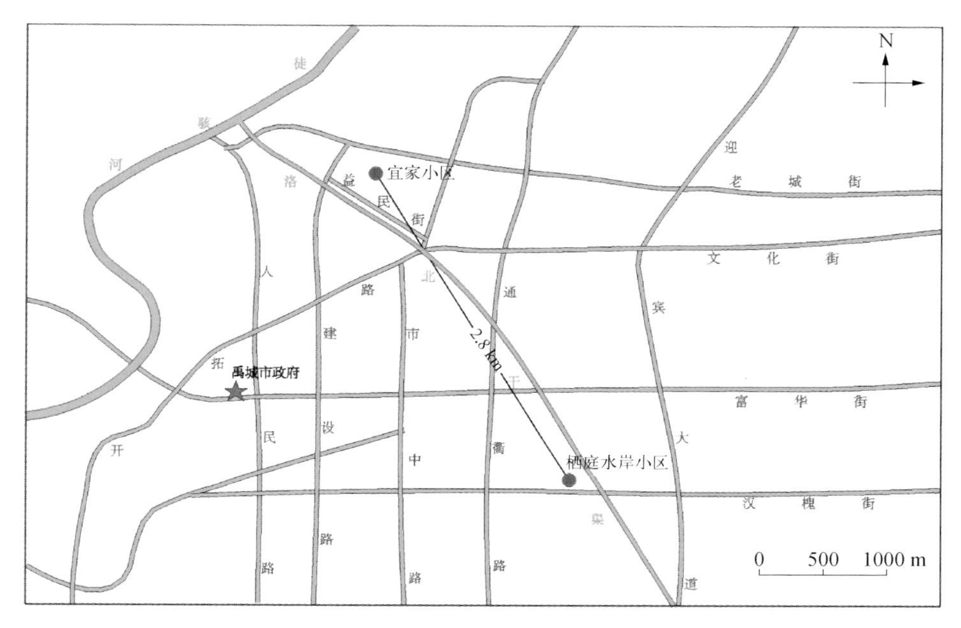

图 9 - 1　宜家小区与栖庭水岸小区位置交通图

4. 热储层概况

根据场地钻探资料，场地地层自新到老分别为第四纪平原组、新近纪明化镇组、新近纪馆陶组、古近纪东营组（图 9 - 2）。

场地内地热开采井与回灌井利用的热储层主要为古近纪东营组，东营组顶板埋深为 1278.00～1463.50 m，揭露地层厚度为 719.90～922.25 m。上部岩性为棕褐色夹灰绿色泥岩，质纯，性硬。中部为泥质砂岩与泥岩互层，泥质砂岩为灰色、灰白色夹棕褐色，成分以石英为主；泥岩为棕褐色夹灰绿色，质纯，性硬。底部为细粉砂岩，棕黄色，主要成分为石英、长石，分选及磨圆一般，泥质胶结。该地层与下伏沙河街组整合接触。砂岩单层厚度为 8～30 m，单井涌水量为 70～85 m^3/h，井口水温为 50～60 ℃，水化学类型均为 Cl - Na 型。

5. 回灌井概况

宜家小区共有 3 眼开采井与 3 眼回灌井（表 9 - 1，图 9 - 3），开采 1 井、开采 2 井与开采 3 井的供暖尾水作为回灌水源分别回灌至回灌 1 井、回灌 2 井与回灌 3 井中。

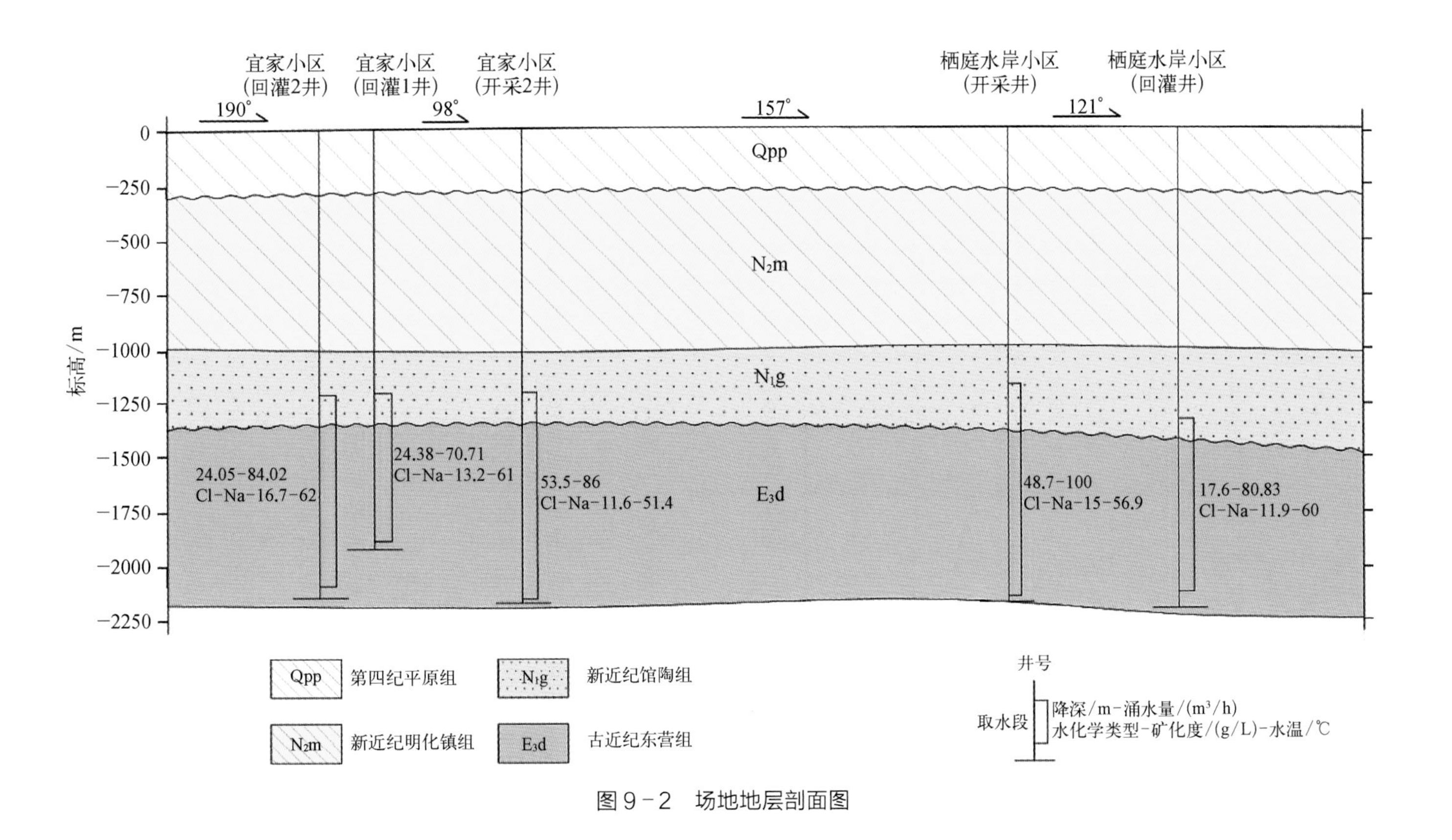
宜家小区
(回灌2井)
宜家小区
(回灌1井)
宜家小区
(开采2井)
栖庭水岸小区
(开采井)
栖庭水岸小区
(回灌井)
190°
98°
157°
121°
标高/m
0
-250
-500
-750
-1000
-1250
-1500
-1750
-2000
-2250
Qpp
N₂m
N₁g
E₃d
24.05-84.02
Cl-Na-16.7-62
24.38-70.71
Cl-Na-13.2-61
53.5-86
Cl-Na-11.6-51.4
48.7-100
Cl-Na-15-56.9
17.6-80.83
Cl-Na-11.9-60
Qpp 第四纪平原组
N₁g 新近纪馆陶组
N₂m 新近纪明化镇组
E₃d 古近纪东营组
井号
取水段
降深/m-涌水量/(m³/h)
水化学类型-矿化度/(g/L)-水温/℃

图 9-2 场地地层剖面图

表 9-1　宜家小区地热井一览表

地热井类别	井　号	井深/m	取水段/m	涌水量/(m^3/h)	成井时间
开采井	开采 1 井	1917.83	903.92~1903.74	83.00	2009 年 6 月
	开采 2 井	2162.58	1186.79~2148.84	86.00	2010 年 4 月
	开采 3 井	2149.94	1468.62~2138.68	80.00	2011 年 4 月
回灌井	回灌 1 井	1914.57	1192.50~1888.90	70.71	2017 年 1 月
	回灌 2 井	2143.98	1199.80~2090.10	84.02	2017 年 5 月
	回灌 3 井	2181.50	1185.22~2132.75	82.95	2017 年 8 月

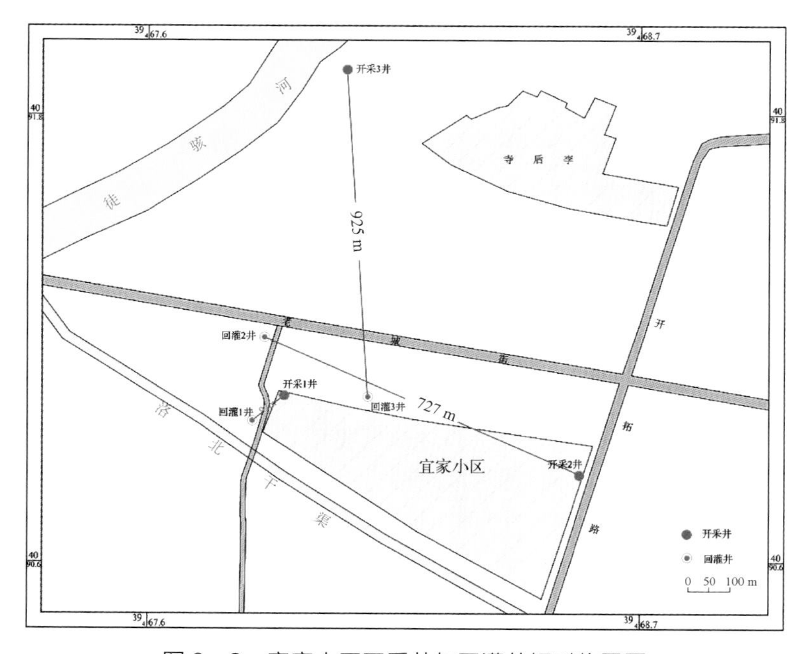

图 9-3　宜家小区开采井与回灌井相对位置图

栖庭水岸小区有地热开采井 1 眼与回灌井 1 眼(图 9-4),开采井成井时间为 2010 年,井深为 2165.25 m,取水段为 1151.28~2140.08 m,开采热储为馆陶组与东营组混采,涌水量为 100 m^3/h;回灌井成井时间为 2017 年,井深为 2162.50 m,取水段为 1319.20~2123.60 m,开采热储为馆陶组与东营组混采,涌水量为 80.83 m^3/h。

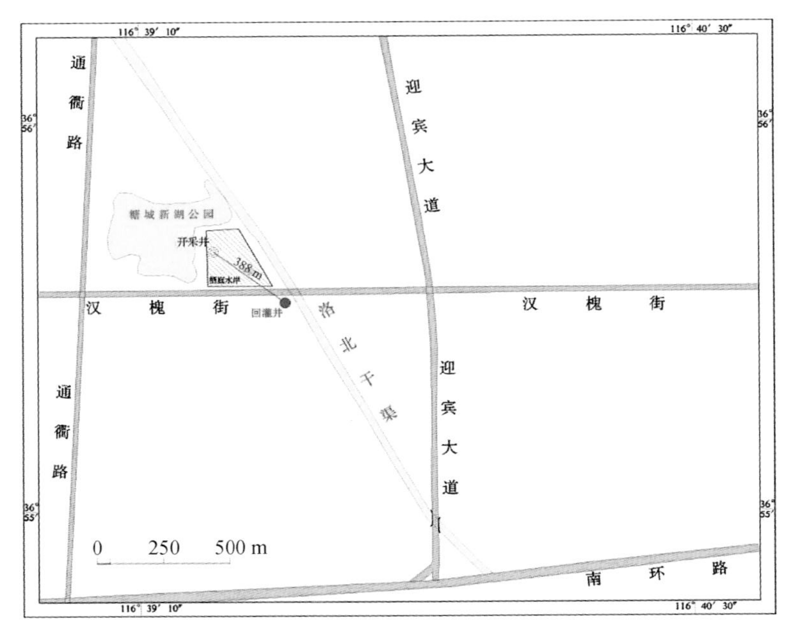

图 9-4 栖庭水岸小区开采井与回灌井相对位置图

9.1.4 回灌井成井工艺

宜家小区 3 眼回灌井均采用大口径填砾成井工艺施工，钻探钻遇地层自上而下分别为第四纪平原组、新近纪明化镇组、新近纪馆陶组和古近纪东营组（未揭穿）。宜家小区回灌 1 井一开钻头直径为 550 mm，套管直径为 339.7 mm，二开钻头直径为 400 mm，套管直径为 177.8 mm，滤水管总长度为 174.27 m，利用砂层为 162.90 m（图 9-5）；宜家小区回灌 2 井一开钻头直径为 600 mm，套管直径为 339.7 mm，二开钻头直径为 400 mm，套管直径为 177.8 mm，滤水管总长度为 206.66 m，利用砂层为 170.70 m（图 9-6）；栖庭水岸小区回灌井一开钻头直径为 600 mm，套管直径为 339.7 mm，二开钻头直径为 400 mm，套管直径为 177.8 mm，滤水管总长度为 207.11 m，利用砂层为 211.60 m（图 9-7）。3 眼回灌井下管后进行填砾，均采用人工慢投填砾，填砾所选砾料干净、圆滑，由直径为 2~4 mm 和 3~6 mm 的石英砂按 1∶1 进行调配，并且天然石英砂含砾达到 80%以上。

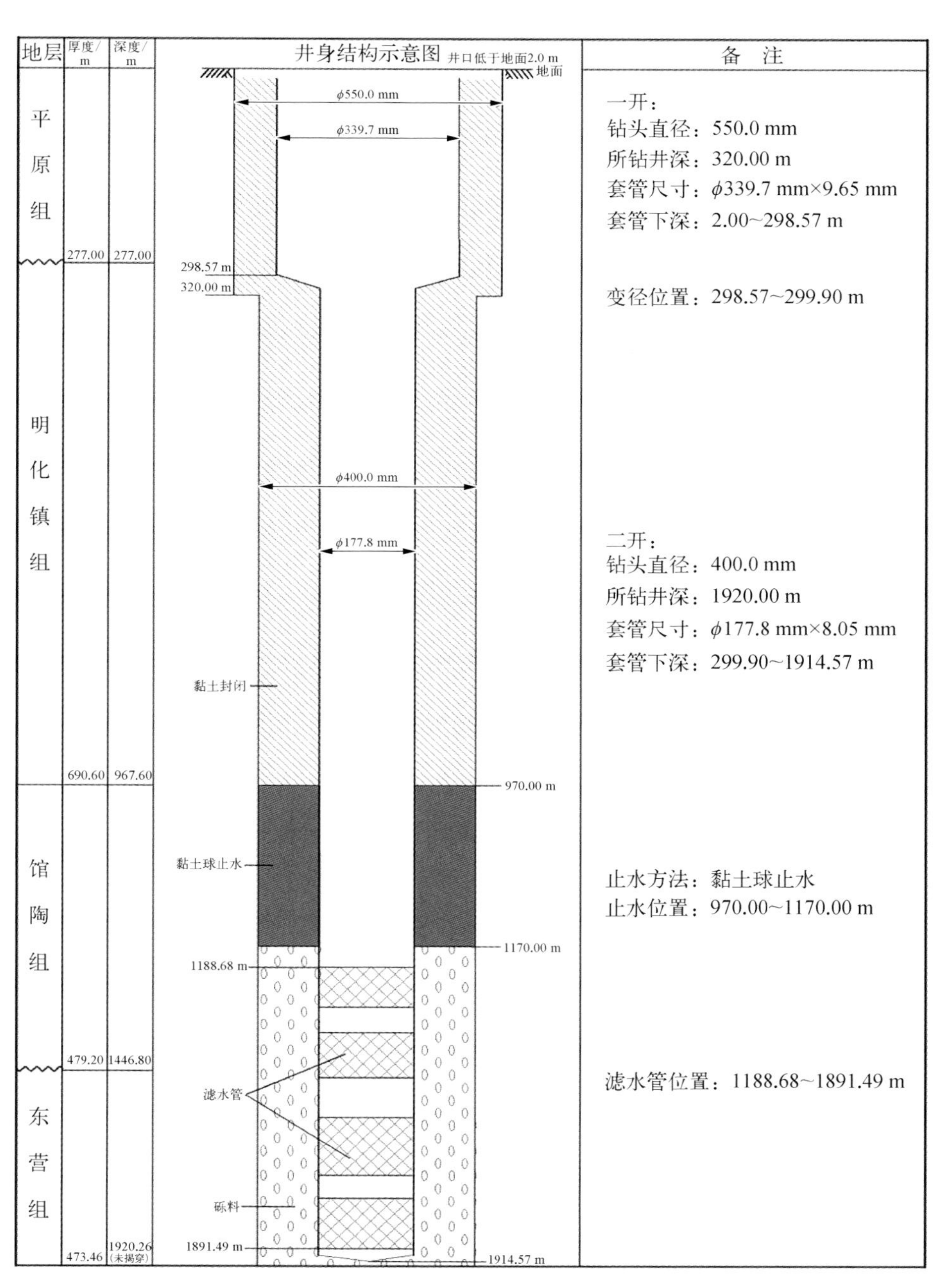

图 9-5　宜家小区回灌 1 井井结构示意图

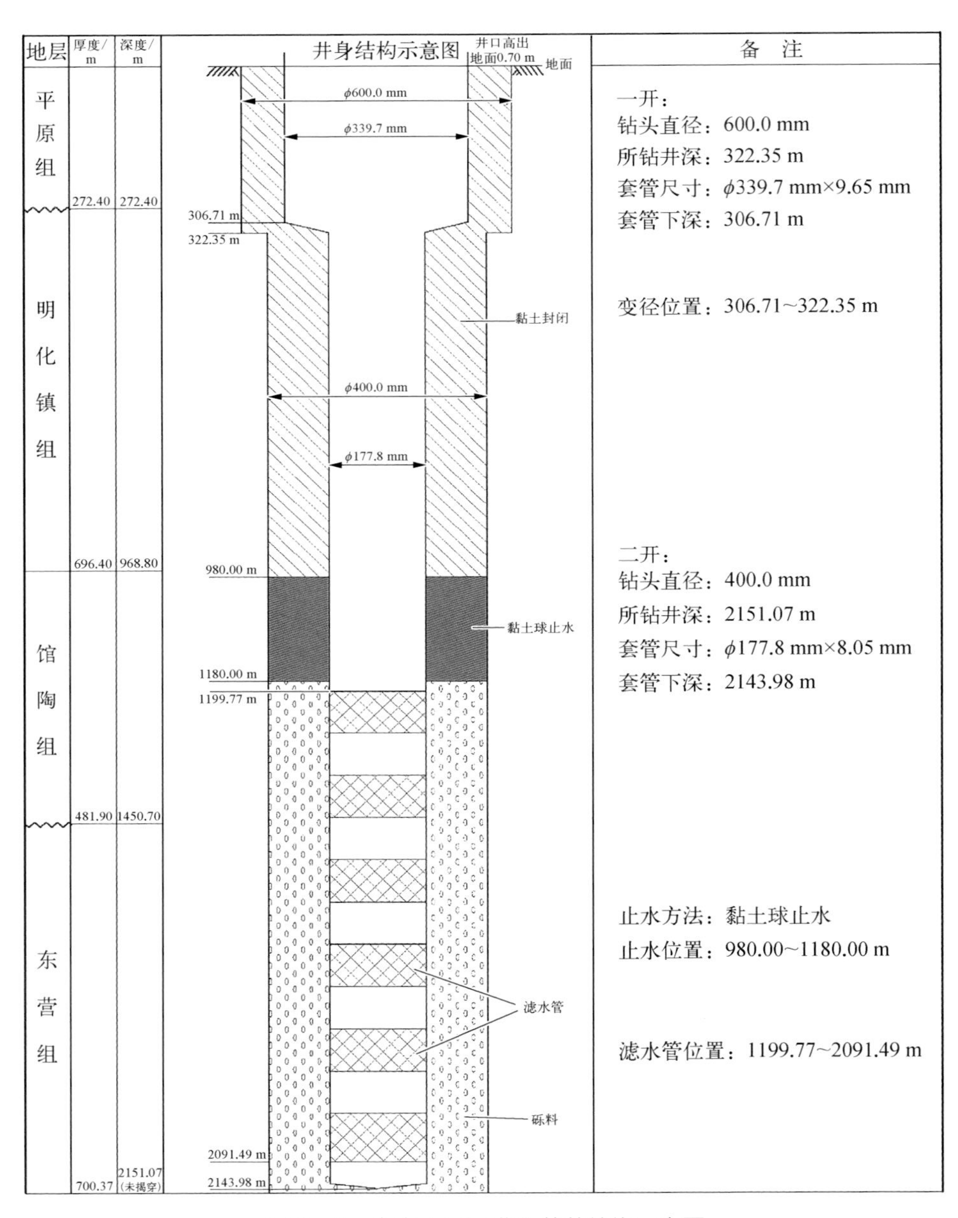

图9-6 宜家小区回灌2井井结构示意图

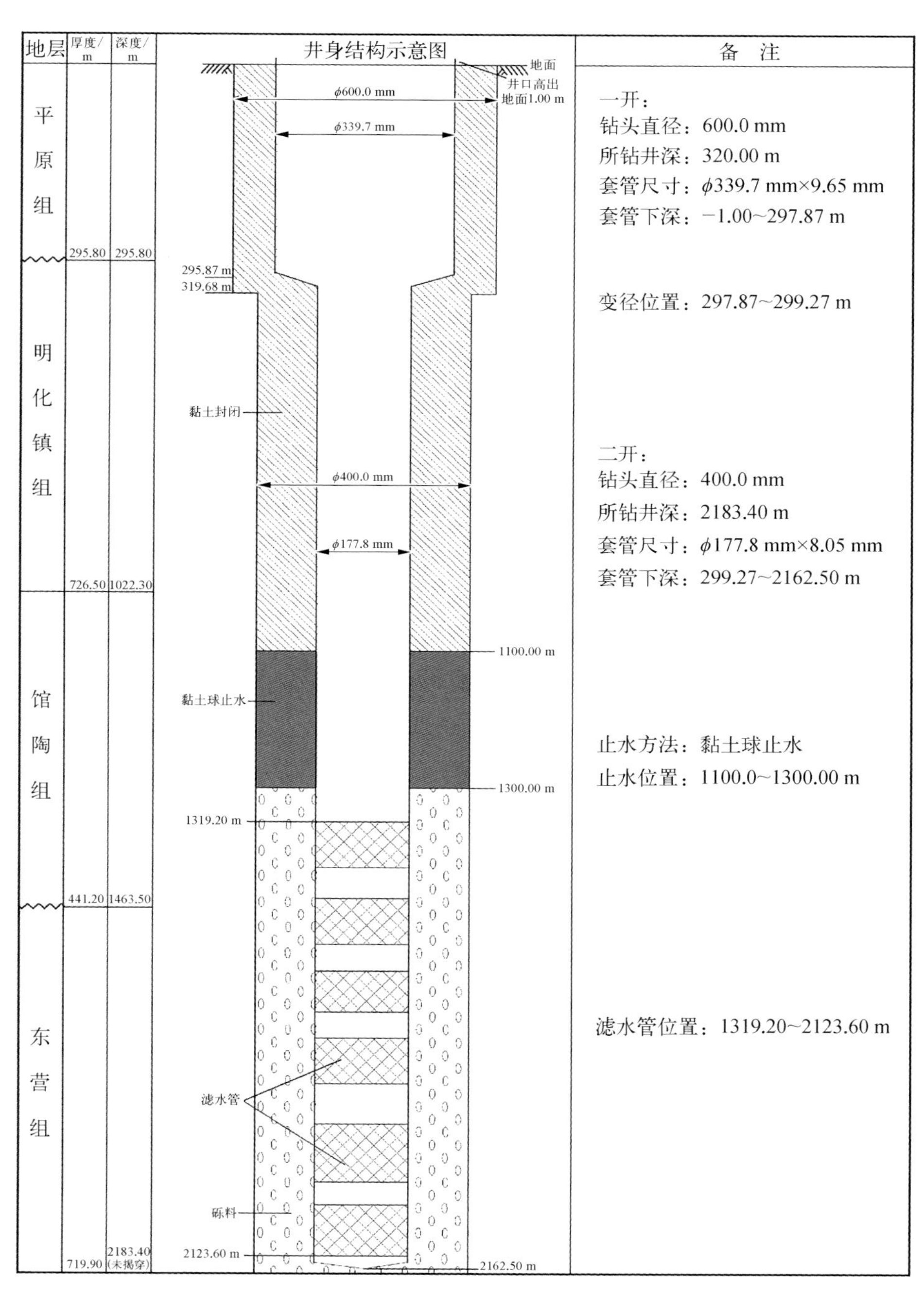

图 9－7　栖庭水岸小区回灌井井结构示意图

9.1.5 回灌工艺流程

1. 回灌工艺

回灌试验工艺为开采井地热流体经管道进入泵房,除砂后进行两级换热提取热量,然后经粗效过滤器和精效过滤器过滤后灌入回灌井(图 9-8)。

2. 回灌设施

回灌试验设施包括回灌井、开采井、管路、过滤系统及泵房设备等(图 9-9)。

孔隙型热储层回灌系统须对回灌水进行去除水中悬浮固体物质的过滤处理,过滤精度应达到 3~5 μm,因此回灌系统安装了除砂器、粗效过滤器及精效过滤器。

(1) 除砂器

选用 QWXLC-100 型旋流除砂器,水量处理能力为 40~80 m^3/h。

(2) 粗效过滤器

选用 MFH-2800 型粗效过滤器,地热尾水处理能力为 60~74 m^3/h。

(3) 精效过滤器

选用 GL-80T 型精效过滤器,过滤精度为 5 μm,最大处理能力为 80 m^3/h。

(4) 井口装置

井口装置包括:进水管、排水管、回灌与回扬控制开关、溢流阀、排气与水位监测口、排气装置。排气装置安装在加压泵、回灌井口之前,用以在回灌前排除尾水中的不凝性气体,目的是防止压力发生变化生成气泡,产生气堵。本次采用排气阀作为排气装置。选用 DDE-JK-150/400 型井口装置,通径为 150 mm。

3. 回扬

为防止回灌井堵塞,回灌井回灌过程中须定时回扬。回扬频率根据回灌井水位变化及堵塞情况而定,即水位大幅度突然上升、持续上升及过滤罐压力表起压时,应该进行回扬,直至水清砂净。回扬时须取出过滤罐中的过滤网进行清洗,彻底清洗干净后再放回过滤罐中。

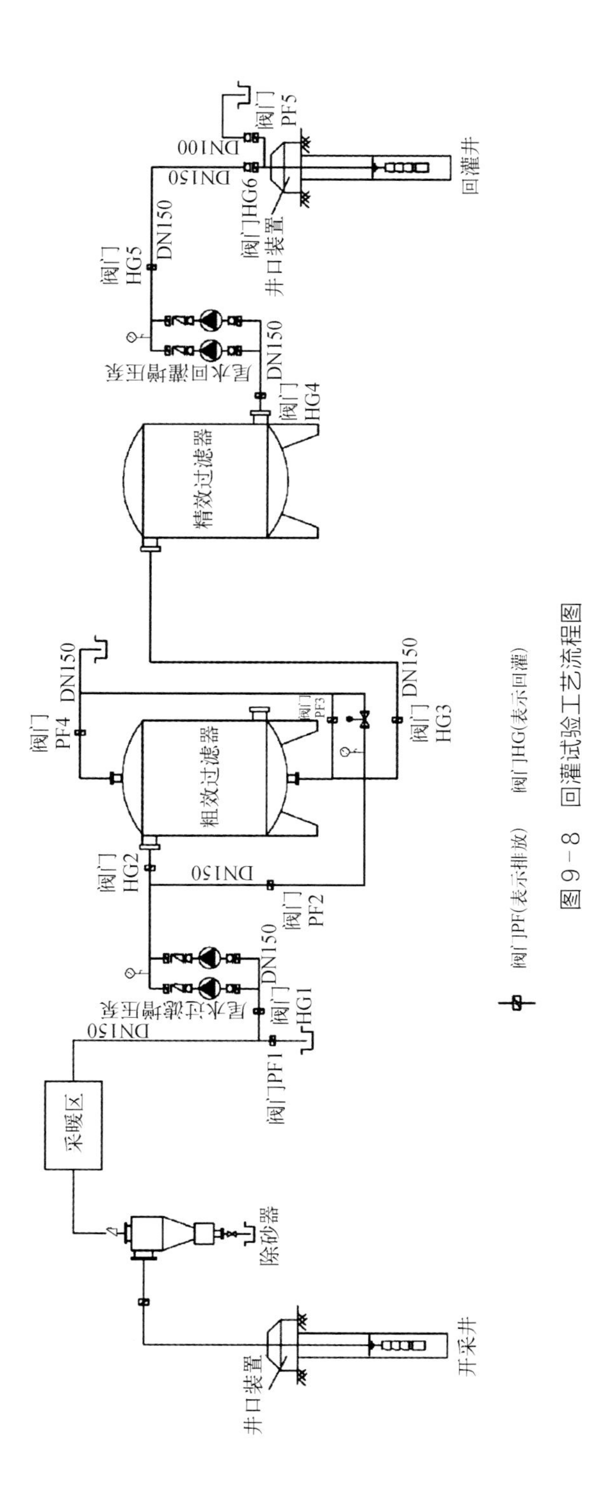

图 9-8　回灌试验工艺流程图

图9-9 泵房设备

回灌过程中,如果出现因过滤网堵塞、停电等原因停灌,再次回灌前须对回灌井进行回扬,回扬时间不少于5 h,直至水清砂净。

4. 动态监测

为查明地热回灌对水位、水温的影响,以及地热井水位、水温的动态变化规律,在回灌试验前后及回灌过程中对水位、水温和水量等进行动态监测。

(1) 监测内容

试验前对回灌井、开采井水位、水温进行监测。试验过程中对回灌水水温、回灌量、回灌压力,以及开采井水温、开采量、水位进行监测。回灌结束后继续对回灌井、开采井水位、水温进行监测。

(2) 监测方法

气温:采用摄氏温度计测量。流量与开采量:采用电磁流量计对流量进行实时监测,并用热水表记录开采量数据。水位:回灌井采用自动水位监测仪对水位进行自动监测的同时定期采用测绳测量,开采井定期采用测绳测量。水温:直接读取管道水温表数据并定期采用摄氏温度计测量。

（3）监测频率

气温：监测频率为 1 次/h。流量与开采量：采用电磁流量计对流量进行实时连续监测，精度 0.1 m^3。水位：回灌井自动水位监测仪的监测频率为 2 次/h，人工测量水位的频率为 2 次/h，开采井人工测量的频率为 1 次/2 d。水温：回灌井人工测温的频率为 2 次/h，开采井人工测量的频率为 1 次/2 d。

9.1.6　回灌效果概述

1. 水量、水位数据分析

（1）宜家小区回灌 1 井

回灌试验自 2017 年 2 月 22 日 19 点 35 分开始，至 2017 年 3 月 14 日 21 点结束。试验开始前测得水位为 79.69 m；采用开采 1 井供暖尾水作为回灌水源进行回灌，尾水平均温度为 31 ℃，平均开采量为 60 m^3/h；先后进行了 10.9 m^3/h、28.9 m^3/h、58.9 m^3/h、54.8 m^3/h、49.2 m^3/h 和 49.7 m^3/h 六个不同流量的回灌试验，累计回灌时间为 25310 min，累计回灌量为 20121 m^3。回灌试验成果如图 9-10、图 9-11 所示。

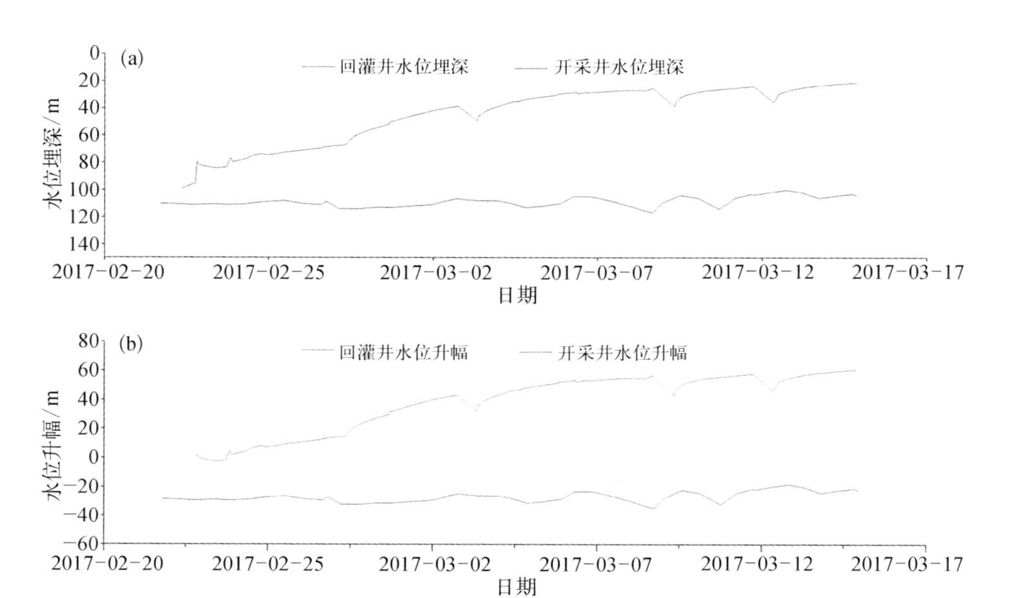

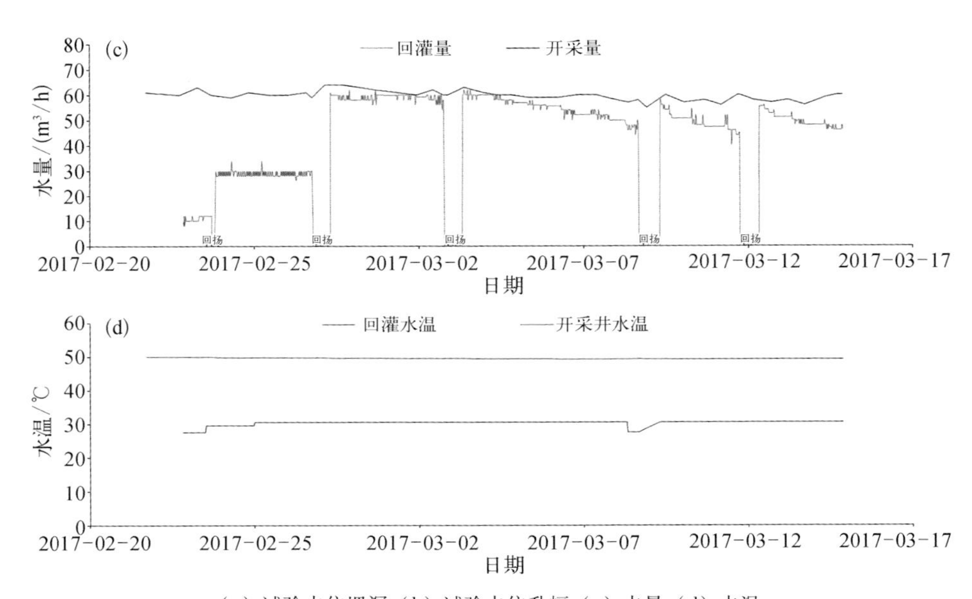

（a）试验水位埋深;（b）试验水位升幅;（c）水量;（d）水温

图 9－10　宜家小区回灌 1 井回灌试验水位、水量、水温历时曲线

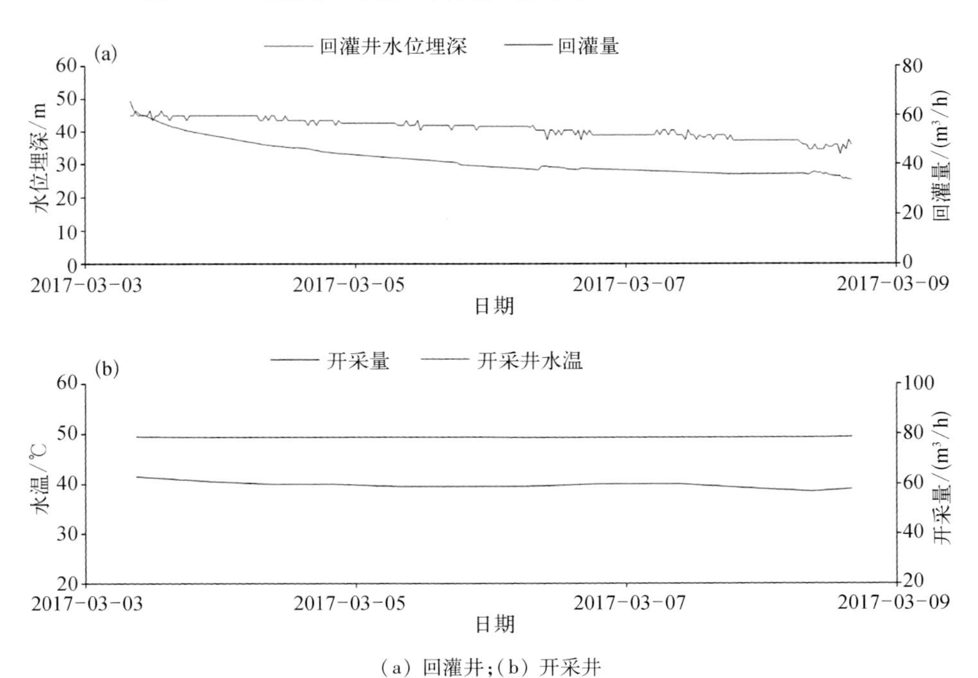

（a）回灌井;（b）开采井

图 9－11　宜家小区回灌 1 井回灌试验水位埋深、水量、水温历时曲线（平均回灌量为 54.8 m^3/h）

根据监测数据，试验期间回灌井水位最高达到 21.07 m，最大试验回灌量为 58.9 m^3/h。由图 9－10 可以看出，回灌井水位升幅与回灌量呈正相关，即随着回灌量的增大，回灌井水位升幅呈增大趋势。

图 9－11 为宜家小区回灌 1 井回灌试验水位埋深、水量、水温历时曲线（平均回灌量为 54.8 m^3/h）。由图可以看出，回灌量与回灌井水位具有明显的正相关性。整个回灌过程回灌量基本保持稳定，开始回灌时，回灌量略大于平均回灌量（54.8 m^3/h），随着回灌的持续进行，回灌量缓慢下降，之后逐渐趋于稳定；回灌开始阶段回灌井水位持续快速上升，随着回灌的进行，水位上升明显变缓，水位不断上升直至趋于稳定。在整个回灌过程中，开采井开采量呈现稳定状态，开采井水温未发生改变。

（2）宜家小区回灌 2 井

回灌试验自 2017 年 11 月 20 日 11 点 30 分开始，至 2018 年 3 月 20 日 11 点 30 分结束。试验开始前测得水位为 74.57 m；采用开采 2 井供暖尾水作为回灌水源进行回灌，尾水平均温度为 30 ℃，平均开采量为 62 m^3/h；先后进行了 15.6 m^3/h、30.7 m^3/h、40.4 m^3/h、37.2 m^3/h、48 m^3/h、34 m^3/h、48.7 m^3/h 和 43.8 m^3/h 八个不同流量的回灌试验，累计回灌时间为 106452 min，累计回灌量为 56901.8 m^3。回灌试验成果见图 9－12、图 9－13。

根据监测数据，试验期间回灌井水位最高达到 28.14 m，最大试验回灌量为 48.7 m^3/h。由图 9－12 可以看出，回灌井水位升幅与回灌量呈正相关，即随着回灌量的增大，回灌井水位升幅呈增大趋势。

图 9－13 为宜家小区回灌 2 井回灌试验水位埋深、水量、水温历时曲线（平均回灌量为 43.8 m^3/h）。由图可以看出，回灌量与回灌井水位具有明显的正相关性。整个回灌过程回灌量基本保持稳定，开始回灌时，回灌量略大于平均回灌量（43.8 m^3/h），随着回灌的持续进行，回灌量缓慢下降，之后逐渐趋于稳定；回灌开始阶段回灌井水位持续快速上升，随着回灌的进行，水位上升速率明显变缓，水位不断上升直至趋于稳定。在整个回灌过程中，开采井开采量呈现稳定状态，开采井水温未发生改变。

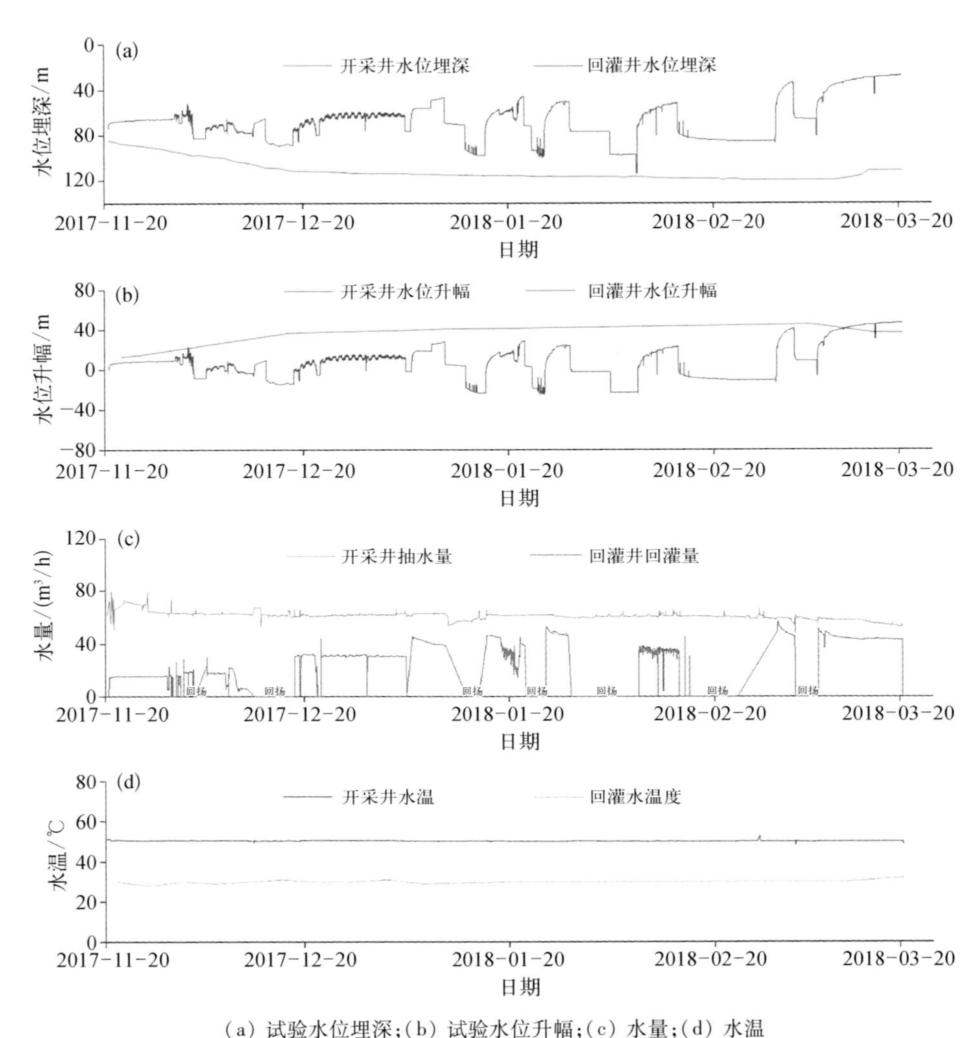

(a) 试验水位埋深;(b) 试验水位升幅;(c) 水量;(d) 水温

图 9-12 宜家小区回灌 2 井回灌试验水位、水量、水温历时曲线图

(3) 栖庭水岸小区回灌井

回灌试验自 2017 年 11 月 25 日 12 点 30 分开始,至 2018 年 3 月 21 日 5 点 30 分结束。试验开始前测得水位为 71.36 m;采用小区开采井供暖尾水作为回灌水源进行回灌,尾水平均温度为 34 ℃,平均开采量为 70 m^3/h;先后进行了 18.20 m^3/h、17.10 m^3/h、18.60 m^3/h、34.50 m^3/h、18.90 m^3/h、37.70 m^3/h、36.70 m^3/h、52.80 m^3/h、57.60 m^3/h、52.60 m^3/h、58.60 m^3/h、57.70 m^3/h、

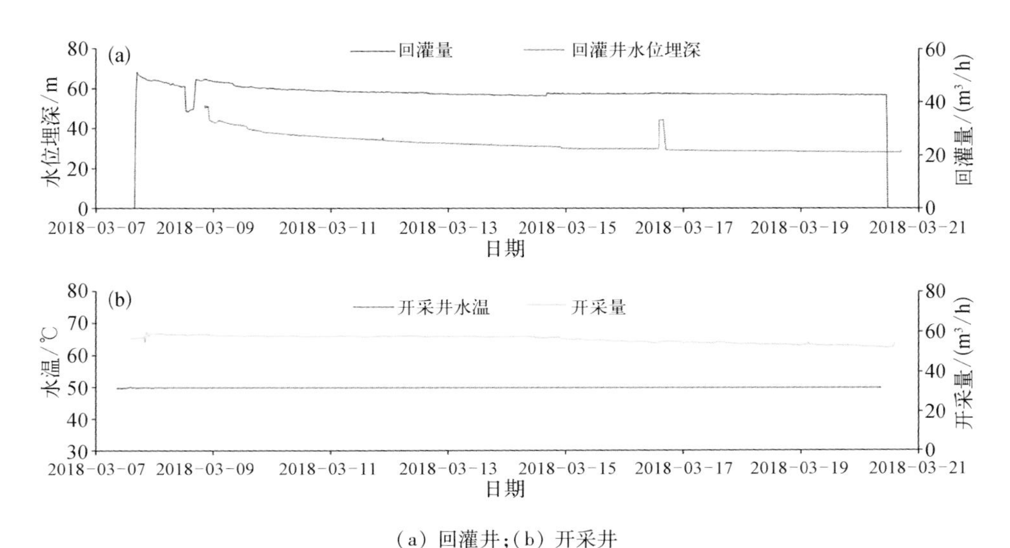

(a) 回灌井;(b) 开采井

图 9－13　宜家小区回灌 2 井回灌试验水位埋深、水量、水温历时曲线图(平均回灌量为 43.8 m^3/h)

58.10 m^3/h、52.00 m^3/h、56.90 m^3/h 和 58.20 m^3/h 等多个不同流量的回灌试验,累计回灌时间为 133524 min,累计回灌量为 107226.7 m^3。回灌试验成果如图 9－14、图 9－15 所示。

根据监测数据,试验期间回灌井水位最高达到 61.66 m,最大试验回灌量为 58.6 m^3/h。由图 9－14 可以看出,回灌井水位升幅与回灌量呈正相关,即随着回灌量的增大,回灌井水位升幅呈增大趋势。

图 9－15 为栖庭水岸小区回灌井回灌试验水位埋深、水量、水温历时曲线图(平均回灌量为 58.6 m^3/h)。由图可以看出,回灌量与回灌井水位埋深具有明显的正相关性。整个回灌过程回灌量基本保持稳定,开始回灌时,回灌量略大于平均回灌量(58.6 m^3/h),随着回灌的持续进行,回灌量缓慢下降,之后逐渐趋于稳定;回灌开始阶段回灌井水位持续快速上升,随着回灌的进行,水位上升明显变缓,水位不断上升直至趋于稳定。在整个回灌过程中,开采井开采量呈现稳定状态,开采井水温未发生改变。

通过宜家小区与栖庭水岸小区回灌试验水位埋深、水量、水温历时曲线图(图

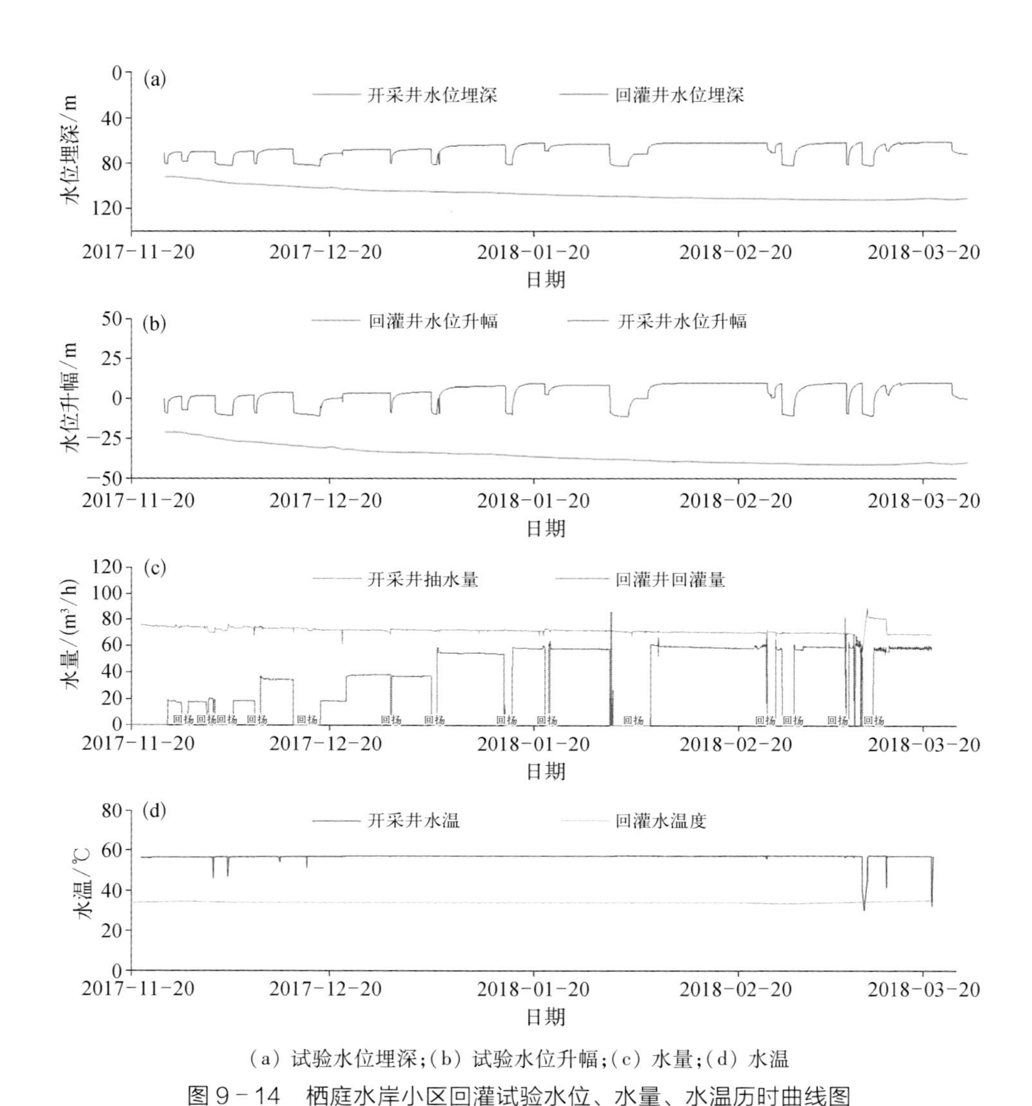

(a) 试验水位埋深;(b) 试验水位升幅;(c) 水量;(d) 水温

图9-14 栖庭水岸小区回灌试验水位、水量、水温历时曲线图

9-10~图9-15)可知:回灌井各阶段回灌量保持稳定,各阶段回灌初期水位上升速度快,随着回灌的不断进行,水位上升速度明显减慢,最后水位逐渐趋于稳定;开采井整个回灌期间开采量相对稳定,水位初期下降速度较快,之后下降速度明显减缓,最后基本趋于稳定。

回灌过程是回灌水向热储层不断渗透的一个过程,回灌水在热储层中需要克服阻力才能不断渗透到热储层中。回灌开始时,较大流量的回灌水涌入回灌井

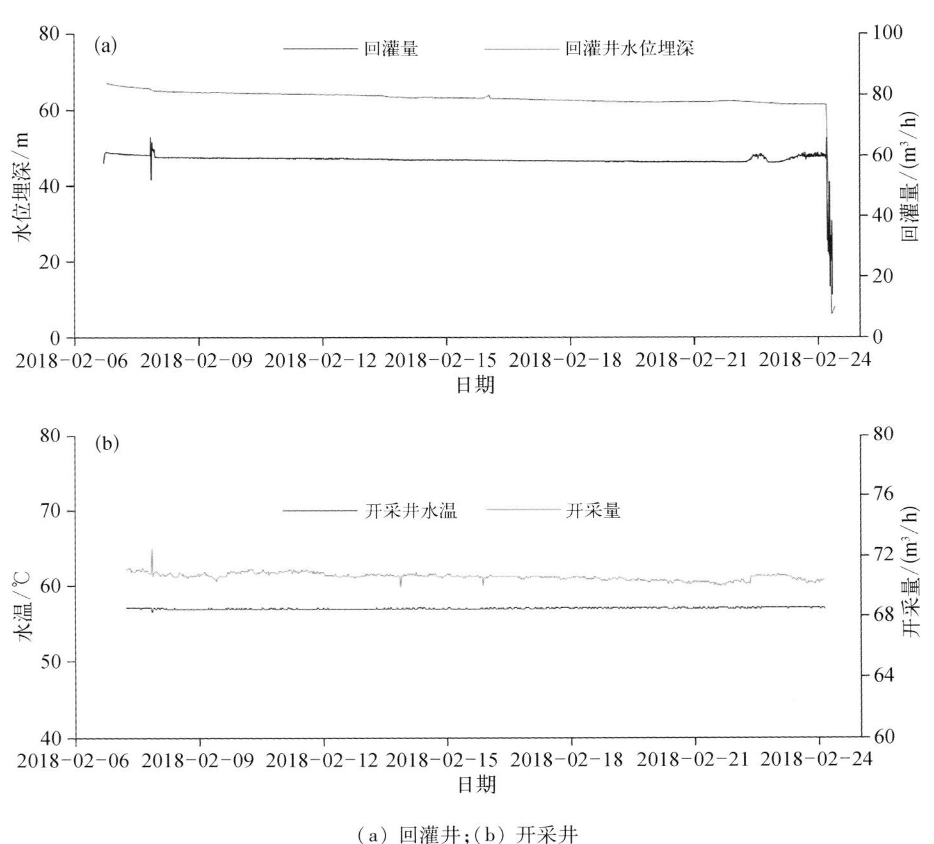

（a）回灌井；（b）开采井

图 9－15　栖庭水岸小区回灌井回灌试验水位埋深、水量、水温历时曲线图(平均回灌量为 58.6 m^3/h)

中，回灌井中的回灌水无法及时向热储层中渗透扩散，所以在短时间内会出现水位的快速上涨。随着水位的不断上涨，水位压力不断增大，当水位压力增大至足以克服回灌阻力时，整个回灌系统达到平衡状态，即回灌量与回灌水位达到稳定。

2. 最大回灌量及灌采比

（1）宜家小区回灌 1 井

根据宜家小区回灌 1 井回灌试验回灌量与水位升幅关系表（表 9－2）及回灌量与水位升幅关系曲线（图 9－16）可知，回灌量与水位升幅满足函数关系式：

$$y = -0.0088x^2 + 1.252x + 15.771 (R^2 = 0.9264) \quad (9-1)$$

表 9-2　宜家小区回灌 1 井回灌试验回灌量与水位升幅关系表

水位升幅/m	回灌量/(m^3/h)
-3.79	10.9
11.4	28.9
41.23	58.9
54.55	54.8
55.7	49.2
58.62	49.7

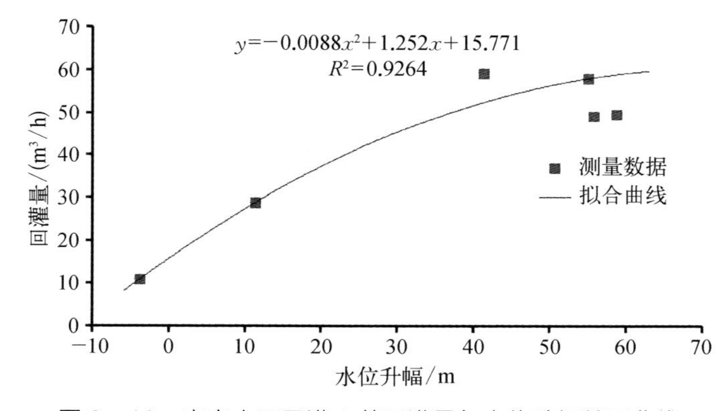

图 9-16　宜家小区回灌 1 井回灌量与水位升幅关系曲线

通过图 9-16 与图 9-17 可以看出，回灌量随水位升幅的增大而增大，单位回灌量随水位升幅的增大呈减小趋势。根据《砂岩热储地热尾水回灌技术规程》(DZ/T 0330—2019)中的相关技术要求“最大自然回灌量以回灌井水位距井口不少于 10 m”，为了防止因水位上涨过快而溢出井口，本次选择回灌井水位距井口 20 m 时的回灌量为最大回灌量，代入式 9-1 得出最大回灌量为 59.1 m^3/h。

(2) 宜家小区回灌 2 井

根据宜家小区回灌 2 井回灌试验回灌量与水位升幅关系表(表 9-3)及回灌量与水位升幅关系曲线(图 9-18)可知，回灌量与水位升幅满足函数关系式：

$$y = -0.016x^2 + 1.8107x + 1.5206 (R^2 = 0.9967) \tag{9-2}$$

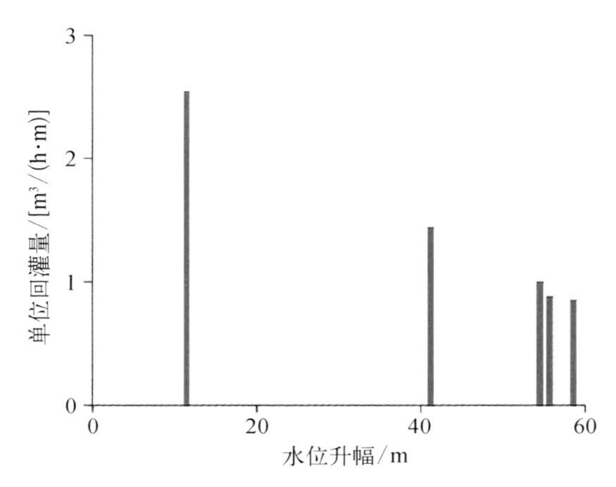

图 9 - 17　宜家小区回灌 1 井单位回灌量与水位升幅关系图

表 9 - 3　宜家小区回灌 2 井回灌试验回灌量与水位升幅关系表

水位升幅/m	回灌量/(m^3/h)
8.32	15.60
14.42	30.70
27.69	40.40
28.86	37.20
24.95	48.00
23.24	34.00
40.92	48.70
46.43	43.80

通过图 9 - 18 与图 9 - 19 可以看出，回灌量随水位升幅的增大而增大，单位回灌量随水位升幅的增大呈减小趋势。根据《天津市地热回灌运行操作规程（试行）》（津国土房热〔2006〕1031 号）中的相关技术要求“液面距井口深度不超过 10 m，此时说明回灌井仍有回灌潜力”，为了防止因水位上涨过快而溢出井口，本次选择回灌井水位距井口 20 m 时的回灌量为最大回灌量，代入式 9 - 2 得出最大回灌量为 52.7 m^3/h。

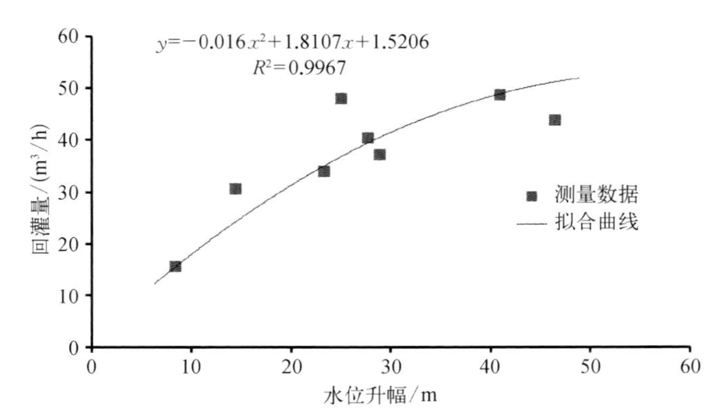

图 9－18　宜家小区回灌 2 井回灌量与水位升幅关系曲线

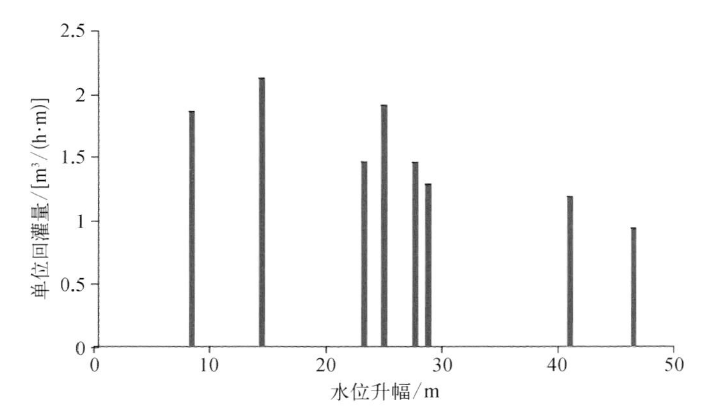

图 9－19　宜家小区回灌 2 井单位回灌量与水位升幅关系图

（3）栖庭水岸小区回灌井

根据栖庭水岸小区回灌井回灌试验回灌量与水位升幅关系表（表 9－4）及回灌量与水位升幅关系曲线（图 9－20）可知，回灌量与水位升幅满足函数关系式：

$$y = -0.0346x^2 + 5.8778x - 10.316(R^2 = 0.9283) \tag{9-3}$$

表 9－4　栖庭水岸小区回灌井回灌试验回灌量与水位升幅关系表

水位升幅/m	回灌量/(m^3/h)
1.20	18.20
1.59	17.10
1.82	18.60

续表

水位升幅/m	回灌量/(m^3/h)
3.78	34.50
0.05	18.90
3.26	37.70
4.04	36.70
7.66	52.80
9.26	57.60
8.27	52.60
9.46	58.60
9.16	57.70
9.47	58.10
9.70	52.00
8.29	56.90
9.53	58.20

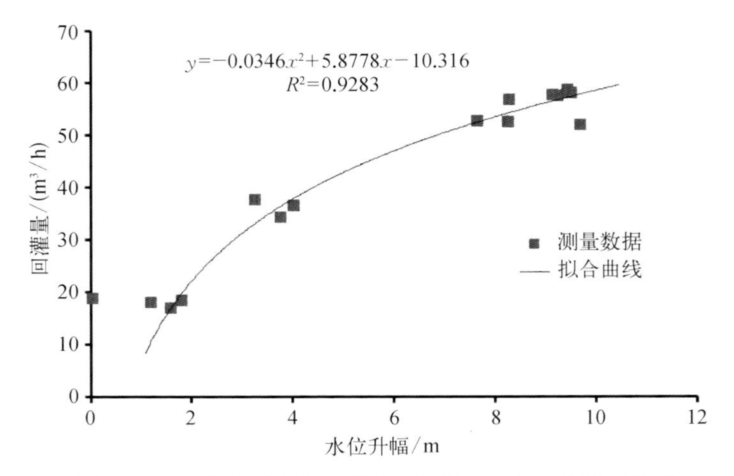

图 9－20　栖庭水岸小区回灌井回灌量与水位升幅关系曲线

由图 9－20 与图 9－21 可以看出，回灌量随水位升幅的增大而增大，单位回灌量随水位升幅的增大呈减小趋势。栖庭水岸小区开采井平均开采量为 70 m^3/h，根据式 9－3 计算回灌量为 70 m^3/h 时的水位升幅，为 14.99 m，距离井口还

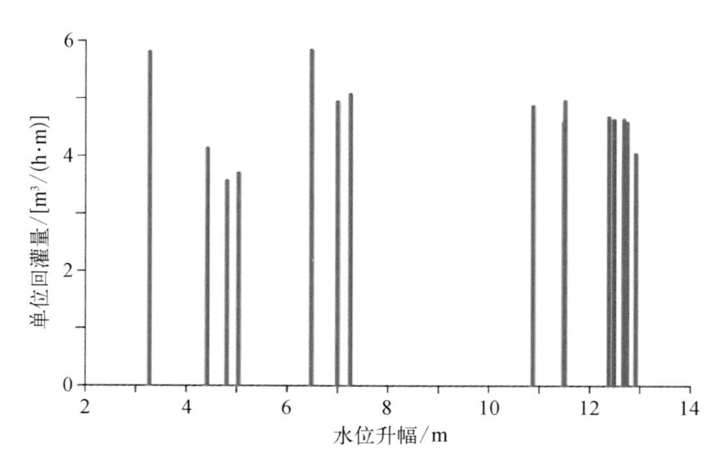

图 9-21 栖庭水岸小区回灌井单位回灌量与水位升幅关系图

有 56.37 m，所以确定该回灌井最大回灌量为 70 m^3/h。

综上所述，宜家小区回灌 1 井最大回灌量为 59.1 m^3/h，灌采比为 98.5%；宜家小区回灌 2 井最大回灌量为 52.7 m^3/h，灌采比为 85%；栖庭水岸小区回灌井最大回灌量为 70 m^3/h，灌采比为 100%（表 9-5）。

表 9-5 灌采量一览表

回 灌 井	最大回灌量 $Q'/(m^3/h)$	对应开采量 $Q/(m^3/h)$	灌采比 $(Q'/Q)/\%$
宜家小区回灌 1 井	59.1	60	98.5
宜家小区回灌 2 井	52.7	62	85
栖庭水岸小区回灌井	70.0	70	100

通过以上分析计算可以看出，宜家小区两眼回灌井回灌能力相差不大，栖庭水岸小区回灌井回灌能力明显优于宜家小区两眼回灌井。由表 9-6 可以看出，三眼回灌井成井工艺相同，均为大口径填砾成井工艺，且井径相同，热储层岩性均为浅灰、灰白色细砂岩，主要成分为石英、长石，所以成井工艺与热储层岩性不是造成各井回灌能力有差别的主要原因；宜家小区回灌 1 井与回灌 2 井热储层厚度相差不大，1 井回灌初始水位与回灌水温均大于 2 井，推测较深的回灌初始水位与较高的回灌水温是 1 井回灌能力优于 2 井的原因；对比栖庭水岸小区回灌井与

宜家小区回灌井,栖庭水岸小区回灌井热储层厚度、回灌水温均大于宜家小区回灌井,回灌初始水位小于宜家小区回灌井,推测较厚的热储层与较高的回灌水温是栖庭水岸小区回灌井回灌能力优于宜家小区回灌井的主要原因。

表9-6　回灌影响因素一览表

回灌井	最大回灌量/(m^3/h)	成井工艺	热储层厚度/m	回灌初始水位/m	回灌水温/℃
宜家小区回灌1井	59.1	大口径填砾	162.90	79.69	31
宜家小区回灌2井	52.7	大口径填砾	170.70	74.57	30
栖庭水岸小区回灌井	70.0	大口径填砾	211.60	71.36	34

综上所述,影响回灌井回灌能力的主要因素有回灌井成井工艺、回灌井热储层厚度、回灌初始水位、回灌水温等。经对比分析,为了保证回灌井有较好的回灌能力,回灌井应满足以下因素:良好的成井工艺(大口径填砾成井工艺)、较大的热储层厚度、良好的回灌空间(回灌初始水位较深)及较高的回灌水温。

9.2　天津市回灌工程

9.2.1　地热资源开发及回灌现状

天津市地热回灌研究工作始于20世纪80年代,经过30多年来的时序研究,在回灌井成井工艺、回灌工艺及地热监测等方面取得了许多成功经验。

1. 开发分布特征

开发强度较大的集中开采区位于经济发展速度较快的中心城区至滨海新区的东西向发展轴带上,主要包括中心城区、东丽区和滨海新区。全市共有开采井398眼,其中集中开采区有277眼,占总数的近70%,最小开采井间距不足1 km。全市地热资源总开采量为3884.52×10^4 m^3/a,其中集中开采区开采量为2793.93×10^4 m^3/a,约占总开采量的72%。

2. 开发层位特征

雾迷山组(Jxw)热储层是天津地热资源主力开采层,共有开采井123眼,约占开采井总数的31%，开采量为2029.78×10^4 m^3/a，约占总开采量的52%。其次为馆陶组(Ng)热储层，共有开采井137眼，约占开采井总数的34%，开采量为1035.32×10^4 m^3/a，约占总开采量的27%。2015年各热储层开采及回灌情况如表9-7所示。

表9-7 2015年各热储层开采及回灌情况统计表

热储层	开采井数量/眼	回灌井数量/眼	开采量/(×10^4 m^3)	回灌量/(×10^4 m^3)	回灌率/%
Nm	95	7	431.72	22.49	5.21
Ng	137	36	1035.32	213.29	20.6
Ed	4	1	26.54	0	0
O	32	32	309.9	392.1	126.52
∈	7	4	51.26	72.08	140.62
Jxw	123	68	2029.78	1048.48	51.65
合计	398	148	3884.52	1748.44	45.01

3. 地热回灌特征

地热回灌用水为供暖后的尾水，以基岩裂隙型热储层为主，松散孔隙型热储层为辅。由表9-7可知，雾迷山组热储层为主要回灌层位，回灌井有68眼，约占回灌井总数的46%，回灌量为1048.48×10^4 m^3/a，约占总回灌量的60%。奥陶纪和寒武纪热储层由于异层采灌，回灌层位为孔隙裂隙较好的灰岩、白云岩地层，回灌率均超过了100%。馆陶组回灌井有36眼，约占回灌井总数的24%，回灌量为213.29×10^4 m^3/a，占总回灌量的12.20%。其他热储层回灌率则相对较低，其原因在于：明化镇组热储层回灌率低的原因在于地热流体温度低、水质较好且难以回灌，主要用于生活、洗浴和种养殖等；馆陶组和雾迷山组热储层回灌率低的主要原因是采灌系统不完善，早期施工的地热开采井为单采系统；而东营组热储层尚处试开发阶段，开采井少，主要用于洗浴，无回灌。

4. 开发及回灌趋势

随着对地热资源需求的增加，地热资源开采量呈逐年增长趋势，由2002年的1821×10^4 m^3增加到2015年的3884.52×10^4 m^3。为了实现环境保护和资源的可持续利用，天津市加大了地热尾水回灌力度。从图9-22可看出，自2006年起，地热开采和回灌井数量同步增长，到2015年回灌井已有148眼，回灌量由2006年的$350 \times 10^4\ m^3$增加到2015年的$1748 \times 10^4\ m^3$。回灌率呈整体快速增长趋势，2015年达到了45.01%。

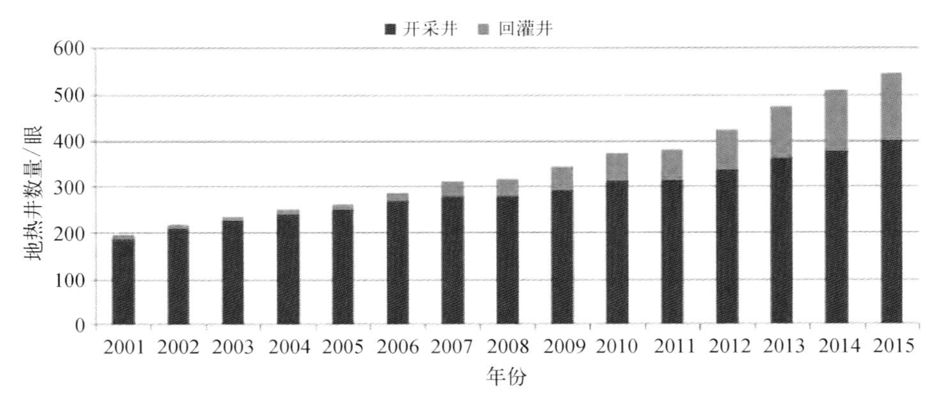

图9-22　天津市地热开采井和回灌井数量多年统计图

9.2.2　天津DL-25H和天津TGR-26D回灌井成井工艺

天津DL-25H回灌井位于天津市东丽区，井深为1362.39 m，在建立回灌系统的过程中，安装地面回灌水质净化装置，保证回灌水水质，有效提高了回灌量和利用率。

天津TGR-26D回灌系统位于滨海新区渤海石油新村，新近纪馆陶组地热井天津TGR-25为开采井，天津TGR-26D回灌井井深为2105 m，出水量为106.48 m^3/h，水温为67.5 ℃。

1. 天津DL-25H回灌井热储特征及成井工艺

（1）天津DL-25H回灌井热储特征

天津DL-25H回灌井目标热储层为新近纪馆陶组，顶板埋深为1124 m，热储分为上粗段、中细段和下粗段。

馆陶组上段：顶板埋深为1124 m，厚度为120 m，岩性为灰绿、灰白色厚层细砂岩夹棕红色薄层泥岩。孔隙度为31.50%～32.96%，渗透率为$869.58 \times 10^{-3} \sim 1101.0 \times 10^{-3}\ \mu m^2$。

馆陶组中段：顶板埋深为 1244 m，厚度为 48 m，为上段与下段的隔层，以厚层灰绿色泥岩为主，夹薄层灰色泥质砂岩。孔隙度为 27.85%～33.01%，渗透率为 $535.96\times10^{-3}\sim1140.0\times10^{-3}$ μm²。

馆陶组下段：顶板埋深为 1292 m，厚度为 70.39 m，上部为含砾砂岩，下部为灰白色底砾岩，磨圆度差，结构松散，夹少量薄层泥岩。孔隙度为 19.67%，渗透率为 139.85×10^{-3} μm²。

（2）天津 DL－25H 回灌井成井工艺

通过对本地区地质条件的分析，为避免回灌堵塞导致的回灌量衰减，增大回灌量，根据该区目标热储层埋藏浅，岩性结构松散，胶结性较差，渗透率高的地质特点，天津 DL－25H 回灌井采用了大口径填砾的成井工艺，增大过水断面面积，提高回灌能力，确保回灌可持续进行。

① 井身结构

结合地层结构等因素，为最大程度提高回灌能力，井身结构确定为一开大口径填砾成井工艺，井身结构示意图见图 9－23。

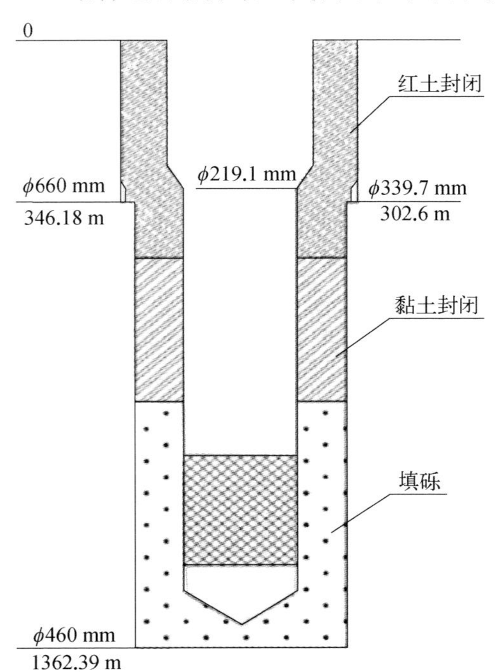

图 9－23 天津 DL－25H 回灌井井身结构示意图

先用 ϕ311.15 mm 三牙轮钻头钻至 1362.39 m，再用 ϕ660 mm 钻头扩孔至 346.18 m，下部用 ϕ460 mm 钻头扩孔至 1362.39 m，完井后将 ϕ339.7 mm 泵室管、ϕ219.1 mm 井管、ϕ219.1 mm 过滤器及 ϕ219.1 mm 沉淀管一同下入目的井深，在泵室管和井管之间加装规格为 ϕ339.7～219.1 mm 的变径接头。

② 井下物探测井及过滤器位置确定

钻井施工至孔底后，扩孔前先进行物探测井分析，主要目的是查明所钻遇地层的岩性、热储层的顶底板埋深、渗透率、孔(裂)隙度等地质参数。测井解译成果见表 9－8,依据测井结果选择过滤器位置如表 9－9 所示。

表 9－8　天津 DL－25H 回灌井测井解译成果表

起始深度/m	终止深度/m	厚度/m	电阻率/(Ω·m)	声波时差/(μs/m)	孔隙度/%	渗透率/($\times10^{-3}$ μm^2)	泥质含量/%	井温/℃	解译结论
739.9	762.1	22.2	7.26	435.14	33.37	1132.0	11.05	44.7	水层
834.1	838.2	4.1	6.72	437.96	34.74	1388.3	8.56	45.6	水层
843.9	852.5	8.6	7.14	423.50	34.55	1391.6	8.20	45.8	水层
887.5	896.1	6.6	6.11	382.48	24.22	370.12	18.16	46.3	水层
932.4	985.1	23.7	6.32	403.60	32.00	90.89	9.91	46.8	水层
981.2	1000.7	19.5	7.82	397.87	33.74	1166.4	5.20	47.3	水层
1017.9	1045.8	27.9	7.74	389.95	32.01	938.09	6.50	47.7	水层
1049.6	1079.3	29.7	6.92	387.49	30.11	777.49	8.87	47.9	水层
1091.4	1123.8	32.4	7.82	373.95	26.37	430.31	13.32	48.1	水层
1162.8	1192.2	29.4	6.59	379.98	24.88	421.99	19.06	49.4	水层
1193.7	1288.6	32.9	6.70	403.24	32.74	1077.2	8.84	50.1	水层
1232.3	1244.4	12.1	6.34	397.16	30.62	820.56	11.75	50.7	水层
1294.7	1323.8	29.1	7.95	367.87	26.85	513.25	12.00	51.4	水层
1326.1	1341.2	13.1	9.37	315.36	21.37	183.93	5.01	31.3	水层

表 9－9　天津 DL－25H 回灌井过滤器位置表

地	层	取水层位置/m	厚度/m	筛管位置/m	长度/m
新近纪馆陶组	1	1162.8～1192.2	29.4	1173.59～1183.70	10.11
	2	1195.7～1228.6	32.9	1194.70～1229.35	34.65
	3	1232.3～1244.4	12.1	1235.57～1246.37	11.00
	4	1294.7～1323.8	29.1	1300.03～1323.13	21.10
	5	1326.1～1341.2	15.1	1325.62～1335.07	9.45
合计		1162.8～1341.2	118.6	1173.59～1344.77	95.11

③ 套管程序及套管质量要求

a. 套管程序

将 ϕ339.7 mm 泵室管、ϕ219.1 mm 井管、ϕ219.1 mm 过滤器及 ϕ219.1 mm 沉淀

管一同下至目的井深，底部留 10 m 口袋。

下套管前进行通井，保证下管时井壁圆滑、规则；严格检查套管质量，不符合质量要求的管材严禁下入井内；所有下井套管都用双吊钳紧扣；沉淀管及过滤器连接处、过滤器中间位置、过滤器上部均加装扶正器，以保证沉淀管及过滤器垂直和环状相等；进行破壁换浆，这可将孔内含有大量泥砂的黏稠钻井液换出，使孔内钻井液黏度达到 32 Pa · s 左右。

b. 套管和井管质量要求

套管质量要求：直径 339.7 mm，壁厚 9.65 mm，钢级 J－55，符合 API 标准石油套管。

井管质量要求：直径 219.1 mm，壁厚 8.94 mm，钢级 J－55。

c. 过滤器选用

选用单层过滤器，过滤器采用 ϕ219.1 mm 井管制作，管体打孔。为保证回灌能力，确定孔径为 14 mm，孔隙度为 20%，选用碳丝喷塑防腐筛网，缠丝间距为 0.7～0.9 mm，过滤器长度为 80 m。

④ 填砾与止水

根据热储层特点、完井深度及以往类似地热井的施工经验，本回灌井采用填砾成井工艺。

围填砾料的作用是增大过滤器及其周围有效孔隙度，减少地下水流入过滤器的阻力，增大回灌量。填砾时采用动水填砾，有效防止砾料膨堵；该回灌井共用砾料 25 m^3，均选用粒径为 2～5 mm 的均质圆形优质石英砂砾料，投砂面高于最上部过滤器约 40 m。

为了隔离钻孔所贯穿的透水层或漏层带，封闭不可用含水层，要进行止水作业。选用黏土球和红土止水，在过滤器顶板以上 40 m 时要投入黏土球止水，黏土球直径为 25～30 mm，投入高度不少于 100 m，共用黏土球约 13 m^3，然后填入红土至井口。

⑤ 完井作业

为使含水层畅通，提高回灌效果，采用下管前破壁换浆与下管后填砾前正循环管外循环冲洗的方法（图9－24）彻底清除井内泥浆，破坏井壁泥饼，使过滤器周围形成一个良好的人工过滤层。洗井采用大港油田 10 m^3 150 MPa 空压机及水泥泵气水混合联合洗井,风管下深1346 m,洗井至水清砂净。完井后抽水试验确定出水量 107 m^3/h,稳定动水位137.9 m,水温 76 ℃,水化学类型为 HCO_3 · Cl − Na 型,矿化度为 1726.2 mg/L,pH 为 7.57。

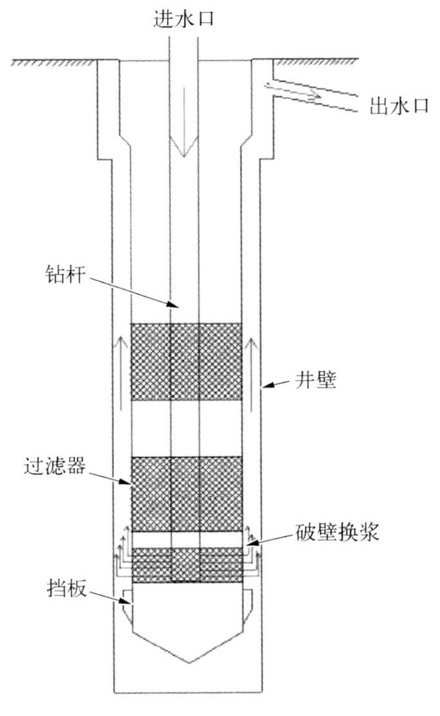

图 9 − 24 填砾前正循环管外循环冲洗井示意图

2. 天津 TGR − 26D 回灌井热储特征及成井工艺

(1) 天津 TGR − 26D 回灌井热储层特征

该回灌井热储层为新近纪馆陶组,顶板埋深为 1760 m,厚度为 284 m。上部岩性为灰绿色、灰白色、浅灰色砂岩,薄层灰绿色泥质粉砂岩,夹不等厚的暗棕红色泥岩、灰绿色色泥岩;下部岩性以杂色砾岩为主,颜色为浅黄色、浅灰为主,成分以石英、燧石为主。综合地质录井及测井曲线发现,本井馆陶组底部砾岩发育较差,泥质胶结,孔隙度低,渗透率低,富水性较差,含水层厚度为 229.3 m,孔隙度为 24.90% ~ 34.17%,渗透率为 347.52×10^{-3} ~ 1250.8×10^{-3} μm^2。该热储层水化学类型为 HCO_3 · Cl − Na 型,矿化度为 1708.4 mg/L,硬度为 33.0 mg/L(以 $CaCO_3$计),pH 为 8.17,为碱性水。

(2) 天津 TGR − 26D 回灌井成井工艺

天津市滨海新区馆陶组回灌井具备射孔成井条件,该井采用了二开射孔成井工艺。

① 井身结构

井身结构为二开成井,先采用直径 444.5 mm 钻头进行一开钻进,钻至井深 400 m,停钻。随后下入 ϕ339.7 mm/壁厚 9.65 mm/钢级 J55 表层套管 400 m,对应井深 0~400 m。固井后采用直径 ϕ311.2 mm 钻头进行钻进,至 2105 m 处完钻。

测井后下入ϕ244.5 mm壁厚8.94 mm/钢级 J55的技术套管，对应井深为364.86~2105 m，与直径为339.7 mm表层套管重叠35.14 m。该井井身结构示意图见图9-25。

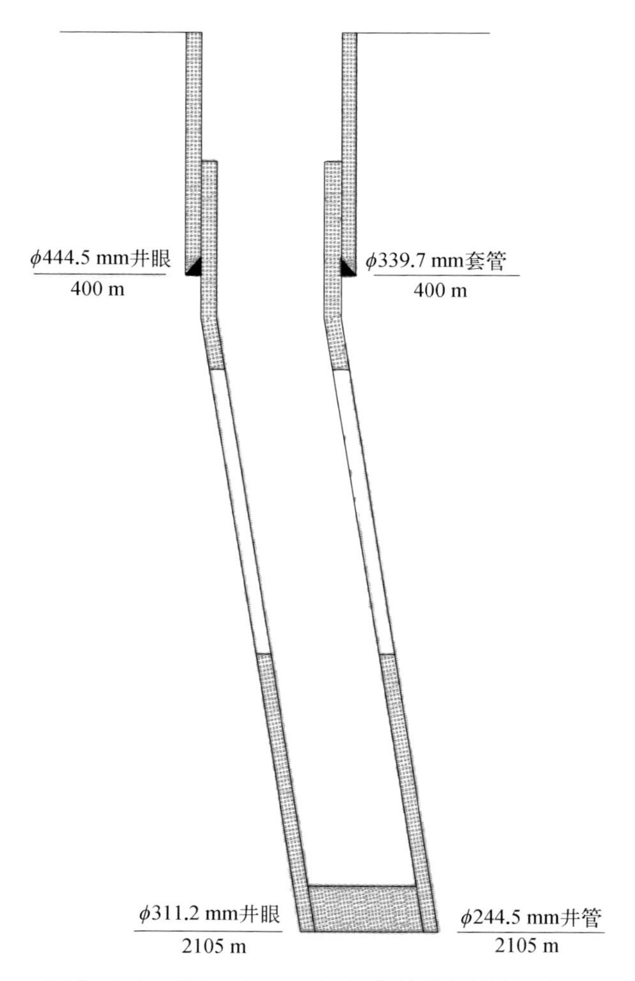

图9-25 天津TGR-26D回灌井井身结构示意图

② 井下物探测井及射孔作业

钻井施工至孔底后，扩孔前先进行物探测井分析，确定过滤器的位置。测井解译成果见表9-10，选取在1868~1878 m、1890~1902 m、1926~1960 m、1960~2000 m等几处射孔，射孔选用ϕ102 mm枪/ϕ12.7 mm弹，单射15孔/m，取水层总厚度为 96 m。

表 9 - 10　天津 TGR - 26D 回灌井测井解译成果表

起始深度/m	终止深度/m	厚度/m	孔隙度/%	渗透率/($\times10^{-3}$ μm^2)	泥质含量/%	井温/℃	解译结论
1720.4	1729.6	9.2	33.08	1137.70	15.08	57.0	水层
1756.2	1766.0	9.8	30.68	785.24	15.66	57.6	水层
1770.9	1815.5	44.6	30.03	726.16	16.11	58.1	水层
1826.7	1852.8	26.1	31.31	866.49	16.50	58.9	水层
1857.3	1860.7	3.4	34.17	1250.80	11.20	59.1	水层
1867.1	1879.0	11.9	31.12	838.65	14.73	59.4	水层
1889.4	1902.0	12.6	31.73	937.83	20.21	39.8	水层
1926.0	1961.5	35.5	31.41	865.31	7.49	61.3	水层
1961.7	2043.8	82.1	24.90	347.52	12.79	63.0	低产层
2071.1	2078.2	7.1	5.68	1.52	41.80	64.1	低产层

9.2.3　地面回灌系统建设

两处回灌示范工程建设过程中,除了在粗效过滤器、精效过滤器、排气罐、加压等装置方面进行施工安装,还对回灌管路和回灌管材质等方面进行改造。对其装备说明如下。

1. 回灌系统流程

回灌系统建设包括过滤装置、排气装置、回灌管、水位测管及回灌管路等方面,回灌系统工艺流程如图 9 - 26 所示。

2. 过滤装置及排气装置

根据水质化验结果,回灌处理系统安装了旋流除砂器、粗效过滤器、精效过滤器和排气罐,安装后现场设备如图 9 - 27 所示。

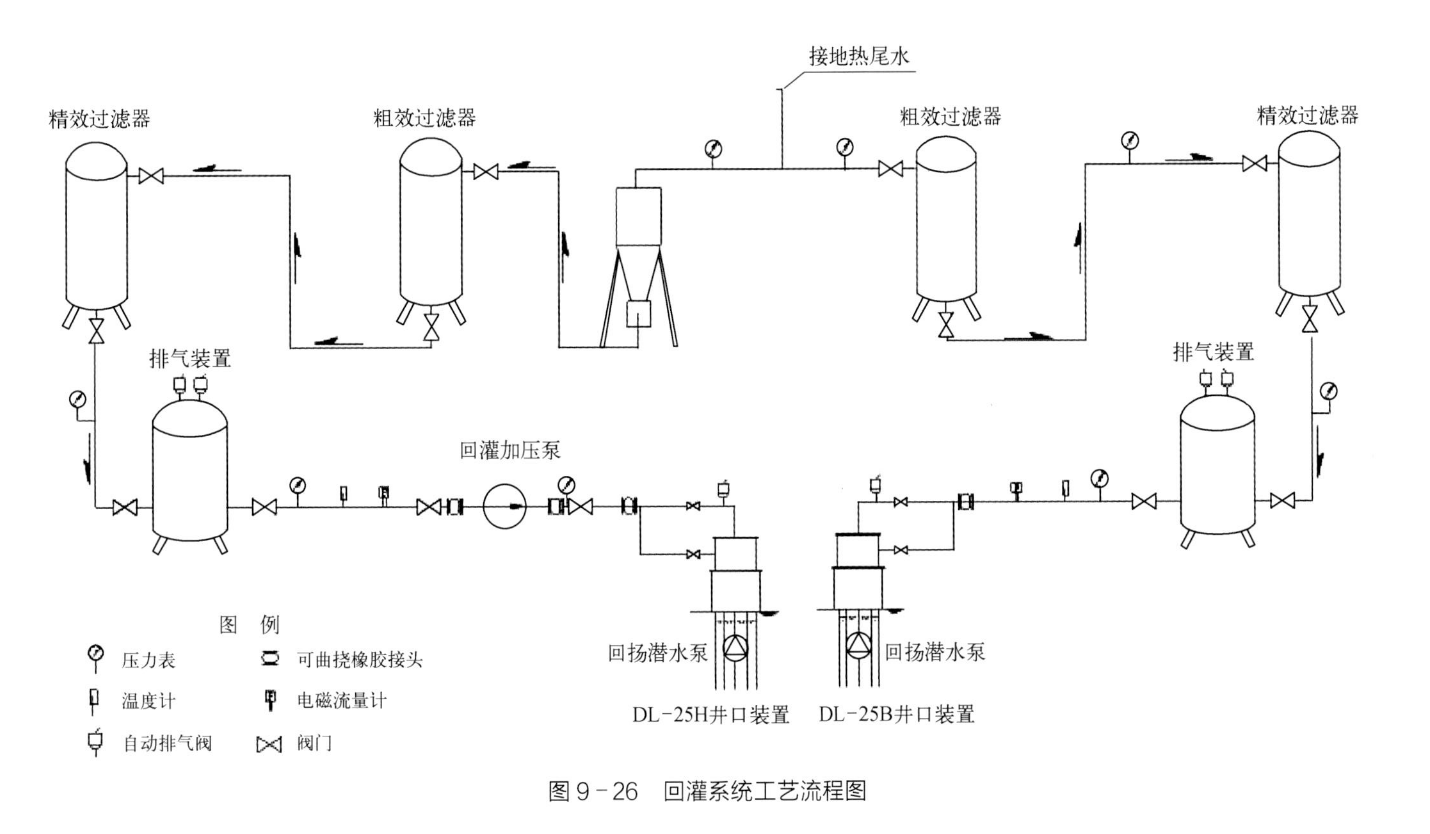

图9-26 回灌系统工艺流程图

图 9－27　天津 DL－25H 回灌井过滤系统

① 除砂器

针对回灌流体含砂的特点，地面系统中增加了除砂装置和旋流除砂器。该系统回灌流体中氯离子含量为 360 mg/L 左右，回灌流体温度为 30～50 ℃，材质选用 316 不锈钢，粒径大于 0.08 mm 的除砂率不小于 80%。

② 粗效过滤器

粗效过滤系统由 4 个过滤器并联组成，采用的是 50 μm 的第三代缠绕滤芯，可多次反冲洗，单体罐过滤量为 20 m^3/h，总回灌过滤量为 80 m^3/h。在过滤器两端安装压力监测器，可确定过滤器的工作状态，决定清洗滤料的时间，保证过滤效果。

③ 精效过滤器

精效过滤系统也由 4 个过滤器并联组成，采用的是溶喷滤芯，过滤精度为 1～3 μm，可多次反冲洗，单体罐过滤量为 20 m^3/h，总回灌过滤量为 80 m^3/h。其过滤精度较高，能有效地防止井内悬浮物的回灌，能拦截或吸附微生物。

④ 排气罐

当地热尾水流经管道并经过两级过滤后，流速、压力、水化学特性等均会发生变化，特别是流速和压力的变化，使部分气体释放出来。本次排气装置安装在精效过滤器与回灌加压泵之间，确保气体的有效释放。

3. 回灌管、水位测管改进

地热流体在回灌的过程中接触空气,造成金属管材腐蚀、结垢,这些杂质落入回灌井内,容易造成回灌物理堵塞。对金属管材起腐蚀作用的因素主要有氯离子(Cl^-)、溶解氧(O_2)和温度等。

(1) 氯离子

在地热流体中,氯离子主要起促进腐蚀作用而不是作为反应物。氯离子的离子半径小,穿透能力强,因此容易穿过金属表面已有的保护层,促进金属的腐蚀,包括缝隙腐蚀、孔蚀与应力腐蚀等。氯化物产生孔蚀或应力腐蚀破裂与临界温度有关,不同合金有不同临界温度。根据天津 DL-25H 回灌井热流体化学组分的数据计算拉申指数 $I_L=1.51$,属于轻微腐蚀性热流体。

(2) 溶解氧

氧是地热流体中最重要的腐蚀性物质,是受腐蚀金属所给出的电子受体,可以与阴极反应放出新生态的氢。这一反应移除了阴极产生的氢气,降低了氢析出的过电位,使析氢反应易于进行。在大多数地热流体中,氧不是常有组分,但在地热利用系统中常会有氧自空气混入。在回灌的过程中氧会加剧对钢材的腐蚀,铁、氧和水在中性介质生成黄色和棕红色 Fe_2O_3的腐蚀产物,即铁锈,它会造成物理堵塞。

(3) 温度

温度对氧去极化腐蚀过程有明显的影响,腐蚀过程为氧扩散控制时,实验数据表明,温度每升高 30 ℃,腐蚀速率就会增加近 2 倍。当非密封系统温度低于 70 ℃时,腐蚀速率随温度的升高而增大,而当温度超过 80 ℃时,腐蚀速率随温度的升高而减小。

为避免物理堵塞,对回灌管和水位测管进行改进,采用 316 不锈钢材质管材,抗氯化、抗侵蚀性能有较大程度提高。

9.2.4 回灌效果

1. 回灌试验设计及试验过程

两处回灌系统建成后分别进行了回灌试验。其试验设计及过程如下。

（1）回灌试验设计

① 回灌试验目的

通过回灌试验了解热储层的回灌能力并取得有关的试验参数，制定适合的回灌运行方案，试验均采取自然回灌方式，回灌量由小到大逐级增加。

② 回灌试验前准备工作

a. 完成回灌管路铺设与回灌井口装置及各仪器仪表安装。

b. 天津 DL－25H 回灌井的回灌水源为 DL－25 井和第四系浅井的混合水，天津 TGR－26D 回灌井的回灌水源为 TGR－25 井换热后的地热尾水。

c. 试验开始对回灌井进行静水位、水温观测，并记录数据。

d. 回灌试验开始前必须进行管路冲洗，开采井抽水通过输水管道，从回灌井旁路的出口排出，冲洗输水管和过滤装置，直至水清砂净。

e. 试验过程中通过变频控制开采量，利用阀门调节回灌量大小，用流量表、温度传感器通过下位机观测回灌流量及温度，用测线和电流表测量水位埋深。

③ 回灌井水位观测

在回灌试验开始对回灌井水位进行观测，观测时间间隔（min）为 1、2、2、5、5、5、5、5、10、10、10、10、10、20、20、20、30、30……稳定后观测时间间隔改为1 h。其他各组回灌试验，调节回灌量后可连续观测。

④ 回灌水温、回灌量观测

回灌水温、回灌总量和瞬时回灌量与回灌井水位同步观测，观测时间间隔一致。

⑤ 过滤压力监测

过滤装置进口与出口压力观测，观测时间间隔为 1 h。

（2）回灌试验过程

① 天津 DL－25H 回灌井回灌试验

回灌试验自 2010 年 11 月 24 日开始，至 2010 年 12 月 6 日结束，分四组进行，历时 286 h，累计回灌量为 14536 m^3。回灌前静水位埋深为 97.47 m，对应液面温度为 40 ℃。回灌试验基本数据见表 9－11，历时曲线见图 9－28。

表 9-11 天津 DL-25H 回灌井回灌试验数据表

试验编号	回灌时间	瞬时灌量/(m^3/h)	回灌水温/℃	稳定动水位埋深/m	稳定时间/h
第一组	2010-11-24—2010-11-27	51	24~48	85.54	8
第二组	2010-11-27—2010-11-29	56	48	81.60	14
第三组	2010-11-29—2010-12-01	61	48	77.79	24
第四组	2010-12-01—2010-12-06	66	48	71.37	20

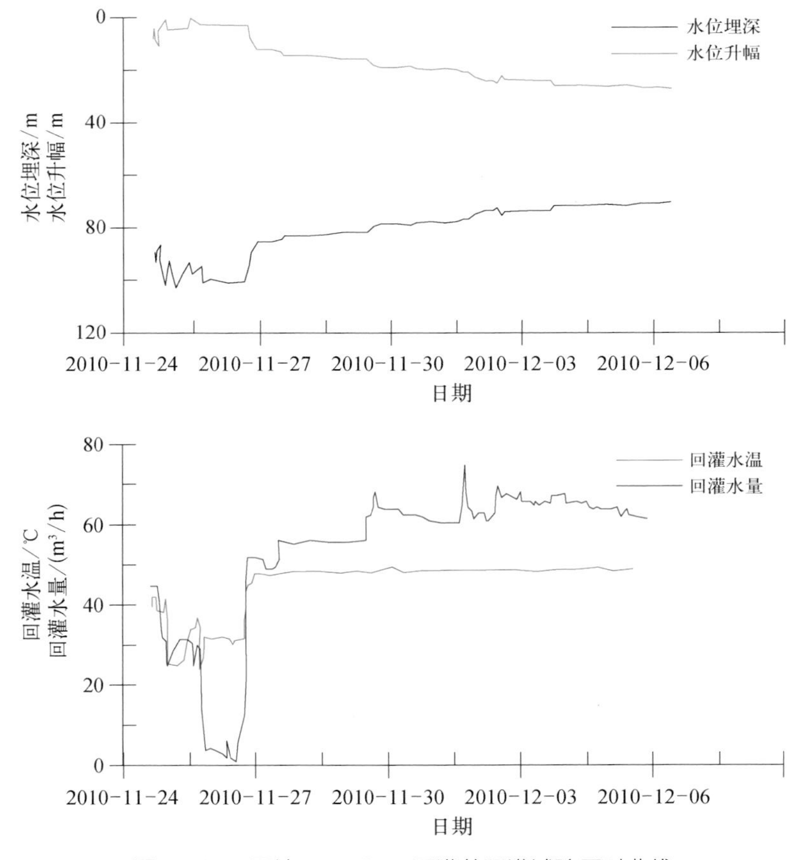

图 9-28 天津 DL-25H 回灌井回灌试验历时曲线

② 天津 TGR－26D 回灌井回灌试验

利用 TGR－25 井的地热尾水对天津 TGR－26D 回灌井进行回灌。试验时间自 2011 年 3 月 1 日开始，至 2011 年 3 月 31 日结束，分五组进行，累计回灌时间为 498 h，累计回灌量为 38249 m^3，恢复水位历时 24 h。回灌前静水位埋深为 110.42 m，对应液面温度为 30.7 ℃。恢复水位自 2011 年 3 月 31 日 10 : 00 开始，至 2011 年 4 月 1 日 10 : 00 结束，历时 24 h。回灌试验数据见表 9－12，历时曲线见图 9－29。

表 9－12　天津 TGR－26D 回灌井回灌试验数据表

试验编号	起止时间	瞬时灌量/(m^3/h)	回灌水温/℃	稳定动水位埋深/m	稳定时间/h
第一组	2011－03－01—2010－03－14	38	18	117.05	13
第二组	2011－03－14—2010－03－16	60	20	114.24	13
第三组	2011－03－16—2010－03－21	80	36	64.88	27
第四组	2011－03－21—2010－03－22	94	36	54.22	16
第五组	2011－03－22—2010－03－31	102	36	23.19	21

（3）回灌数据整理及参数计算

① 水位校正

在数据资料整理过程中，需要进行温度统一校正，以消除井筒效应的影响。由于温度的传导扩散特性，可认为地热井流体内温度与深度呈线性关系，校正水位可由式 9－4 计算出来。

$$h_{高} = H - \frac{\rho_{平}(H - h_0)}{\rho_{高}} \tag{9-4}$$

式中，$h_{高}$为校正后回灌前热储层水位埋深，m；H 为取水段中点的埋深，m；h_0为回灌前观测水位埋深，m；$\rho_{平}$为回灌前地热井内水柱平均密度，kg/m^3；$\rho_{高}$为热储平均温度对应密度，kg/m^3。

针对回灌过程，对式 9－4 进行优化，初始水位校正成对应回灌流体温度对应的水位埋深：

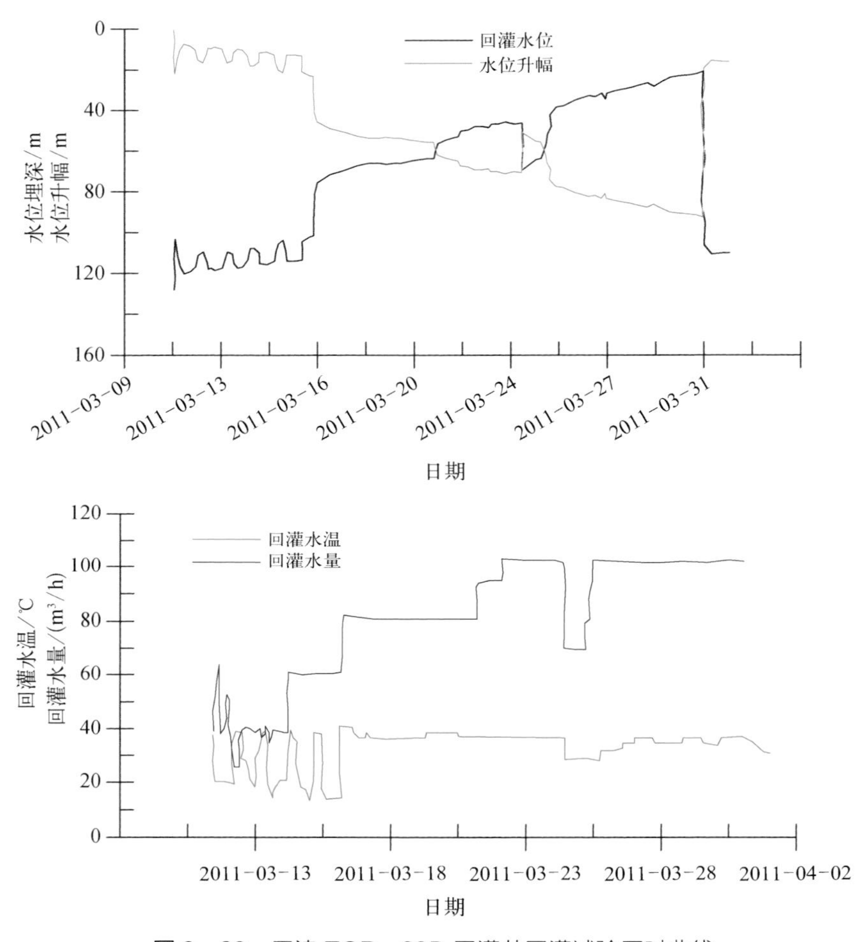

图 9-29　天津 TGR-26D 回灌井回灌试验历时曲线

$$h = H - \frac{\rho_{平}(H - h_0)}{\rho_{回}} \tag{9-5}$$

式中，h 为校正水位埋深，m；H 为取水段中点的埋深，m；h_0 为回灌前观测水位埋深，m；$\rho_{回}$ 为回灌水平均温度对应密度，kg/m³。

a. 天津 DL-25H 回灌井

回灌热流体平均温度为 46 ℃，以此作为统一温度对试验观测数据进行校正，校正后的回灌试验四组稳定数据表见表 9-13。

表 9－13　DL－25H 回灌井校正后的四组回灌试验稳定数据表

试 验 编 号	第一组	第二组	第三组	第四组
稳定回灌量/(m^3/h)	51	56	61	66
校正后稳定动水位埋深/m	85.27	81.41	77.37	71.78
校正后水位回升值/m	10.80	14.66	18.70	24.29
单位回灌量/[m^3/(h·m)]	4.72	3.82	3.26	2.72
平均温度/℃	46			
静水位埋深/m	96.07			
取水段有效厚度/m	95.11			
井半径/m	0.1095			

b. 天津 TGR－26D 回灌井

该井共进行了五组回灌试验，回灌热流体平均温度为 32.5 ℃。以此作为统一温度对试验观测数据进行校正，水位校正公式见式 9－5。校正后的回灌试验五组稳定数据见表 9－14。

表 9－14　TGR－26D 回灌井校正后的五组回灌试验稳定数据表

试 验 编 号	第一组	第二组	第三组	第四组	第五组
稳定回灌量/(m^3/h)	38	60	80	94	102
校正后稳定动水位埋深/m	111.24	108.17	65.07	54.67	23.16
校正后水位回升值/m	16.43	20.10	63.20	73.60	105.11
单位回灌量/[m^3/(h·m)]	2.31	2.99	1.27	1.28	0.97
平均温度/℃	32.5				
静水位埋深/m	128.27				
取水段有效厚度/m	96				
井半径/m	0.113				

② 回灌井可灌潜力分析

a. 天津 DL－25H 回灌井

本次回灌试验过程中稳定回灌量为 66 m^3/h，稳定水位埋深为 71.78 m。利用热储层吸收率计算回灌井的可灌潜力。计算公式如下：

$$Q = PM\Delta H \tag{9-6}$$

式中，Q 为稳定回灌量，m^3/h；P 为热储层吸收率，$m^3/(h \cdot m^2)$；M 为回灌热储砂层的有效厚度，m；ΔH 为回灌时孔内水位上升的稳定高度，m。

排除天津 DL-25H 回灌井回灌试验数据异常点后绘制 $P-\Delta H$ 关系曲线（图9-30），曲线表明吸收率 P 与水位上升高度 ΔH 呈或近似呈幂函数递减关系。

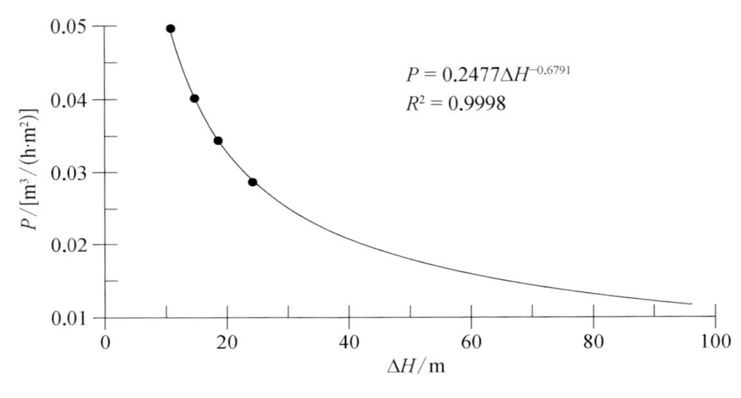

图9-30 天津 DL-25H 回灌井 $P-\Delta H$ 关系曲线

代入式9-6计算得出，当天津 DL-25H 回灌井的 ΔH_1 取 96.07 m 时，即当回灌运行中水位埋深稳定在 0 m 时，最大回灌量为 $Q_1 = 101.9\ m^3/h$。

b. 天津 TGR-26D 回灌井

排除天津 TGR-26D 回灌井回灌试验数据异常点后绘制 $P-\Delta H$ 关系曲线（图9-31），曲线表明吸收率 P 与水位上升高度 ΔH 呈或近似呈幂函数递减关系。

代入式9-6计算得出，当 ΔH_2 取 128.27 m 时，即当回灌水位埋深为 0 m 时，最大回灌量为 $Q_2 = 114.5\ m^3/h$。

2. 回灌示范工程技术总结

根据天津市新近纪馆陶组热储的不同热储沉积环境，分别选用适宜的成井工艺，应用于两处回灌示范工程中（表9-15），取得了一定的成效，为类似的沉积环境和热储特征的孔隙型热储回灌工作起到了参考和示范的作用。

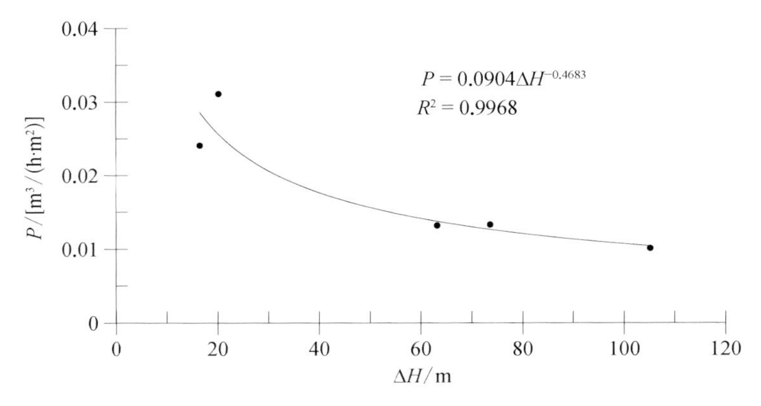

图 9－31　天津 TGR－26D 回灌井 $P-\Delta H$ 关系曲线

表 9－15　天津市砂岩热储回灌示范工程技术总结表

回灌井号	天津 DL－25H 回灌井	天津 TGR－26D 回灌井
地理位置	东丽区	塘沽区
井深/m	1362.39	2105
热储层	馆陶组	馆陶组
孔隙度/%	21.37～32.74	24.90～31.73
渗透率/($\times10^{-3}$ μm^2)	183.93～1077.2	347.52～937.83
泥质含量/%	5.01～19.06	7.49～20.21
成井工艺	一开大口径填砾	二开射孔
过滤精度/μm	1～3	3
排气装置	有	有
除砂器	有	有
可灌量/(m^3/h)	101.9	114.5

(1) 针对天津 DL－25H 回灌井附近区域地热地质特点,采用一开成井扩孔、大口径填砾成井工艺,根据回灌热流体的水质特征,进行地面回灌系统建设。试验最大可灌量达 101.9 m^3/h,与以往同类型成井工艺地热回灌井相比有了显著提高。

(2) 针对天津 TGR－26D 回灌井附近区域热储渗透性好、胶结程度较高的地热地质特征,采用射孔成井工艺进行地热回灌井施工,根据回灌热流体的水质特征,选用了合理的地面回灌过滤设备。回灌试验的最大可灌量为 114.5 m^3/h,表明射孔工艺的应用和地面回灌系统的完善取得了成功。

9.3 德州市回灌工程

9.3.1 地热资源开发及回灌现状

德州市馆陶组地热资源丰富,易于开发。20 世纪 90 年代末,社会经济发展迅速,特别受北京、天津、陕西等相邻省(市)大规模勘查开发利用地热资源的影响,山东省地质矿产勘查开发局在区内进行了广泛的地热资源普查和地热井钻探工作,地热井数量迅速增加,地热水开采量急剧增长。早在 1997 年,德州市就成功施工了第一眼地热井,2005 年以来得到了大规模利用,截至 2019 年底,全市已有地热井400 余眼,其利用方式主要用于供暖,其次用于理疗。地热开采层位主要集中在新近纪馆陶组热储层,井深为 1100~1650 m,井口水温为 47.0~70.0 ℃,单井出水量为 60~120 m^3/h,矿化度为 3.9~10.1 g/L,年开采量约为 6413×10^4 m^3。虽然地热水具有水、热双重属性,水资源在人类社会的发展中具有重要地位,但是供暖后地热尾水的大量排放是对水资源的极大浪费,与我国建设资源节约型社会的主旨相悖。

2016 年,山东省地质矿产勘查开发局第二水文地质工程地质大队在前期地热回灌试验成果基础上,结合区内地热地质条件,探索适合区内的地热回灌技术方法、回灌工艺流程等,提出适合鲁北地区砂岩热储回灌的可行方案。在德州市建立了“砂岩热储地热回灌示范工程”,实现了地热供暖尾水 100%生产性回灌。该示范工程对回灌井钻探成井、梯级开发、综合利用、尾水回灌、实时监控等地热资源勘查开发技术体系进行了集成和创新。利用该技术体系、借鉴示范工程的成功经验,在武城县、禹城市、乐陵市、夏津县、平原县和商河县等地建成了地热供暖回灌工程十余处,促进了全省砂岩热储地热供暖尾水生产性回灌的普及,对整个华北地区乃至全国砂岩热储地热供暖尾水回灌技术的推广起到了引领和示范作用。

9.3.2　热储层特征

德州市位于山东省西北部、黄河下游北岸的鲁西北平原。受新华夏构造体系影响，区内基岩断裂构造发育，活动强度大，发育的断裂主要有：沧东断裂、边临镇—羊二庄断裂和陵县—老黄河口断裂。地热资源主要赋存于新近纪馆陶组和古近纪东营组砂岩裂隙孔隙层状热储，以及寒武—奥陶纪碳酸盐岩裂隙岩溶层状热储。热储埋深大，地热水补给微弱，主要为古封存水和成岩过程中的压密释水，地热田成矿模式属于封闭-传导-层状型，仅南部岩溶热储属于弱开放-对流传导-带状层状型。

1. 明化镇组下段热储层

明化镇组下段热储层顶板埋深为900~926 m，底板埋深为1050~1160 m，地层厚度为230~250 m，分布广泛，厚度稳定。热储含水层厚度为70~105 m，占地层总厚度的27%~40%。其分布规律是：(1) 热储层顶底板埋深在研究区中南部的市府—于官屯一线，埋藏最深，顶板埋深为930~950 m，底板埋深为1100~1160 m，向外围顶底板埋深逐渐变浅，顶板埋深为850~900 m，底板埋深为1050~1100 m。(2) 热储层厚度由中南部的市府—于官屯一线向外围逐渐变薄，中南部厚度大于100 m，而外围渐变为80~100 m和小于80 m。

明化镇组热储层岩性为灰白色、浅黄色细砂岩为主，呈松散状态，局部钙质胶结，呈薄层状，厚度为0.1~0.5 m不等。砂岩的分选性与磨圆度较好，孔隙度为28%~34%，单井出水量为60~80 m^3/h，温度为40~48 ℃，矿化度为2~4 g/L。

2. 馆陶组热储层

馆陶组热储层顶板埋深为1050~1160 m，底板埋深为1350~1650 m，与下覆地层东营组呈不整合接触。地层厚度为350~475 m，热储含水层厚度为160~180 m，占地层总厚度的35%~45%。单层厚度大，平均单层厚度为10 m左右，最大单层厚度为19.2 m。

馆陶组热储在垂向上呈上细下粗的正旋回沉积，底砾岩明显，根据沉积环境与岩性特征等，馆陶组热储可分为上下两段。馆陶组上段热储岩性较细，一般为浅灰色至灰白色粉细砂岩或细砂岩,单层厚度小,与泥岩呈互层分布,热储与地层厚度比为30%左右。馆陶组下段热储岩性较粗,为细—中砂岩和灰白色含砾粗砂岩及砂砾岩,单层厚度大,与泥岩相间分布,热储与地层厚度比40%左右;砾石成分以石英和黑色燧石为主,砾石直径为1~10 mm不等,磨圆度中等,砂砾岩成岩性差,呈疏松状,孔隙度一般为24%~30%。以DR1、DR2井为例,均以馆陶组下段热储为目标开采层,在降深为20 m以内单井涌水量为80~120 m^3/h,水温为54~58 ℃,水化学类型为Cl-Na型,矿化度为4000~5000 mg/L,水中含有丰富的对人体健康有益的微量元素。

据石油地质、地震及钻探资料,馆陶组地层全区均有分布,顶板埋深为1026~1195 m,底板埋深为1350~1650 m,与下伏地层东营组呈不整合接触。馆陶组地层厚度一般为250~550 m,总的分布规律是研究区中南部市府—于官屯—黄河涯镇一带较厚,向外围逐渐变薄。市府—于官屯一带厚度一般大于500 m;西部及德州经济技术开发区一带厚度一般为400 m左右;东部减河断裂以东由北向南厚度有逐渐增加趋势。据物探电测井、钻探岩屑录井资料,馆陶组热储与地层的厚度比为30%~40%,热储厚度一般为160~200 m,其分布规律与地层厚度分布基本一致(图9-32)。

3. 东营组热储层

东营组热储层顶板埋深为1350~1650 m,顶板埋深为1350~1650 m,底板埋深为1629~2740 m,基底构造变化的影响较大,一般为1629~2019 m,与下伏古近纪沙河街组呈整合接触,第四纪和新近纪为其热储盖层。地层厚度变化较大,一般为50~300 m,热储含水层厚度为10~80 m,厚度占地层厚度的13%~22%,其分布规律为由南向西逐步变薄。在沉降中心于官屯—小东关南一带最深,达1600 m以上,厚度大于300 m;向沉降边缘扩展,地层埋藏深度逐渐变浅,东营组地层剥蚀程度逐渐增加,厚度不断变薄。

东营组地层岩性以紫红、棕黄、灰绿色泥岩为主,夹灰白色、浅灰色细砂、粉细砂岩,呈泥质、钙质胶结,矿物成分以石英为主,长石次之,分选较好,呈次圆状,结构较致密,具有良好的储水空间。单井涌水量为520 m^3/d左右,温度为60~70 ℃,矿化度为7.741 g/L,水化学类型为Cl-Na型。

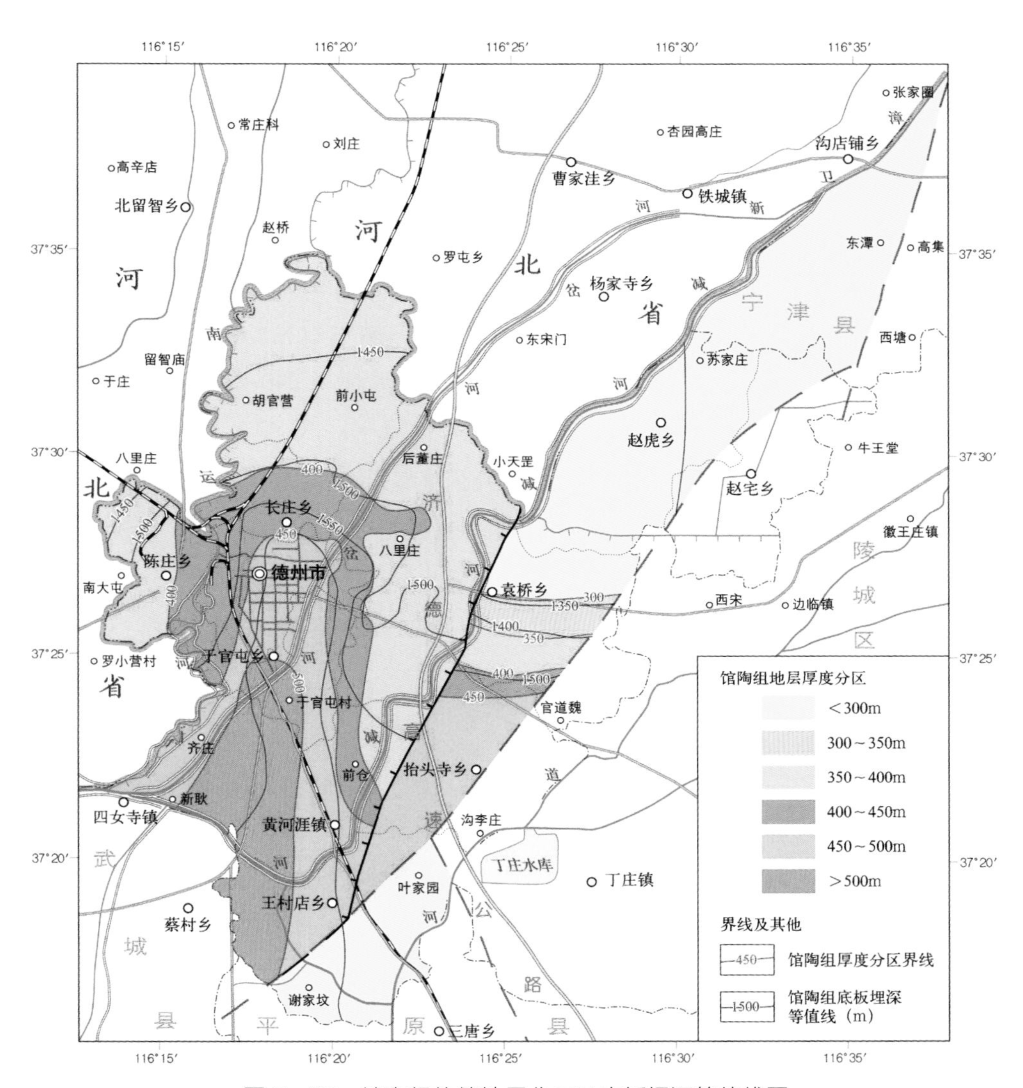

图 9－32　馆陶组热储地层分区及底板埋深等值线图

4. 沙河街组热储层

沙河街组热储层受基底起伏和区域构造影响，顶底板埋深变化幅度较大，顶板埋深一般为 1440~2110 m，底板埋深为 2000~3100 m，厚度为 400~1100 m。根据岩性不同，可将沙河街组分为四段，其中沙四段以棕红色、棕褐色泥岩和浅灰、灰白色细粗砂岩为主，为上细下粗的正旋回交互沉积；沙三段以浅湖—半深湖相沉积的灰色、深灰色泥岩为主,上段夹薄层细砂、粉细砂岩,具有下细上粗的反旋回特点;沙二段为弱氧化环境下的浅湖相和河流相沉积的棕红色、灰绿色泥岩和浅灰色、灰白色细砂岩、灰质砂岩互层;沙一段为浅湖还原相沉积的灰色夹紫色泥岩、灰质泥岩与灰色细砂岩交互沉积,以泥岩为主。泥岩质纯性脆、局部地段泥岩灰质含量较高,常见介形虫等贝类化石。

热储砂层岩性主要为细砂、粉细砂与灰质砂岩,泥砂互层,砂层厚度为120~150 m,占地层厚度的10%~19%,泥质胶结,结构致密。孔隙度大,一般为10.79~31.53,具有良好的储水空间。单井涌水量为240~720 m^3/d,温度为68~75 ℃,矿化度为30.61 g/L左右,水化学类型为Cl-Na型。

根据目前各热储层的分布范围、深度、开采难易程度、富水性及开发利用现状等,区内主要的开采热储层为新近纪馆陶组和古近纪东营组热储。

9.3.3 回灌场地布局

1. 场地概况

(1) 供暖情况

回灌场地位于德城区水文家园小区,德兴中大道1272号,大学西路与德兴中大道交口的西南侧(图9-33)。行政区划隶属于德州市德城区,西南距德城区广川街道办事处约2.7 km,东南距德州市政府约5.2 km,南距省道S314约1.6 km,东北距京台高速入口约7 km,区内地理位置优越,交通较为便利。

场区内地形平坦,地面海拔高程为19 m。目前该小区建筑面积共5.7×10^4 m^2,其中3.6×10^4 m^2为暖气片采暖,2.1×10^4 m^2为地板辐射采暖。采灌层位均为新近纪馆陶组,配备地热供暖及回灌系统,完全满足小区供暖和洗浴需求。

(2) 地热井部署

示范工程自2016年11月开始运行至今,共有一眼开采井,一眼回灌井,两井直线距离为180 m。德热1井作为供暖抽水井,坐标为(4148463.00,39439266.98),冬季供暖开采,非供暖季用于洗浴,年开采量约为2×10^5 m^3。另外在德热 1 井北 65 m 处有一眼地热井(德热 1－1 井),坐标为(4148527.58, 39439266.17),用于洗浴,开采量较小(现已停用)。回灌井位于水文队安居小区西北角,坐标为(4148601.00, 39439154.53),与已有德热 1 井形成对井采灌井组。

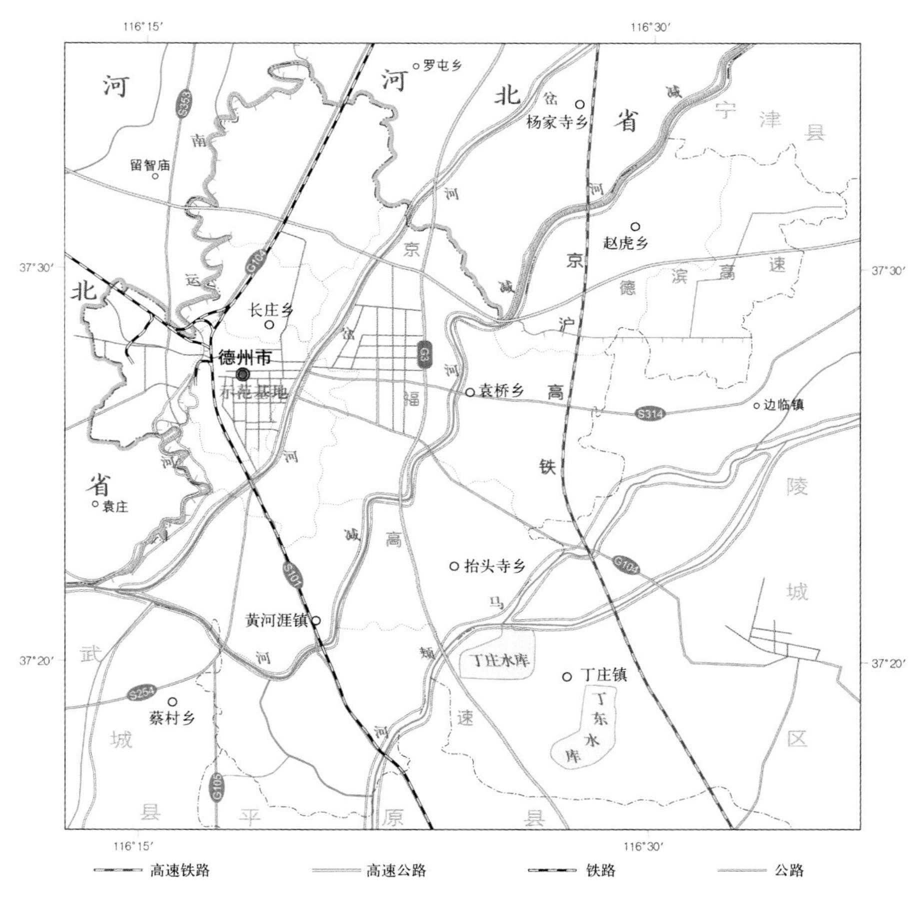

图 9－33　示范基地位置交通示意图

2. 设计理念及创新点

示范基地建设遵循节能、环保、适用的设计理念,其创新点有如下几点。

(1) 采用换热器,有效避免地热水对末端散热器的腐蚀;

(2) 地暖管抗腐蚀,一级换热后一部分地热水直接进入地板辐射采暖,另一

部分用于洗浴,形成梯级综合利用;

(3) 利用热泵技术提热,提高热利用率;

(4) 结合阶梯电价与日供暖需求,控制热泵开启时间、峰值等参数;

(5) 供暖尾水经过滤设备回灌入井,实现地热的可持续开发利用。

3. 回灌热储层特征

根据场地钻探资料,场地地层自新至老有第四纪平原组、新近纪明化镇组、新近纪馆陶组、古近纪东营组。馆陶组(N_1g,1150.00~1536.00 m)上部以泥岩为主,局部夹细砂岩,砂岩主要成分为石英、长石;泥岩为棕黄、棕红色;下部为含砾粗砂岩、砂砾岩,砂砾岩主要矿物成分为石英,长石次之,分选性好,磨圆中等,与下伏东营组呈不整合接触。

9.3.4 成井工艺

回灌井基本信息如下。

回灌井于2016年8月2日由山东省鲁北地质工程勘察院钻探公司施工完成,钻探深度为1544.50 m,成井深度为1544.50 m,围岩为第四纪—古近纪东营组。

成井结构:一开钻进,钻头类型ϕ311 mm,钻进深度为1544.50 m。一次扩孔:钻头类型ϕ450 mm,钻进深度为1536.90 m。二次扩孔:钻头类型ϕ610 mm,钻进深度为293.50 m。扫孔:钻头类型ϕ450 mm,钻进深度为1544.50 m。

下管成井:下管深度为-1.00~281.33 m,管材ϕ339.7×9.65 mm(J55级石油套管)+变径339.7/177.8(变径长为0.63 m)。281.96~1535.44 m下入管材ϕ177.8×8.05 mm(J55级石油套管)。井管总长度为1536.44 m,井口高出地面1.00 m。

填砾止水:填砾位置为1310.00~1544.50 m,总计投入砾料43.0 m^3,投砾完成后采用黏土球止水,止水位置为1280.00~1310.00 m,共计投入黏土球3.0 m^3,上部投入黏土57 m^3,回填至井口。

井深:热储层顶板埋深为1156 m,底板埋深为1525 m,取水位置为1300~

1525 m，钻探深度为 1544.50 m。

井结构：井结构为大口径填砾地热井，用牙轮钻头全面钻进，钻探孔由上至下孔径分别为 610 mm、450 mm，其中：0～293.50 m，直径为 610 mm；293.50～1541.30 m，直径为 450 mm。完井方式为不锈钢型缠丝筛管完井，上部泵室管直径为 273.1 mm，变径深度为 281.33 m；下部滤水管直径为 177.8 m。最终成井深度为 1536.44 m。

填砾与止水：为增强井的渗透性能，本井滤水管段进行填砾，根据热储层砂岩颗粒级配条件，本次填砾所选砾料干净、圆滑，由直径 2～4 mm 和 3～6 mm 的石英砂按 1∶1 进行调配，并且天然石英砂含砾达到 80% 以上，填砾的厚度为 133.5 mm，深度高出滤水管顶界面 40 m，取水段上部采用黏土球进行封闭止水，止水位置为 1280 m。

测井录井：（1）德热 1 井测井解译如下。解译热储含水层位置、厚度分别为 1332.00～1350.00 m、18.00 m；1374.00～1383.00 m、9.00 m；1390.00～1399.00 m、9.00 m；1401.00～1413.00 m、12.00 m；1426.00～1437.00 m、11.00 m；1455.00～1464.00 m、9.00 m；取水层有效厚度为 68 m。（2）回灌井测井解译如下。明化镇组底板埋深为 1150.00 m，馆陶组底板埋深为 1536.00 m，解译热储含水层位置、厚度分别为 1319.00～1340.00 m、21.00 m；1346.00～1360.00 m、14.00 m；1375.00～1407.00 m、32.00 m；1410.00～1425.00 m、15.00 m；1428.00～1492.00 m、64.00 m；1495.00～1525.00 m、30.00 m；1528.00～1536.00 m、8.00 m；取水层累计厚度为 184.00 m。

开采井基本信息如下。

德热 1 井，于 1997 年 3 月 23 日由华北石油康海实业公司水井工程大队施工完成，钻探深度为 1491.37 m，成井深度为 1479.72 m，围岩为第四纪—新近纪地层。

钻孔结构：钻探采用三齿牙轮钻头全面钻进，孔深为 0.00～109.80 m，孔径为 450 mm；孔深为 109.80～212.66 m，孔径为 311 mm；孔深为 212.66 m 以下，孔径为 244.5 mm，钻头一径至终孔。

成井结构：0～109.80 m 下入规格为 ϕ339 mm×8.94 mm 的油井套管，泵室管采

用 ϕ239 mm×8.94 mm 油井套管。用油井水泥固井,水泥用量为 30 t,水泥浆平均比重为 1.81;0~206.32 m 下入规格为 ϕ239 mm×8.94 mm 的油井套管作为泵室管。206.32~1479.72 m 以下下入规格为ϕ177.8 mm×9.19 mm 的油井套管,滤水管类型为钢网喷塑型,规格为 ϕ177.8 mm×9.19 mm,钢网间距为 0.75 mm,孔隙度为 30%。开采井、回灌井井身结构对比示意图如图 9-34 所示。

滤水管位置为 1335.6~1356.32 m、1376.29~1386.40 m、1396.55~1417.03 m、1428.28~1438.87 m、1457.14~1467.56 m,累计长度为 72.32 m;德热 1 井取水段埋深为 1332.0~1464.0 m,利用热储层为新近纪馆陶组,累计利用有效含水层厚度为 68.0 m。

止水方法为胶皮伞止水,止水位置分别为 286.35 m、1320.87 m、1330.71 m、1368.38 m、1449.14 m。开采方法为地下开采。地热水开采标高为-1312.19~-1444.19 m。该井未发现涌沙现象。

9.3.5 回灌工艺流程

本次回灌试验工艺为开采井水源通过无缝钢管进入泵房,通过除砂后进行两级换热,然后注入输水管道,进入回灌井泵房,经储水罐、两级过滤装置(排气装置)、加压泵(备用)、自然回灌至回灌井(图 9-35)。

9.3.6 回灌效果概述

1. 监测数据

(1)2016—2017 年供暖季监测数据情况

示范工程自 2016 年 12 月 14 日开始运行,至 2017 年 4 月 25 日结束,总运行时间为 132 d,回灌运行时间为 132 d,平均开采水温为 55.67 ℃,平均回灌水温为 40 ℃;开采井静水位埋深为 70.20 m,最大动水位埋深为 94.67 m,回灌井稳定动水位埋深为-51 m;总开采量为 2.246×10^5 m^3,总回灌量为 1.676×10^5 m^3,平均开采量为 70.78 m^3/h,平均回灌量为 52.82 m^3/h;回灌共分为两个阶段,其采灌井水位埋深、水温、流量历时曲线见图 9-36。

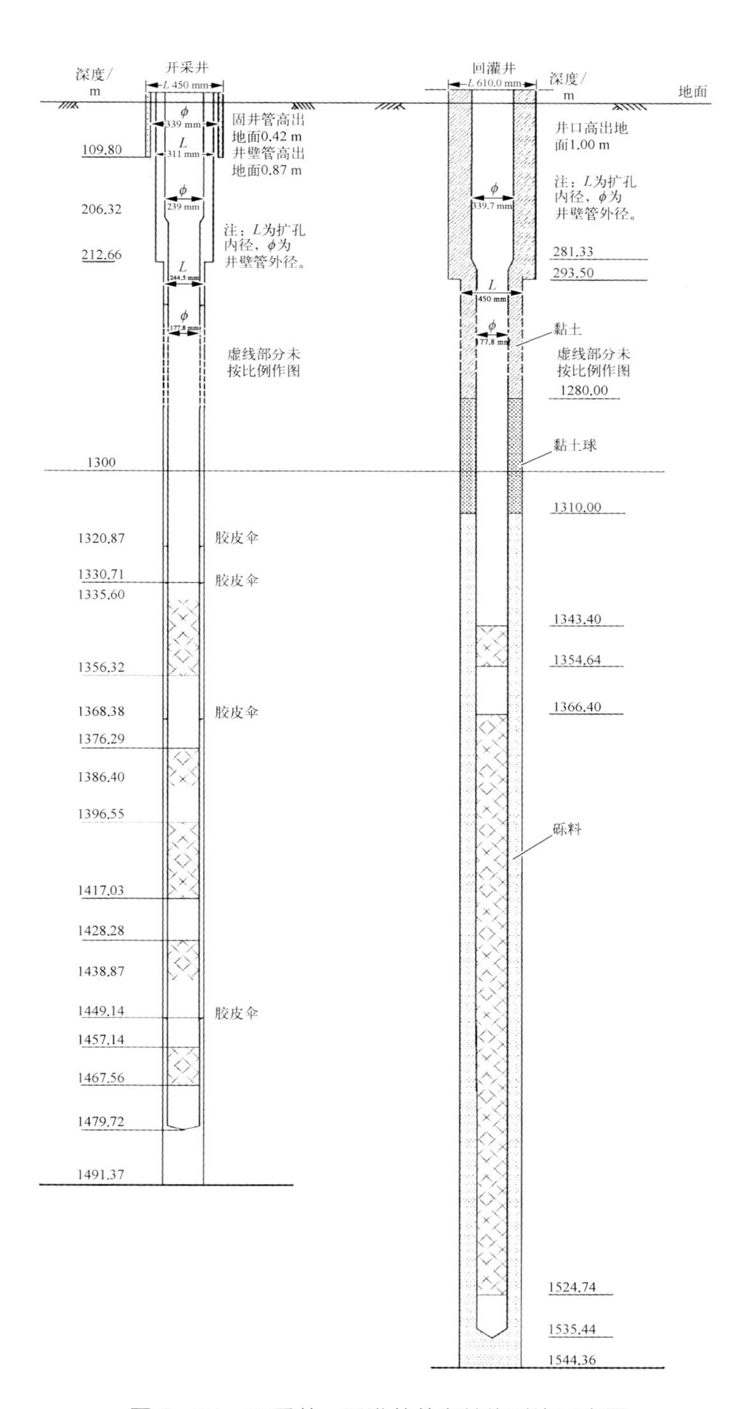

图 9－34　开采井、回灌井井身结构对比示意图

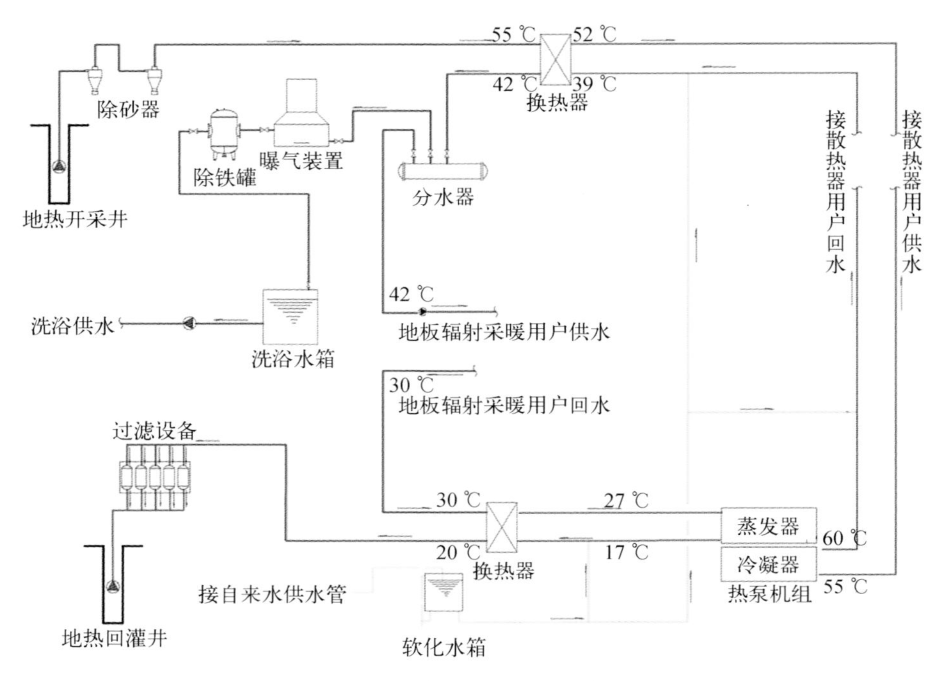

图 9－35　回灌试验工艺流程图

第一阶段为生产性回灌阶段，自 2016 年 12 月 14 日至 2017 年 3 月 13 日。开采水温为 55.5 ℃保持不变，回灌水温为 31～35 ℃；加压 0.45 MPa 回灌后，平均开采量为 75.03 m^3/h，平均回灌量为 56.54 m^3/h。

第二阶段为补充试验阶段，自 2017 年 3 月 14 日至 2017 年 4 月 25 日。尾水温度的升高导致回灌压力增大，稳定后，回灌量随着回灌压力上下波动。平均开采量为 61.60 m^3/h，平均回灌量为 44.95 m^3/h。

（2）2017—2018 年供暖季监测数据情况

示范工程自 2017 年 11 月 22 日开始运行，至 2018 年 3 月 17 日结束，总运行 115 d，回灌运行115 d，平均开采水温为 54.9 ℃，平均回灌水温为 34.1 ℃；开采井静水位为73.43 m，最大动水位埋深为 93.63 m，回灌井稳定动水位在 2～10 m；总开采量为 1.771×10^5 m^3，总回灌量为 1.514×10^5 m^3；平均开采量为 64.15 m^3/h，平均回灌量为 54.84 m^3/h。示范工程 2017—2018 年供暖季采灌井水位埋深、水温、流量历时曲线见图 9－37。

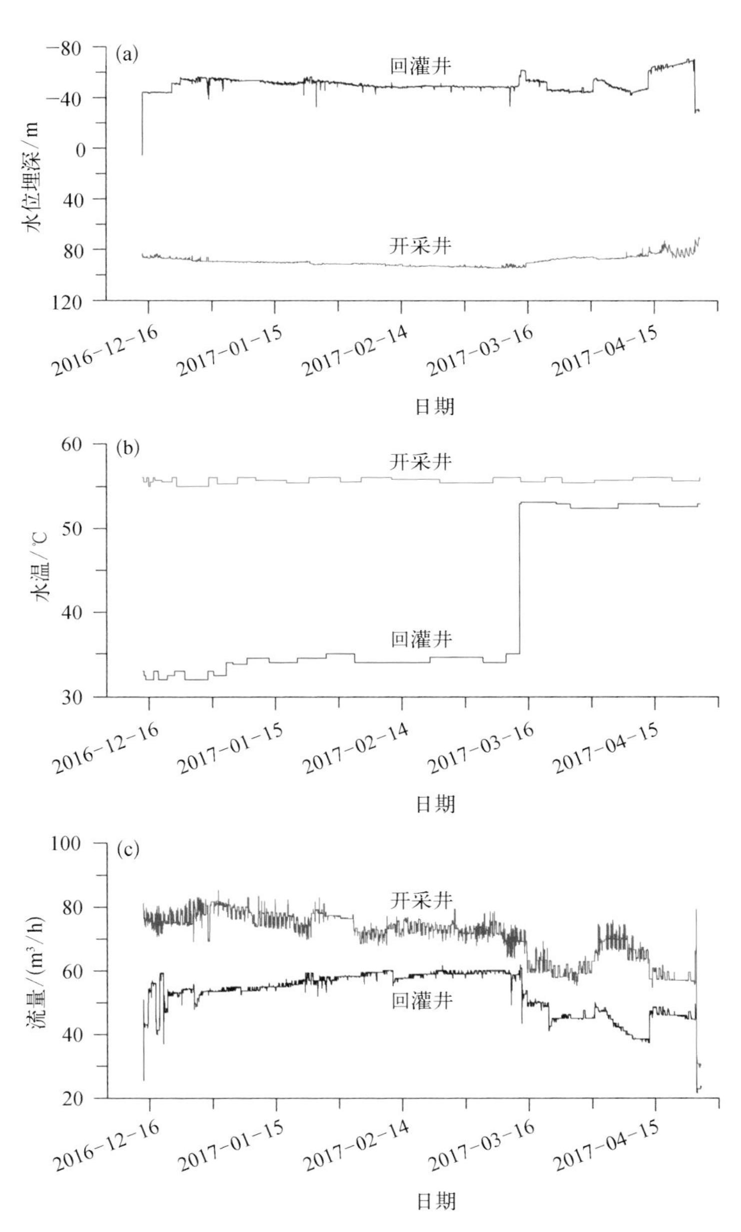

(a) 水位埋深;(b) 水温;(c) 流量

图 9-36　示范工程 2016—2017 年供暖季采灌井水位埋深、水温、流量历时曲线

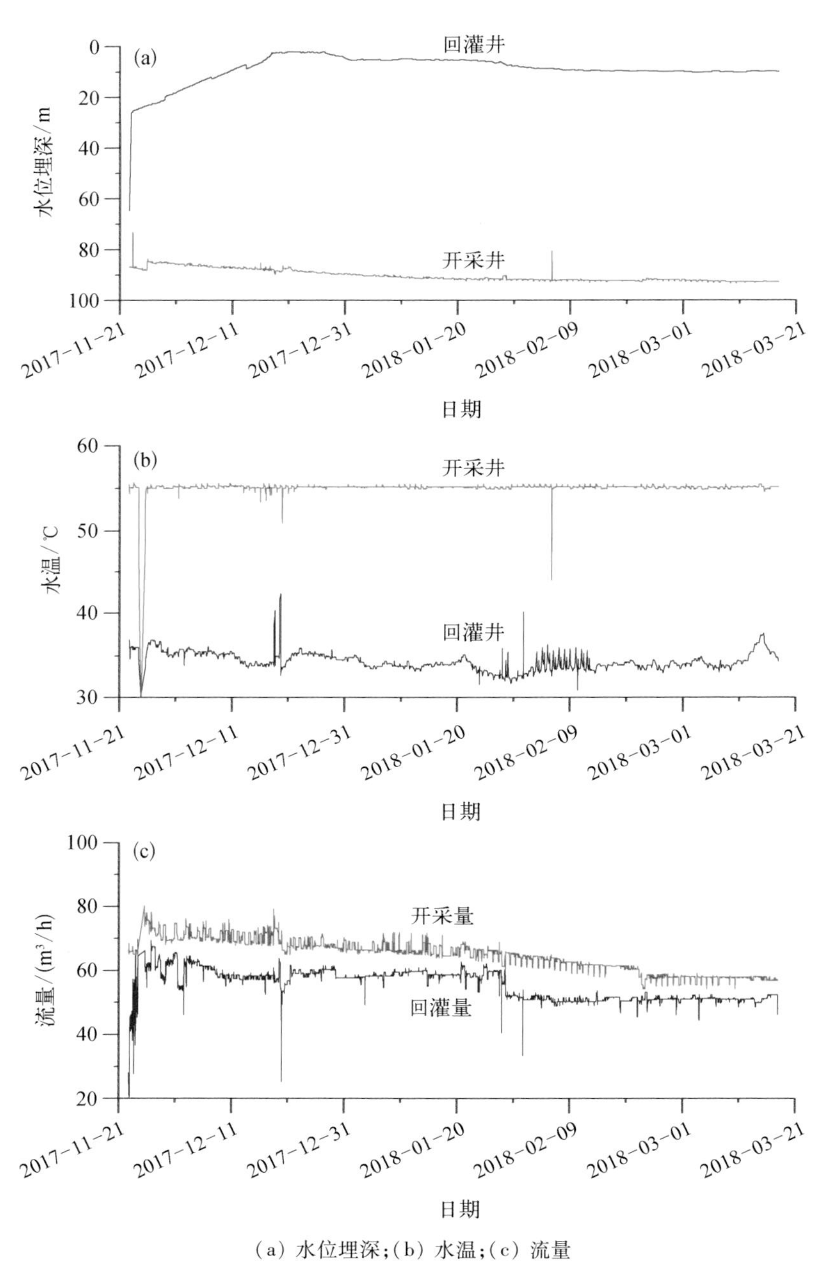

(a) 水位埋深;(b) 水温;(c) 流量

图 9-37 示范工程 2017—2018 年供暖季采灌井水位埋深、水温、流量历时曲线

（3）2018—2019 年供暖季监测数据情况

示范工程自 2018 年 11 月 15 日开始运行，至 2019 年 3 月 26 日结束，总运行时间为 130 d，开采井井口平均水温为 54.3 ℃，回灌井平均回灌为水温为 34.1 ℃；开采井静水位为 73.0 m，最大动水位埋深为 94.1 m，回灌井稳定动水位埋深在 48.5~64.9 m；平均开采量为 63.33 m^3/h，平均回灌量为 62.47 m^3/h，平均灌采比为98.63%；试点运行过程中无尾水排放，尾水全部回灌入回灌井中，尾水回灌能力达到 100%。示范工程 2018—2019 年供暖季采灌井水位埋深、水温、流量历时曲线见图 9-38。

（4）2019—2020 年供暖季监测数据情况

示范工程自 2019 年 11 月 8 日开始运行，至 2020 年 4 月 2 日结束，总运行时间为 145 d，开采井井口平均水温为 54.23 ℃，回灌井平均回灌水温为 34.12 ℃；开采井静水位为75.14 m，最大动水位埋深为 88.06 m，回灌井稳定动水位埋深为 19.4~ 24.7 m；平均开采量为 61.41 m^3/h，平均回灌量为 60.69 m^3/h；灌采比为 98.65%，尾水回灌率为 100%。示范工程 2019—2020 年供暖季采灌井水位埋深、水温、流量历时曲线见图 9-39。

示范工程自 2016 年 11 月建成以来，运行 4 个供暖季，回灌曲线稍有波动，未开启二次换热和热泵提温系统，住宅室温平均温度为 20~28 ℃，满足小区供暖需求，供暖、回灌效果良好。

2. 回灌效益

（1）供暖效益

地热是德州市的优势矿产资源，同时也是一种清洁能源，其开发利用有利于资源节约和环境保护，符合绿色发展理念。为使地热这一绿色能源实现可持续开发利用，须进行地热尾水回灌，实现地热资源的循环持续利用。而回灌井的回灌能力受到地层条件、回灌设备、操作等影响较大，可出现回灌率低或回灌量衰减等情况，欲实现尾水全部回灌，可本着“以灌定采”的原则，结合实际开采需求进行“一采一灌”“一采两灌”“两采两灌”等模式。

（2）经济、环境效益

地热水是宝贵的自然资源，具备较高的利用价值。进行地热尾水回灌标准化

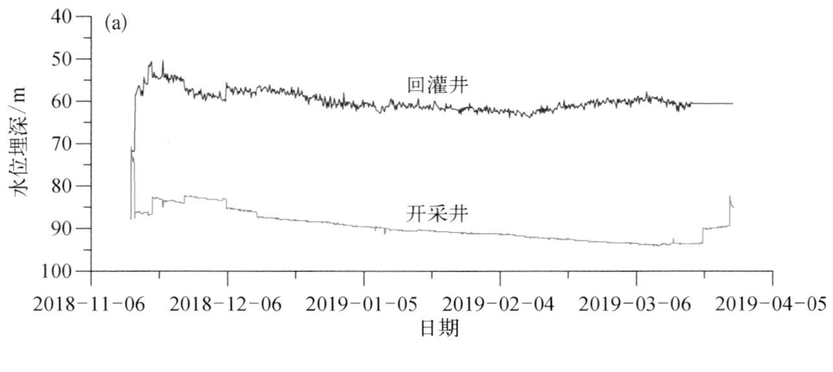

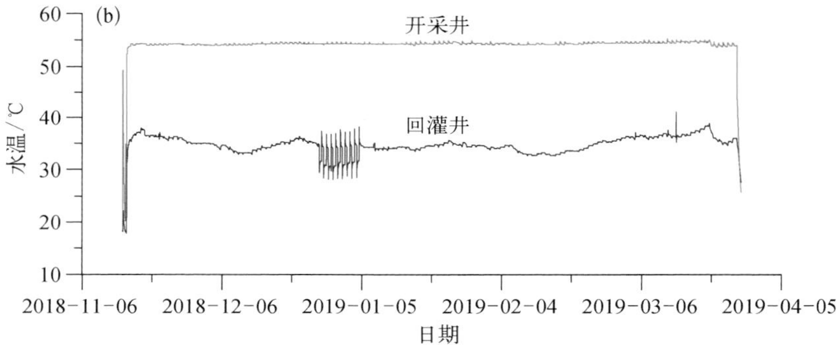

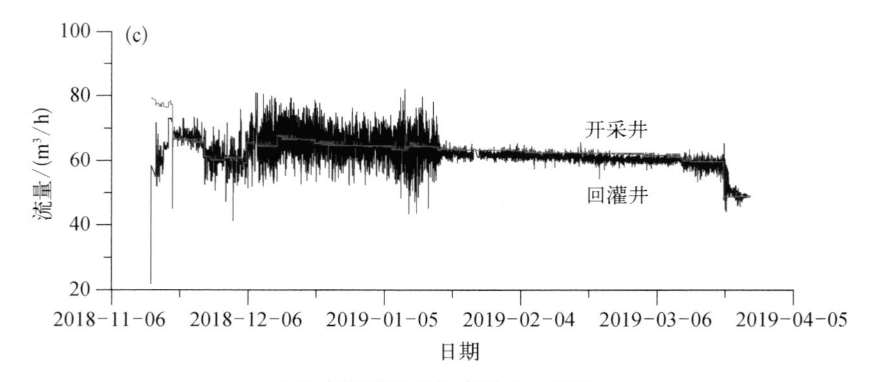

(a) 水位埋深;(b) 水温;(c) 流量

图 9-38 示范工程 2018—2019 年供暖季采灌井水位埋深、水温、流量历时曲线

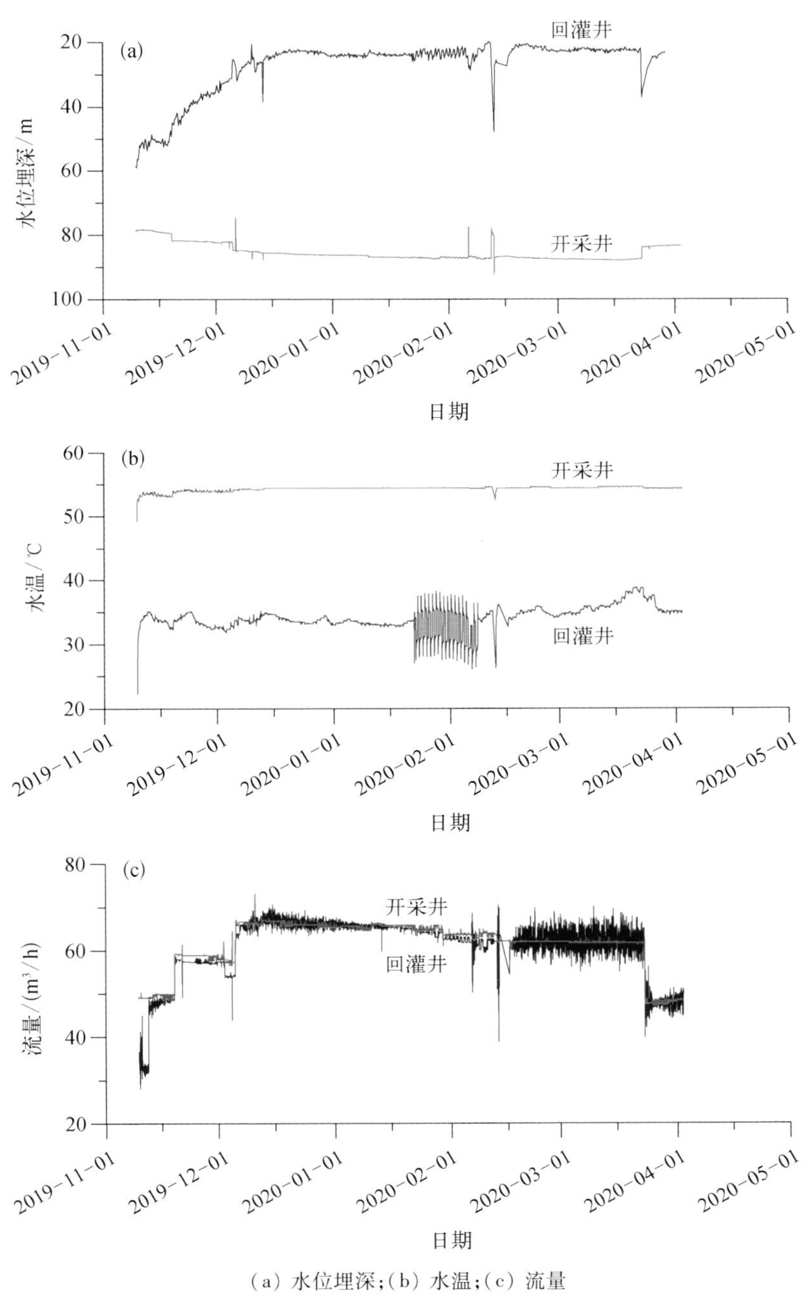

(a) 水位埋深；(b) 水温；(c) 流量

图 9-39　示范工程 2019—2020 年供暖季采灌井水位埋深、水温、流量历时曲线

示范项目，能够加强地热资源梯级开发利用和推进人工回灌补源增加开采量。地热回灌不仅能减缓水位下降或恢复地下水位，避免开采井出现吊泵等情况，而且可以延长开采井的使用寿命。直接利用地热水本身就节省了其他能源的使用，地热资源作为一种可再生的清洁能源，它的利用直接减少了利用煤炭、燃油等常规能源所产生的二氧化碳等废气及粉尘向大气的排放量，保护了大气环境。所以持续、循环地开发利用清洁的地热资源，会带来很可观的经济、环境效益。

（3）社会效益

随着社会经济的飞速发展，能源资源日趋紧张，煤、石油、天然气等传统能源资源日趋枯竭，国家对能源及环保问题高度重视，地热资源作为一种分布范围广、易于开发、清洁环保的新能源，已广泛用于供暖、洗浴、种植、养殖、工业发电、产品加工及旅游业等方面。山东省鲁北地区地热资源丰富，且多以可直接利用的中低温地热资源为主，开发潜力巨大。随着区内地热产业的兴起，地热资源已被广泛用于供暖及生活洗浴，取得了良好的经济、环境效益；地热产业也被广大房地产商所看好，对地热资源开发的呼声越来越高。但由于地热资源开发混乱、标准不一、人们认识不够、开采手段不完善等，一般未能制定科学合理的开发方案。而德州市地热资源埋藏深、补给极其微弱、再生能力差、热储水位下降迅速，继续盲目地开发必将带来一系列环境地质问题，如资源枯竭、热污染和水化学污染等。为有效控制水位下降，保护地热资源，必须尽快开展标准化示范项目，通过一系列标准的建立、宣讲，以及人们的现场试点参观、学习，为地热资源的可持续开发和科学管理提供依据。

（4）初见成效

2016年底，山东省地质矿产勘查开发局水文二队（以下简称“二队”）在德州市区建成该市首例集供暖、洗浴、换热、热泵应用、回灌沙盘展示、自动化监测展示为一体的地热开发利用综合性示范工程，为该市地热规范开发利用提供了经验模式，地热示范工程累计接待参观三百余人次。

2017年5月，山东省自然资源厅召开了全省地热资源开发利用规范化暨油气矿区矿业权重叠处置座谈会，对德州市整顿规范工作给予了高度评价。

德州市政府对地热资源开发利用管理工作也高度重视，将其作为推进绿色生态发展、建设节约集约城市、打造生态示范区建设的重要工作。2017 年 4 月，德州市政府与山东省地质矿产勘查开发局签订“德州市地热资源开发利用与保护战略合作协议”，共同推进地热资源开发利用保护工作，取得了显著的经济、环境和社会效益。德州市出台《德州市地热资源管理办法》，先后印发了《德州市地热资源开发利用专项整治工作方案》《关于加强地热资源尾水回灌工作的通知》《德州市中心城区地热井压采工作方案》等文件，提出在全市推行以回灌为前提、以持证开采为中心，实行采灌结合、以灌定采的地热开发利用科学管理新模式。全市各县市区积极开展地热资源开发利用规范管理工作，稳步推进地热尾水回灌，“低碳、环保、节能、高效”的“德州模式”逐步形成。德州市地热资源规范整治情况先后被《中国国土资源报》、《国土资源导报》、山东省自然资源厅网站、山东省地质矿产勘查开发局网站等媒体多次进行宣传报道。2017 年底，山东省地质矿产勘查开发局在德州市成功举办了“山东省地热清洁能源供暖论坛”。在 2017 年度山东省矿产资源开发利用会议上，山东省地质矿产勘查开发局做了典型发言，受到了一致好评。

2017 年 12 月 27 日二队建立了山东省地热院士工作站，这为二队提高科技成果转化效率、集聚培养高层人才提供了强有力的支撑，为标准化示范工程提供了技术层面的提升，并对标准化后续的应用推广进行了规划和完善。

2017 年，山东省地质矿产勘查开发局以二队为依托，成立了地热清洁能源创新团队，已完成《山东省地热清洁能源综合评价图集》编辑工作。

2018 年，冰岛大学、能源局地热专家称该砂岩热储示范工程为“砂岩热储地热水可持续开发的伟大贡献”（图 9 − 40）。

截至目前，二队已与清华大学、中国科学院水文地质环境地质研究所、吉林大学及河北地质大学等有过科研合作项目。砂岩热储示范工程的建设，使二队与科研院校达成了更多的合作意向，取得了积极成果；同时也为科研院校科技研发、成果转化、师资培养打造了最坚实的平台，提供了最优质的服务。

综上所述，德州市是山东省地热资源规范管理的示范先行区，正是由于示范

图 9－40　冰岛地热能专家莅临指导砂岩热储示范工程

工程起的先锋引领作用，才有后续傲人的工作成果。“砂岩热储地热尾水回灌示范工程”是集地热回灌“产学研”于一体相结合的产物，为合理、持续开发地热资源提供了强有力的技术支撑。

示范工程四年累计开采地热水 8.1×10^5 m^3，节约标煤量为 4461 t，减少二氧化碳排放量 10645 t、减少二氧化硫排放量 75 t。依托该项目先进的技术经验，德州市已运行 270 余个地热供暖采灌工程，建立了“填砾射孔科学钻探、清洁经济高效供暖、采灌均衡持续开发、以灌定采智慧利用”的地热清洁供暖“德州模式”。2019 年德州市地热供暖面积为 1.33×10^7 m^2，节约标准煤 3.2×10^5 t，减排二氧化碳约 8×10^5 t。这对促进山东省地热资源可持续合理开发利用和地热资源综合利用，缓解和消除地热资源开发带来的环境问题，推进能源结构多元化，减少二氧化碳排放，实现节能减排目标以及保障资源与环境协调发展具有重要意义。

9.4　武城县回灌工程

9.4.1　地热资源开发及回灌现状

武城县兴隆花苑小区、武城二中、宏图嘉苑小区和畅和名居小区 4 处回灌场地包含 5 眼开采井、5 眼回灌井，开采和回灌层位均为新近纪馆陶组，4 个小区累

计供暖面积约为 3.55×10^5 m^2，平均单井供暖面积为 7.1×10^4 m^2。

宏图嘉苑小区为两采两灌，其他 3 个小区均为一采一灌。畅和名居小区回灌井采用射孔成井工艺，取水段区间为 1452.40～1613.50 m；射孔枪外径为 127 mm，射孔孔径≥17.5 mm，射孔密度 15 孔/m，射孔 100 m；井壁管直径为 177.8 mm，厚度为 8.05 mm。其他 4 个小区均采用大口径填砾成井工艺：滤水管段为 1450～1600 m，填砾深度 1440 m 至孔底，填砾厚度为 7.5～10 cm，粒料由粒径为 2～4 mm 和 3～6 mm 的石英砂按 1∶1 进行调配，填砾完成后采用黏土球止水，止水段位置为 1250～1440 m，上部黏土回填至井口。

9.4.2　热储层特征

区内地热资源主要赋存于明化镇组下段和馆陶组碎屑沉积岩地层中，属层状孔隙—裂隙型热储，地热资源为温热水型。明化镇上段和平原组地层构成巨厚热储盖层。

明化镇组下段热储层主要为灰绿、灰黄色粉砂岩、细砂岩，分布较稳定，底板埋深为 1200 m 左右。

新近纪馆陶组在全区均有分布，顶板埋深为 1175.0～1190.0 m，武热 2 揭露底板埋深为 1583.6 m，与下伏古近纪东营组呈不整合接触，揭露地层厚度为 394.0 m（图 9－41）。

全区地层厚度为 390～410 m，水平方向上变化不大。其底板埋深由东南向西北方向逐渐变大，在城区东北角顶板埋深最大，向北、东、南方向逐渐变小。馆陶组热储层厚度水平方向上变化甚微，为 200～210 m（图 9－42），其砂层单层厚度大，最大厚度达到 68.4 m（武热 2）。

馆陶组岩性为砂泥岩互层，为正韵律沉积。热储层上部以浅灰色细砂岩为主，下部以灰白、浅灰色粗砂岩、含砾砂岩为主。砂岩分选性较好，磨圆度中等，呈半胶结状态，下部砂砾岩胶结较致密，其砾石大小混杂，分选性和磨圆度差，一般呈次棱角状，直径为 3～4 mm，最大直径为 10 mm。从物探资料上看，垂向上从约 1370 m 至馆陶组底板出现大段砂层，自然电位呈现明显低

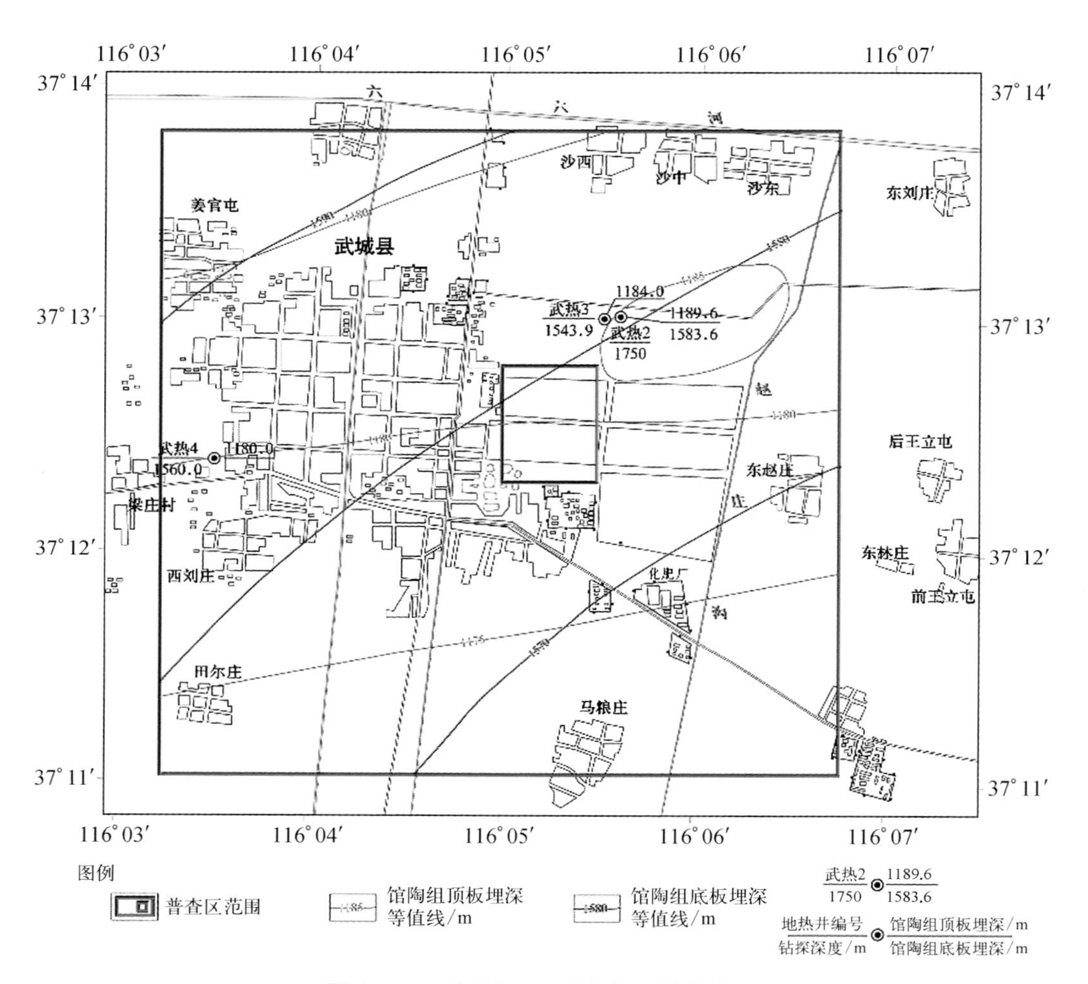

图 9-41 馆陶组顶、底板埋深等值线图

值负异常。

该区地温的分布明显受区域构造和基底断裂的控制，地温梯度相对偏高，具有关资料推算在 3.5 ℃左右，初步估算明化镇组下段热储层水温为 40~45 ℃，馆陶组热储层水温为 52~57 ℃。

根据邻区水质资料分析，地下热水的矿化度为 2~5 g/L，水化学类型为 Cl-Na 型。微量元素含量丰富。

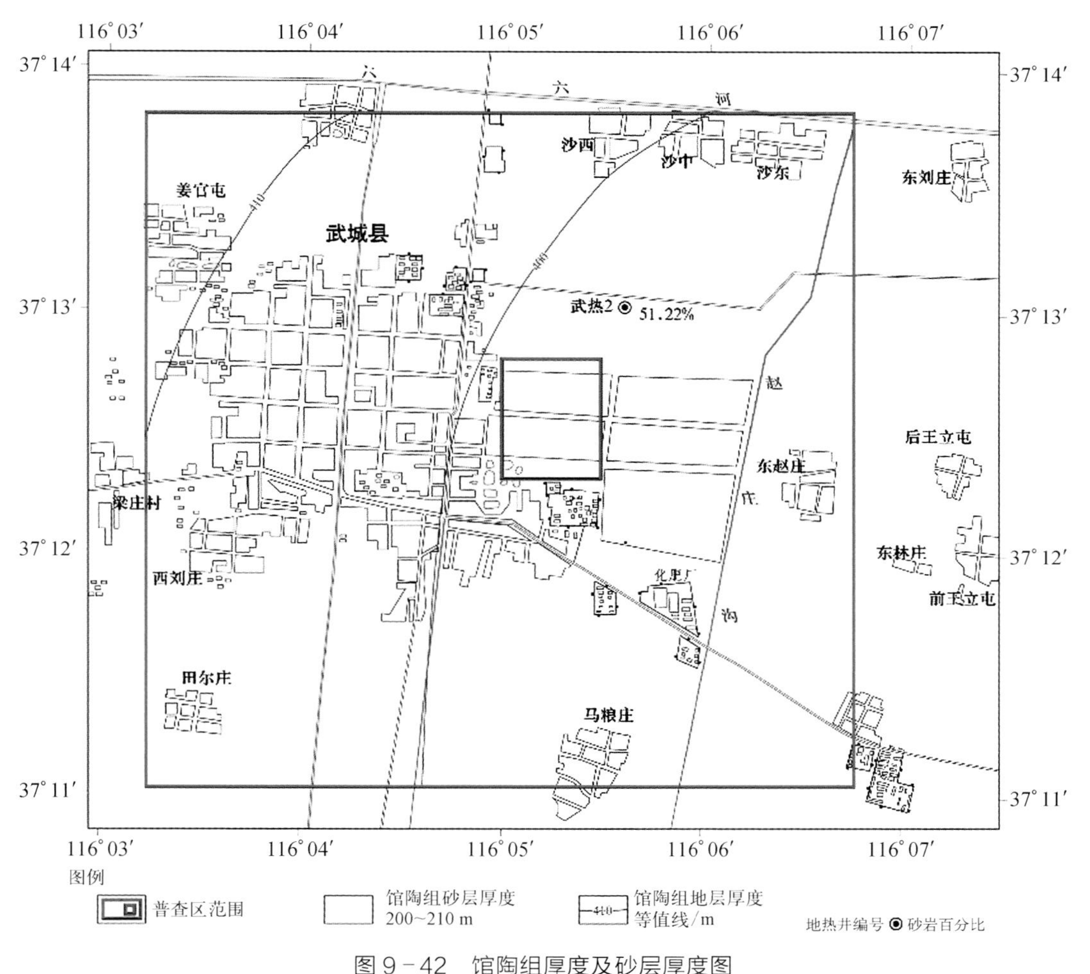

图9-42　馆陶组厚度及砂层厚度图

9.4.3　回灌运行

1. 兴隆花苑小区

兴隆花苑小区回灌场地位置如图9-43所示,场区内地形平坦,地面海拔高程为26.0 m。目前小区已全部建成,采用地板辐射的方式进行取暖,供暖面积约为4×10^4 m^2。于2016年11月30日完成回灌井和开采井对接,形成采灌井组。其中兴隆开采井位于5#楼一单元北,坐标为东经116°03′39″,北纬37°12′1″,井深为

1543.00 m,兴隆回灌井位于 10#楼三单元北,坐标为东经 116°03′34″,北纬 37°12′23″,井深为 1603.77 m,两井直线距离为 160 m。取水层位均为新近纪馆陶组热储(表 9-16)。

图 9-43 兴隆花苑小区回灌场地位置示意图

表 9-16 兴隆花苑小区地热采灌井组概况

井类别	位 置	井深/m	取水热储	取水段/m	单位涌水量/[m^3/(h·m)]	水温/℃
兴隆开采井	5#楼一单元北	1543.00	Ng	1445.0~1540.0	0.8577~1.4131	63.0
兴隆回灌井	10#楼三单元北	1603.77	Ng	1414.1~1606.1	0.8900~1.7000	60.0

回灌装置包括除砂器、除铁罐、加压泵、水表、压力表、测温计及水位测量孔等(图 9-44)。从水源井中抽取的地热水,经除砂、排气后,由加压泵提供压力对兴隆小区进行供暖,供暖尾水回流至泵房后,利用热泵机组对尾水进行进一步提热,将水温降低到 8~9 ℃,经过除污及粗效过滤器(50 μm)、精效过滤器(5 μm)过滤后,流入回灌井中,回灌方式为自然回灌和环状间隙回灌。

兴隆花苑于 2016 年 11 月 30 日完成了回灌井与开采井的对接,并进行供暖试运行,先进行小流量开采和回灌。2016 年 12 月 5 日,经县属五个部门(环保局、

图 9 - 44　兴隆花苑小区回灌装置（过滤器和热泵机组）

国土资源局、水利局、建委、综合行政执法局）初审后正式运行。2016 年 12 月 5 日开采井水泵变频定在 42 Hz，开采量为 55 m^3/h，回灌量为 38.7 m^3/h，回灌压力为 0.04 MPa（自然回灌压力，未启用加压泵）。此时，开采与回灌数据相差较大，查找原因：一是管道有渗漏现象，二是个别居民有放水现象。及时进行管道查巡，堵住漏点。而后，逐步调整水泵变频，每天增加一个变频数据，从而逐步加大开采量。2016 年 12 月 9 日，相关参数调整为水泵变频 46 Hz，开采量 56 m^3/h，回灌量 54 m^3/h，设备运转趋于正常。2016 年 12 月 23 日，相关参数增大为水泵变频 48 Hz，开采量 61 m^3/h，回灌量 60 m^3/h，回灌压力 0.06 MPa。2017 年 1 月 5 日，相关参数调整为水泵变频 49 Hz，开采量 61.5 m^3/h，回灌量 60.1 m^3/h，回灌压力 0.07 MPa。直到 2017 年 3 月 20 日供暖结束，开采量与回灌量均未发生较大幅度的变化。同时，在整个回灌期间，小区室内温度在 22 ℃左右，回灌水温为 8~9 ℃，未启用加压泵。停暖后，对回灌井进行回扬抽水 120 h，更换过滤器滤芯，对设备进行保养。

根据现场记录的数据，绘制兴隆花苑采灌井组开采（回灌）量、回灌井水位升幅和回灌率历时曲线，如图 9 - 45 所示。

由图 9 - 45 分析可知：回灌量呈平稳状态，基本在 57 m^3/h 左右，回灌初期，回灌量变化较大；回灌压力稳定后，回灌量达到平稳。根据管道自然回灌压力绘制回灌水位升幅历时曲线发现，管道压力随着回灌的进行，压力值基本平稳，即回灌水位稳定。回灌后期，回灌水温升高，回灌量依然平稳；在 2017 年 3 月 18 日

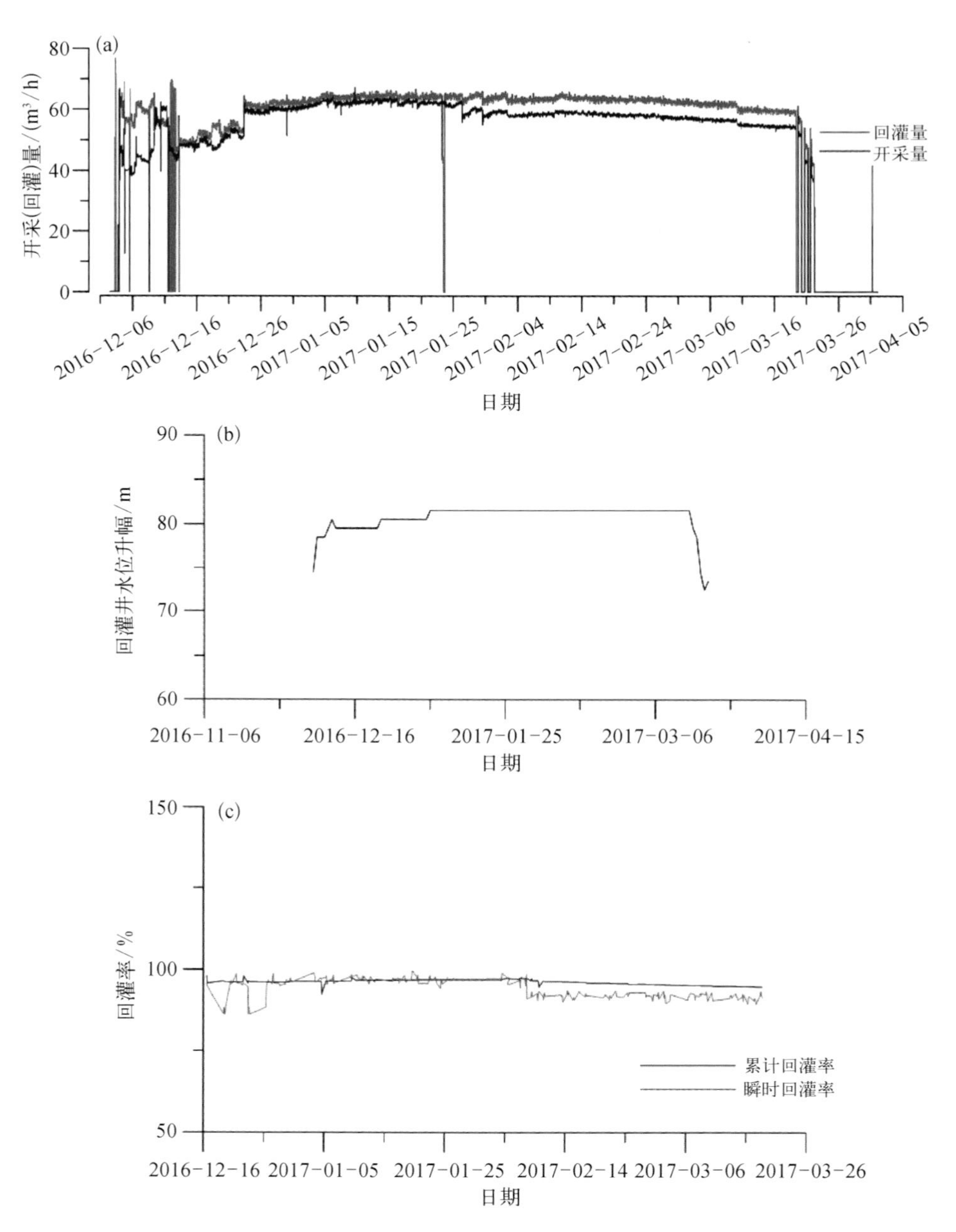

（a）采灌井组开采（回灌）量历时曲线；（b）采灌井组回灌井水位升幅历时曲线；（c）采灌井组回灌率历时曲线

图 9－45　兴隆花苑小区采灌井组开采（回灌）量、回灌井水位升幅和回灌率历时曲线

停止大流量回灌后，发现其回灌水位亦迅速下降。说明回灌过程中，回灌井周围地层回灌水流通道顺畅。同时，从回灌率历时曲线可知，在整个回灌过程中，瞬时回灌率和累计回灌率分别为 94.15% 左右和 91.80% 左右，回灌水量产生少量损失，可能是除砂排水、管道泄漏及住户私自使用等因素造成的。

兴隆花苑小区采用环状间隙、满管回灌，自然回灌压力为 0.07～0.1 MPa，2016 年 12 月 3 日 21:08 起开始回灌，至 2017 年 3 月 22 日 5:10 停止回灌，运行 2600 h（约 108 d），总开采量为 151117 m^3，总回灌量为 142269 m^3，回灌曲线稳定，平均开采量为 62 m^3/h，平均回灌量为 56.96 m^3/h；其间停灌 34.5 h（约 1.4 d），主要原因是停电。

2. 武城二中

武城二中回灌场地布置如图 9－46 所示，场区内地形平坦，地面海拔高程为 26.0 m。学校占地 3.84×10^5 m^2，总投资 1.5 亿元，建筑面积为 1.6×10^5 m^2，目前已全部建成，供暖面积约为 5×10^4 m^2，地热井开采资源量为 70 m^3/h，年开采量约为 2.016×10^5 m^3。采用暖气片直供的供暖方式，供暖效果较差，地热尾水供暖后进入回灌井中，尾水排放温度为 35 ℃。2016 年 11 月 18 日完成回灌井施工，形成采灌井组。其中武城二中开采井位于供热泵房北，坐标为东经 116°04′49.05″，北纬 37°13′21.47″，井深为 1670 m，武城二

图 9－46　武城二中回灌场地布置图

中回灌井位于北门东侧，坐标为东经 116°04′42.88″，北纬 37°13′29.03″，井深为 1692.54 m，两井直线距离为 280 m。取水层位均为新近纪馆陶组热储（表 9－17）。

表 9－17 武城二中地热回灌井组概况

井类别	位 置	井深/m	取水热储	取水段/m	单位涌水量/[m³/(h·m)]	水温/℃
开采井	供热泵房北	1670.00	Ng	1450.00～1660.00	2.272～3.310	63
回灌井	北门东侧	1692.54	Ng	1460.00～1681.10	6.997～9.659	62

回灌装置包括除砂器、除铁罐、加压泵、水表、压力表、测温计及水位测量孔等（图 9－47）。从水源井中抽取的地热水，经除砂、排气后，由加压泵提供压力对武城二中住户进行供暖，住户室内温度为 18～24 ℃。供暖尾水回流至泵房后，经过除污及粗效过滤器（50 μm）、精效过滤器（5 μm）过滤后，流入回灌井中，回灌方式为自然回灌、（带泵）环状间隙回灌。回灌初期，回灌量为 50～55 m^3/h 时，回灌井水位埋深为 42～45 m，尚有一定的回灌上升空间；当回灌量超过 62 m^3/h 时，回灌井水位迅速上升至井口。当回灌压力大于 0.5 MPa 时，即回扬 1～2 h，然后按照 5—10—15—20—30—40—50—60 m^3/h 的梯度，逐渐增大回灌量；回灌后期，回灌压力一般为 0.1～0.2 MPa。

图 9－47 武城二中回灌装置（过滤器和回灌井口设备）

根据现场记录的数据，绘制其开采（回灌）量、回灌井水位升幅和回灌率历时曲线，如图 9－48 所示。

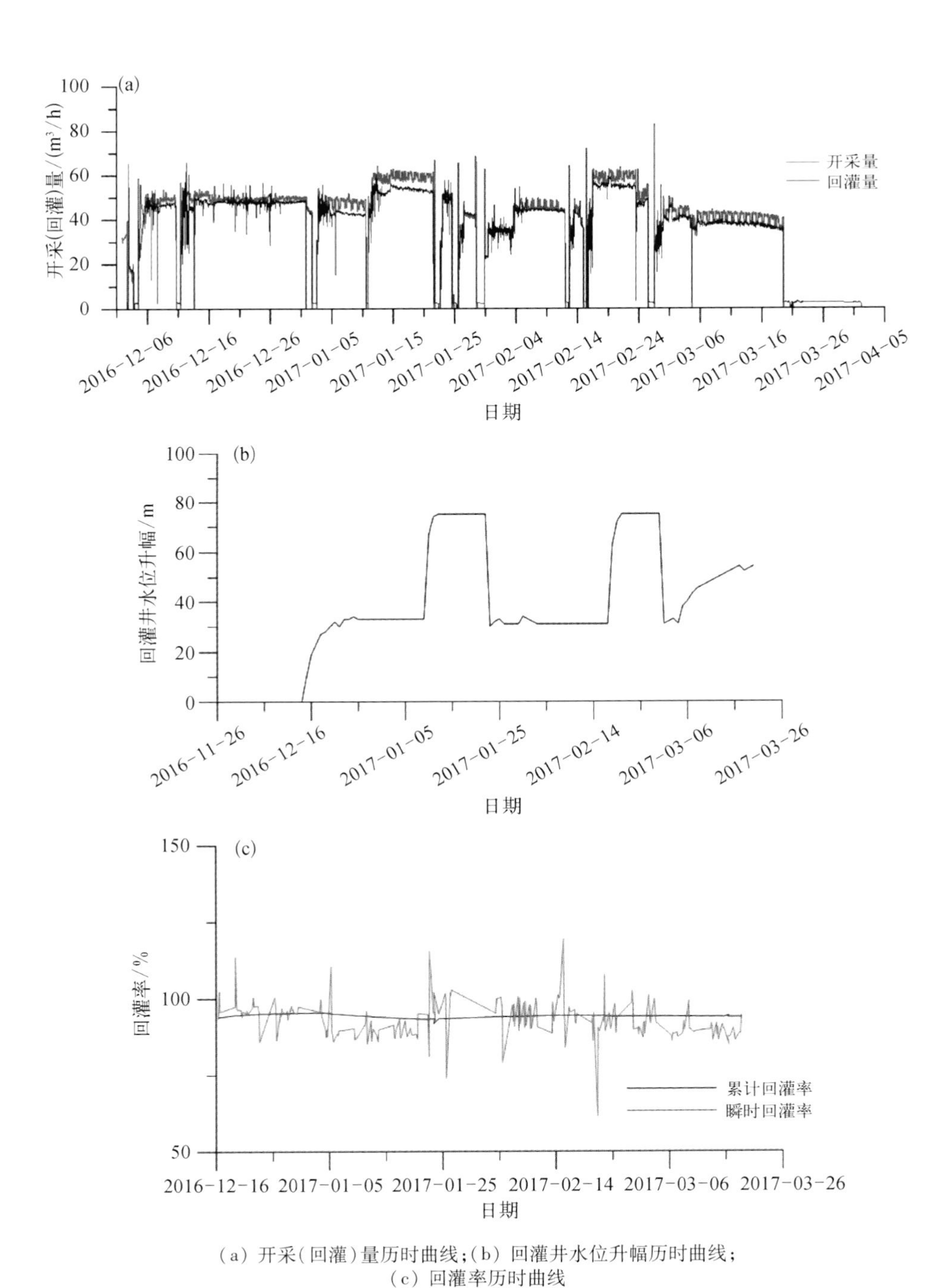

（a）开采（回灌）量历时曲线；（b）回灌井水位升幅历时曲线；
（c）回灌率历时曲线

图 9－48　武城二中采灌井组开采（回灌）量、回灌井水位升幅和回灌率历时曲线

分析图 9－48 可知：回灌量采用梯度进行增加，其调整值分别为 50 m^3/h、55 m^3/h、60 m^3/h，每次调整流量，待其回灌压力稳定后，再增大流量，直至达到供暖需求。根据回灌压力绘制回灌水位升幅历时曲线发现：当回灌量增大超过 62 m^3/h 时，回灌压力有所增大；回灌量在 50～55 m^3/h 时，回灌水位升幅基本平稳。全程无加压，后期根据供暖需求，随着温度的回升，回灌温度有所增大，回灌量有所减少，回灌水位反而增大。这说明随着回灌水温的升高，地热尾水的密度减小，导致回灌水位压力减小，回灌量变小。同时，由图 9－48 可知，在整个回灌过程中，瞬时回灌率和累计回灌率分别为 94.6%左右和 87.6%左右，回灌水量产生少量损失，可能是回灌过程中停电、回灌井淤堵、回扬次数较多，以及除砂排水、管道泄漏和住户私自使用等因素造成的。

武城二中采用环状间隙、满管回灌，自然回灌压力为 0.07～0.1 MPa，2016 年 12 月 2 日 15:14 起开始回灌，至 2017 年 3 月 19 日 8:15 停止回灌，运行 2583 h（约 107 d），总开采量为 111346 m^3，总回灌量为 105328 m^3，其间停灌 199 h（约 8.3 d），回灌曲线波动较大，回灌不稳定，平均开采量为 46.87 m^3/h，平均回灌量为 40.87 m^3/h，回灌率为 90%左右。

3. 宏图嘉苑小区

宏图嘉苑小区回灌场地位于武城县政府以南，场区内地形平坦，地面海拔高程为 30.0 m 左右。社区采用地板辐射的方式进行取暖，供暖面积约为 1.5×10^5 m^2，地热尾水供暖后进入回灌井中，尾水排放平均温度约为 8 ℃。2016 年因回灌需求，施工地热回灌井 2 眼，与原先的 2 眼开采井进行对接，建立泵房，形成采灌井组。其中宏图开采井 1#位于 18#北，坐标为东经 116°03′43.98″，北纬37°12′40.17″，井深为 1601.00 m；宏图开采井 2#位于 19#北，坐标为东经 116°03′53.23″，北纬 37°12′38.98″，井深为 1586.00 m；宏图回灌井 1#位于南门口，坐标为东经 116°03′40.77″，北纬 37°12′35.59″，井深为 1600.26 m；宏图回灌井 2#位于宏图宾馆门口南侧，坐标为东经 116°03′34.83″，北纬 37°12′35.60″，井深为 1602.19 m；最近采灌井直线距离为 163 m。取水层位均为新近纪馆陶组热储，回灌层位为新近纪馆陶组和东营组。其开采井与回灌井的相对位置及井间距如图 9－49 所示，4 眼地热井的基本情况如表 9－18 所示。

图 9－49　宏图嘉苑小区开采井与回灌井的相对位置及井间距

表 9－18　宏图嘉苑小区 4 眼地热井的基本情况

井类别	位　置	井深/m	取水热储	取水段/m	单位降深涌水量/[m³/(h·m)]	水温/℃
开采井 1#	18#楼三单元北	1601.00	Ng	1486.0~1575.0	2.263	60
开采井 2#	19#楼一单元北	1586.00	Ng	1486.0~1575.0	2.263	61
回灌井 1#	小区南门口	1600.26	Ng+Ed	1414.5~1607.7	4.420	61
回灌井 2#	宏图宾馆门口	1602.19	Ng+Ed	1414.8~1607.0	4.782	60

宏图嘉苑小区泵房回灌装置包括除砂器、除铁罐、过滤器、加压泵、水表、压力表、测温计及水位测量孔等(图 9－50 为部分装置)。从水源井中抽取的地热水,经除砂、排气后,由加压泵提供压力对社区住户进行供暖,住户室内温度为 22~24 ℃,最高为 30 ℃。供暖尾水回流至泵房后,利用热泵机组对尾水进一步提热,将水温降低到 6~15 ℃,经过除污及粗效过滤器(50 μm)、精效过滤器(5 μm)过滤后,进行分流向两眼回灌井回灌,回灌方式为环状间隙。

（a）过滤器；（b）加压泵

图 9－50 宏图嘉苑小区泵房部分回灌装置

由 2016—2017 年供暖季宏图嘉苑小区供暖情况可知，回灌前，开采井与回灌井的静水位均为 75.2 m 左右。2016 年 12 月 14 日开始回灌，水泵在低频状态下工作，开采量为 65 m^3/h，回灌量为 57 m^3/h，回灌水位升至井口，管道压力达到 0.35 MPa。2016 年 12 月 23 日开启回灌加压泵，加压至 0.44 MPa，开采量为 99 m^3/h，回灌量为 96 m^3/h。回灌工程运行一段时间后，回灌压力逐渐降低，开采量及回灌量逐渐增大。2017 年 1 月 11 日，回灌压力降低至 0.34 MPa，开采量为 145 m^3/h，回灌量为 139 m^3/h。2017 年 1 月 24 日，回灌压力降低至 0.26 MPa，开采量为 148 m^3/h，回灌量为 141 m^3/h。2017 年 1 月 25 日，停止回灌加压泵运行，开采量及回灌量稳定在 145 m^3/h 左右。

根据现场记录的数据，绘制其开采（回灌）量、回灌井水位升幅和回灌率历时曲线，如图 9－51 所示。

对图 9－51 进行分析可知：回灌量采用梯度增加方式，其调整值分别为 57 m^3/h、100 m^3/h、125 m^3/h、148 m^3/h 和 152 m^3/h，每次调整流量后，待其回灌压力稳定后，再增大流量，直至达到供暖需求。根据回灌压力绘制回灌水位升幅历时曲线发现：回灌压力随着回灌的进行，压力值在持续降低，即回灌水位升幅降低。在 2017 年 1 月 25 日，停止加压泵工作后，发现其回灌量仍有所增高，后期根据供暖需求，降低开采井的开采量使得其回灌量也有所降低，但回灌管道压力一直持续降低。这说明随着回灌的进行，回灌井周围地层回灌水流通道变得顺畅，

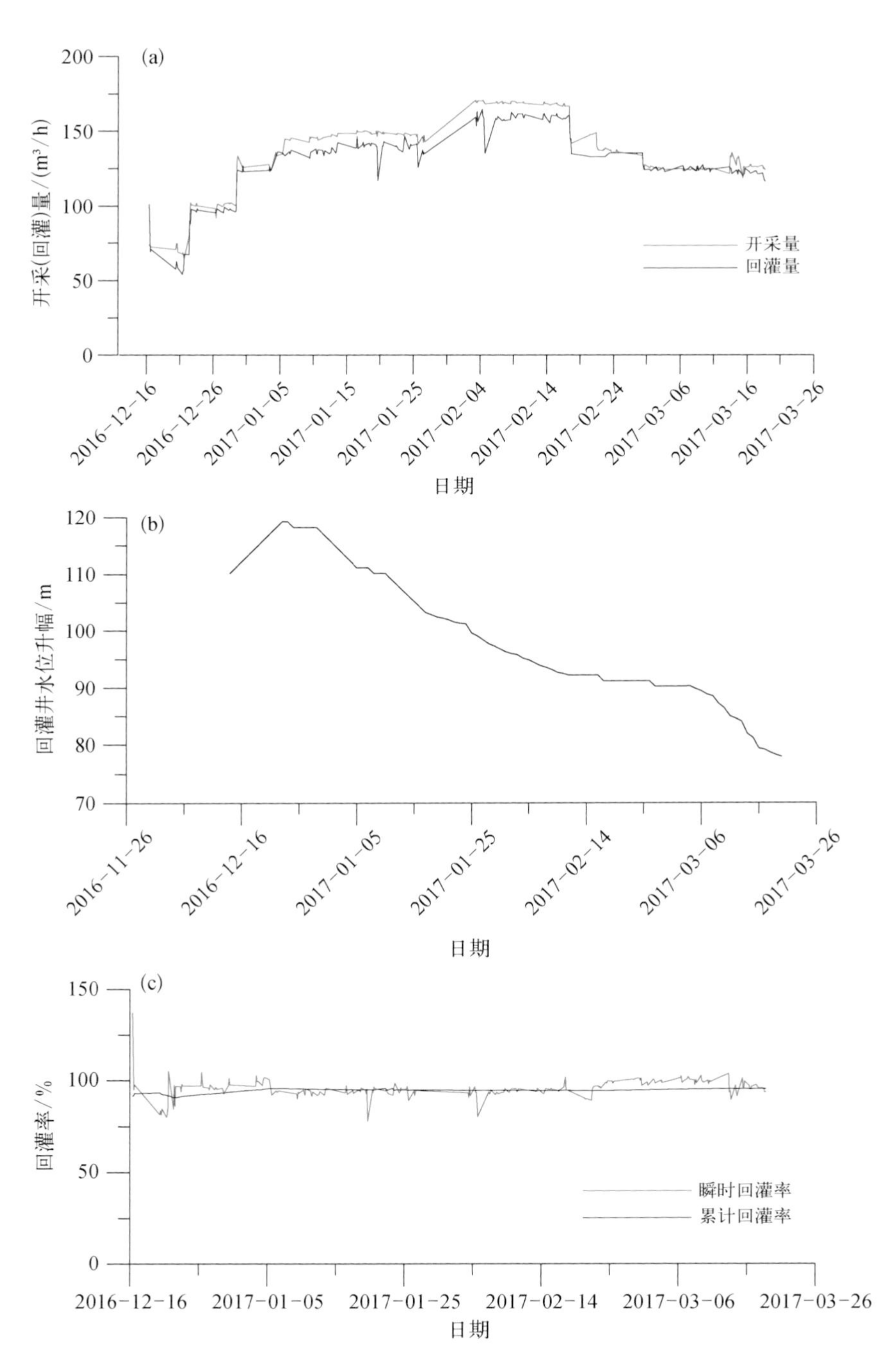

（a）开采（回灌）量历时曲线；（b）回灌井水位升幅历时曲线；（c）回灌率历时曲线

图 9－51　宏图嘉苑小区采灌井组开采（回灌）量、回灌井水位升幅和回灌率历时曲线

地热尾水通过回灌井进入热储层的阻力减小。同时，由图 9－51 可知，在整个回灌过程中，瞬时回灌率和累计回灌率分别为 95.07%左右和 96.05%左右，回灌水量产生少量损失，可能是除砂排水、管道泄漏以及住户私自使用等因素造成的。

宏图嘉苑小区（两采两灌）2016 年 12 月 14 日 11 : 39 起开始回灌，至 2017 年 3 月 19 日 14 : 04 停止回灌，运行 2282 h（约 95 d），总开采量为 305723 m^3，总回灌量为 292471 m^3，其间停灌 17.5 h（约 0.7 d），回灌曲线比较稳定，1#井平均开采量为 68.5 m^3/h，2#井平均开采量为 66.85 m^3/h，总平均开采量为 135.35 m^3/h；总平均回灌量为 130 m^3/h；回灌率在 95%左右。

4. 畅和名居小区

畅和名居小区采灌井组相对位置如图 9－52 所示，场区内地形平坦，地面海拔高程在 30.0 m 左右。社区采用地板辐射的方式进行取暖，供暖面积约为 9×10^4 m^2。2016 年因供暖需求施工地热回灌井 1 眼，与原先的 1 眼开采井进行对接，建立泵房，进行地热尾水回灌井。畅和开采井位于 8#北，坐标为东经 116°04′43″，北纬 37°12′29″，井深为 1622 m，畅和回灌井位于南门 50 m，坐标为东经 116°04′36″，北纬 37°12′25″，井深为 1620 m，其开采井与回灌井的井间距为 214 m。两眼地热回灌试验井概况如表 9－19 所示。

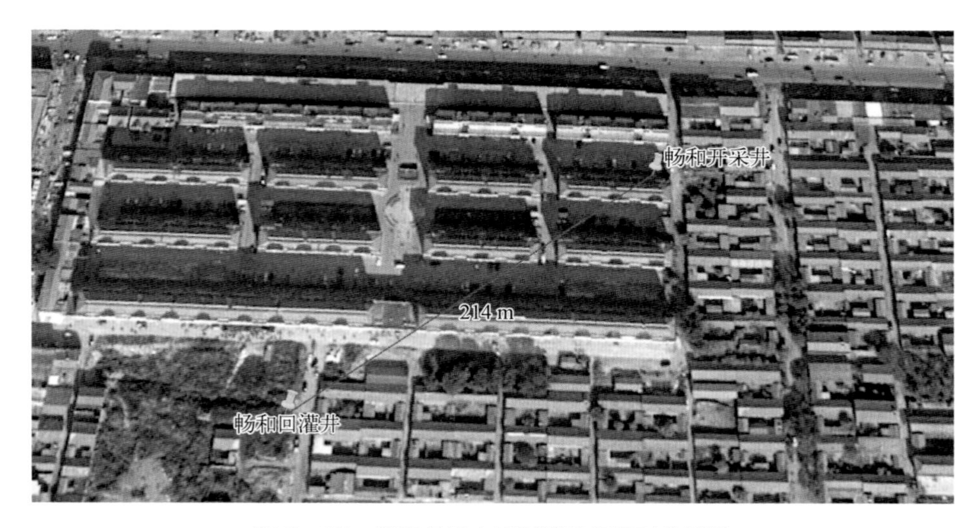

图 9－52　畅和名居小区采灌井组相对位置图

表 9－19 畅和名居小区两眼地热回灌试验井概况

井类别	位 置	井深/m	取水热储	取水段/m	单位降深涌水量/[m^3/(h·m)]	水温/℃
开采井	8#楼一单元北	1622	Ng	1452.4~1613.5	5.33	61
回灌井	社区以南50 m	1620	Ng	1452.4~1613.5	5.33	61

泵房回灌装置包括除砂器、储水箱、加压泵、水表、压力表、测温计及水位测量孔等(图 9－53)。从水源井中抽取的地热水,经除砂、排气后,对社区住户进行供暖,住户室内温度为 24~25 ℃,最高温度为 28 ℃。供暖尾水回流至泵房后,经过除污及粗效过滤器、精效过滤器过滤后,灌入回灌井中,地热尾水温度在 32 ℃左右,回灌井未下入泵管。

图 9－53 畅和名居小区泵房回灌装置(储水罐和过滤器)

回灌装置在 2016 年 12 月 20 日正式投入使用,本次回灌未下入泵管,未开启加压泵,在送暖期间,安排专人值班,巡回检查,1 d 不低于 8 次,运转记录及总体地暖回灌井回灌情况每 10 d 汇总数据如表 9－20 所示。

表 9－20 畅和名居小区地热回灌装置运转记录及总体地暖回灌井回灌情况每 10 d 汇总数据

日 期	瞬时开采量/m^3	瞬时回灌量/m^3	回灌率/%	回灌压力/MPa
2016－12－21	60.2	58.4	97.01	0.05
2016－12－31	65.2	60.4	92.64	0.05
2017－01－11	64.5	62.8	97.36	0.05

续表

日　期	瞬时开采量/m^3	瞬时回灌量/m^3	回灌率/%	回灌压力/MPa
2017-01-22	66.1	62.3	94.25	0.05
2017-01-31	64.5	61.6	95.50	0.05
2017-02-02—2017-02-05	维修地暖管道			
2017-02-05	64.8	62.7	96.76	0.10
2017-02-11	63.9	60.3	94.37	0.12
2017-02-21	63.9	61.1	95.62	0.15
2017-02-28	62.7	62.2	99.20	0.20
2017-03-10	63.8	61.9	97.02	0.20
2017-03-20	61.0	60.0	98.36	0.55

2017 年 3 月 20 日停暖后，对地热回灌井进行回扬洗井，回扬时间超过24 h，直至水清砂净。

根据现场记录的数据，绘制畅和名居地热回灌试验井开采（回灌）量、回灌井水位升幅和回灌率历时曲线，如图 9-54 所示。

由图 9-54 可知，回灌量稳定在 60 m^3/h 左右。根据回灌管道压力，换算回灌井水位升幅历时变化，发现回灌井水位升幅随回灌时间的延续而增大（回灌压力随回灌的延续而增大）。经查回灌数据记录，这是由于畅和名居小区在 2017 年 2 月 2 日 14:23 至 2 月 5 日 8:14 出现管道泄漏，2017 年 3 月 14 日 8:24至 3 月 15 日 8:03、3 月 16 日 20:46 至 3 月 17 日 14:16 出现停电等故障，排查完故障后，未进行回扬抽水，所以回灌管道压力升高较快。同时，由图 9-54 可知，在整个回灌过程中，瞬时回灌率和累计回灌率分别为 94.31%左右和94.28%左右，回灌水量产生少量损失，可能是除砂排水、管道泄漏以及住户私自使用等因素造成的。

畅和名居小区采用自然满管回灌，2016 年 12 月 19 日 17:19 起开始回灌，至 2017 年 3 月 19 日 17:16 停止回灌，运行 2160 h（约 90 d），总开采量为

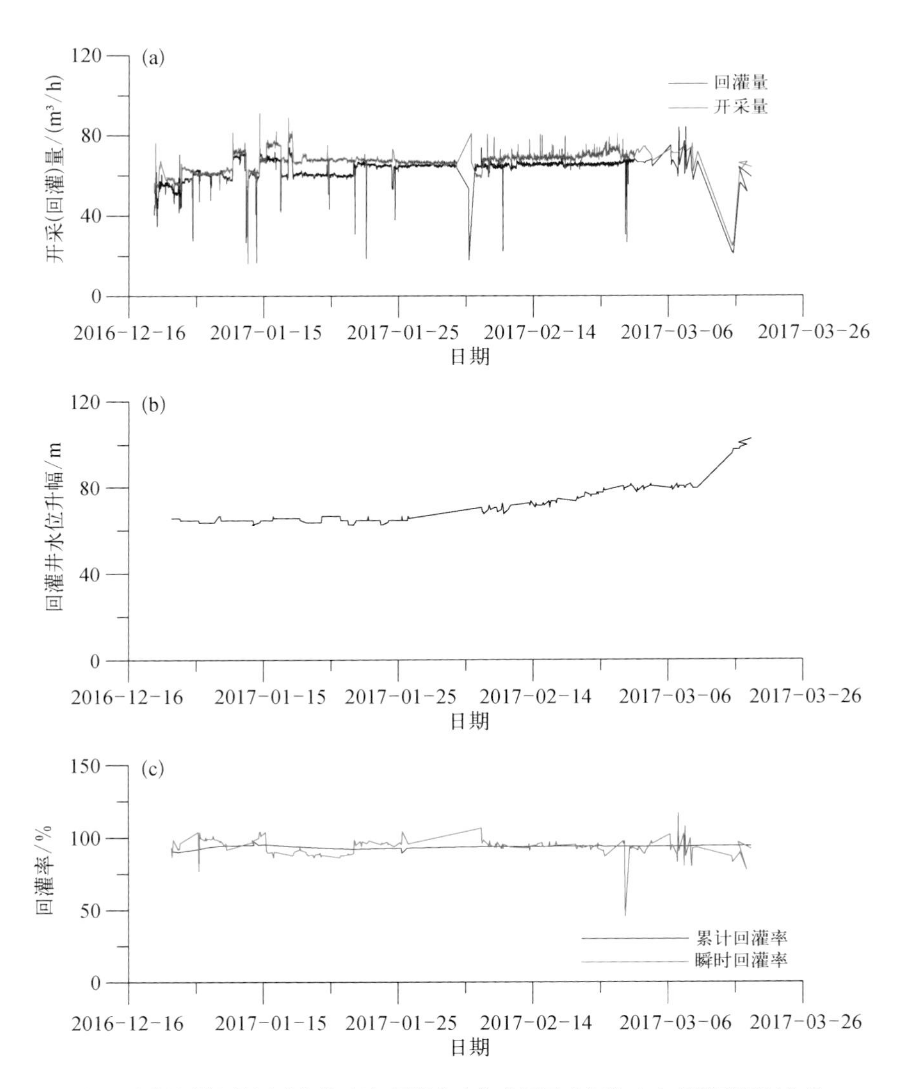

(a) 开采(回灌)量历时曲线;(b) 回灌井水位升幅历时曲线;(c) 回灌率历时曲线

图 9－54 畅和名居小区地热尾水回灌试验试验井开采(回灌)量、回灌井水位升幅和回灌率历时曲线

132600 m^3,总回灌量为 125056 m^3,其间停灌 123 h(约 5.1 d),回灌曲线不稳定,回灌实验停起频繁,平均开采量为 67.29 m^3/h,平均回灌量为 63.44 m^3/h;回灌率为 94%左右。

9.4.4 回灌对比分析

1. 回灌井结构对比

兴隆花苑小区、武城二中、宏图嘉苑小区和畅和名居小区4处共5眼地热回灌井的出水量均为60~90 m^3/h，水温均在61 ℃左右，各处地热回灌井的各项参数如表9－21所示。

表9－21 各处地热回灌井的各项参数表

地　点	兴隆花苑小区	武城二中	宏图嘉苑小区	畅和名居小区
钻孔深/m	1618.50	1700.74	1621.00	1622.00
成井深/m	1603.77	1692.53	1602.19	1620.00
岩性	粗砂岩（含砂砾岩）	粗砂岩（含砂砾岩）	粗砂岩（含砂砾岩）	粗砂岩、砂砾粗砂岩和砂砾岩
胶结程度	胶结性差	胶结性差	胶结性差	胶结性差
孔隙度/%	23.60~34.77	25.48~38.15	24.98~38.86	25.23~39.04
泥质含量/%	7.94~28.46	4.25~27.39	3.36~29.63	5.82~28.61
取水层位置/m	1414.1~1606.1	1460.0~1681.1	1414.8~1607.0	1452.4~1613.5
取水层厚度/m	148.1	170.1	148.6	141.2
缠丝间距/mm	0.5~0.7	0.5~0.7	0.5~0.7	—
滤水管直径/mm	177.8	177.8	177.8	—
滤水管总长度/m	115.85	171.25	114.77	—
取水段孔径/mm	444.5	444.5	444.5	—
井身结构	二开直井	二开直井	二开直井	二开直井
完井工艺	大口径填砾	大口径填砾	大口径填砾	射孔
涌水量/(m^3/h)	80.0	100.4	88.0	80.0
水温/℃	60	62	60	61
回灌方式	自然回灌	自然回灌	加压+自然回灌	自然+加压回灌
入井方式	环状间隙、满管	环状间隙	井管、满管	井管、满管

根据表 9－21,4 处地热井其热储层岩性特征相似,取水层位置均为 1400～1700 m,取水层厚度均为 140 m 左右。各地热井完井工艺的主要区别为：兴隆花苑小区、宏图嘉苑小区和武城二中采用大口径填砾成井工艺,畅和名居小区采用射孔成井工艺。

兴隆花苑小区、宏图嘉苑小区、武城二中采用大口径填砾成井,取水段滤水管直径为 177.8 mm,孔径为 444.5 mm,孔隙度为 12%,缠丝间距为 0.5～0.7 mm。

畅和名居小区地热回灌井采用的地面仪器为 SKD－3000B 数控测井仪,使用川石牌、型号为 DP64RDX43－1 的深穿透聚能射孔弹。射孔枪外径为 127 mm,射孔孔径≥17.5 mm,射孔密度为 15 孔/m,射孔 100 m,共计射孔 1500 个,取水段井壁管直径为 177.8 mm。

2. 回灌数据对比分析

综合以上回灌成果,对回灌过程中主要参数,如持续时间、回灌温度、开采量、回灌量、回灌水位升幅及停灌时间等进行对比,分析统计武城地热井回灌试验数据,见表 9－22。

表 9－22　武城地热井回灌试验数据分析统计表

地　点	兴隆花苑小区	武城二中	宏图嘉苑小区	畅和名居小区
回灌开始时间	2016－12－03 21:08	2016－12－02 15:14	2016－12－14 11:39	2016－12－19 17:19
回灌结束时间	2017－03－22 5:10	2017－03－19 8:15	2017－03－19 14:04	2017－03－19 17:16
持续时间/d	108	107	95	90
期间停灌时间/d	1.4	8.3	0.1	5.1
回灌温度/℃	36～38	36～38	35～38	33～37
总开采量/m^3	151117	111346	305723	132600
平均开采量/(m^3/h)	62.05	46.87	67.675	67.29
总回灌量/m^3	142269	105328	292471	125056
平均回灌量/(m^3/h)	56.96	40.87	65.00	63.44
静水位埋深/m	74.5	63.6	75.2	74.5

续表

地　　点	兴隆花苑小区	武城二中	宏图嘉苑小区	畅和名居小区
稳定回灌后水位埋深/m	7.0	29.3	14.8	0.5
回灌水位升幅/m	67.5	34.3	60.4	74.0
单位回灌量/[m^3/(h·m)]	0.84	1.19	1.08	0.86

由表 9－22 看出，供暖季畅和名居小区采用射孔成井工艺单位回灌量为 0.86 m^3/(h·m)，而兴隆花苑小区、宏图嘉苑小区和武城二中采用大口径填砾成井工艺单位回灌量分别为 0.84 m^3/(h·m)、1.08 m^3/(h·m)和1.19 m^3/(h·m)，如图 9－55 所示。武城二中单位回灌量略高，说明在武城县馆陶组热储砂岩胶结性差的条件下，采用射孔成井工艺回灌井与采用大口径填砾成井工艺回灌井，在单位回灌量方面相差不大。

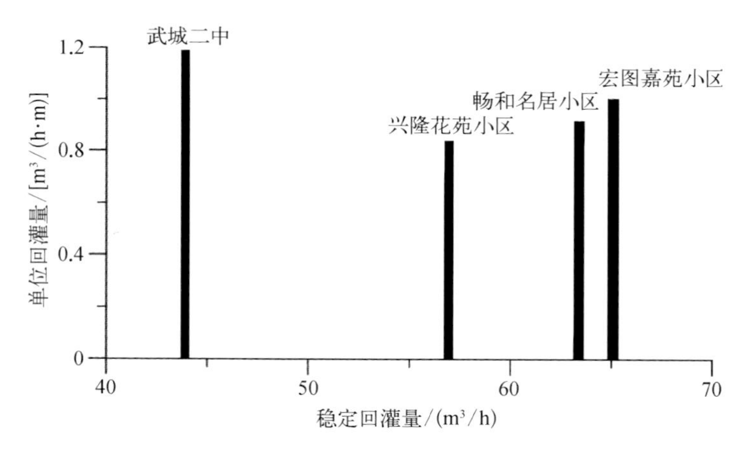

图 9－55　2016—2017 年武城地热井稳定单位回灌量与稳定回灌量关系图

3. 回灌率对比

由以上回灌成果可知，兴隆花苑小区、武城二中、宏图嘉苑小区、畅和名居小区的平均回灌率分别为 94.14%、94.60%、95.67%、94.31%，灌采比分别为 91.80%、87.20%、96.05%、94.28%。对比瞬时回灌率历时曲线形态发现，宏图嘉苑、畅和名居、兴隆花苑 3 个小区瞬时回灌率历时曲线较平缓，而武城二中波动较大。说明武城二中自然回灌时，回灌量不稳定，频繁回扬、停电及管道泄漏等原因造成瞬时回灌率波动较大。

按平均回灌量、总回灌量、平均回灌率、灌采比、总回灌天数、故障天数、单位回灌量升幅共 7 个评分标准对回灌效果进行评比，各项最大值取分值 10.0、最小值取 6.0 分进行打分，此外单位回灌量占 30.0 分，得到武城县 4 处地热井回灌效果打分表，如表9－23 所示。

表 9－23　武城县 4 处地热井回灌效果打分表

地　　点	兴隆花苑小区	武城二中	宏图嘉苑小区	畅和名居小区
平均回灌量/(m^3/h)	56.96	40.87	65.00	63.44
分值	8.7	6.0	10.0	9.7
总回灌量/m^3	142269	105328	292471	125056
分值	6.8	6.0	10.0	6.4
平均回灌率/%	94.14	94.60	95.67	94.31
分值	6.0	7.2	10.0	6.4
灌采比/%	91.80	87.20	96.05	94.28
分值	8.1	6.0	10.0	9.2
总回灌天数/d	108	107	95	90
分值	10.0	9.8	7.1	6.0
故障天数/d	1.4	8.3	0.1	5.1
分值	9.4	6.0	10.0	6.6
单位回灌量升幅/[m^3/(h·m)]	0.84	1.19	0.72	0.85
分值	18.0	30.0	26.2	18.7
分值总和	67.0	71.0	83.3	63.0
评价结果	良好	良好	优	良好

根据以上回灌效果分析得出，在武城县砂岩热储层的成岩性和胶结性较差的情况下，畅和名居小区采用射孔成井工艺可适当提高回灌量，但效果不显著。4

处回灌率均在94.14%以上;灌采比均大于87.2%;回灌效果评价,宏图嘉苑小区回灌效果最好,其次是武城二中,而畅和名居小区和兴隆花苑小区回灌效果一般。分析可得,武城二中回灌效果较好的原因主要是其开采需求量相对较小,计算的主要参数单位回灌量最大,而畅和名居小区和兴隆花苑小区相差不大。由于地热回灌效果是复杂的多因素共同影响的结果,对比4处回灌效果,还要参考回灌过程中回灌故障修复所花费时间、人员、材料等,以及是否加压回灌、加压耗电量等因素。综合以上因素,4处回灌效果均属优良。

9.4.5 回灌效果概述

武城县宏图嘉苑小区、武城二中、畅和名居小区和兴隆花苑小区4处采灌量平稳,回灌工程经过一个供暖季的运行,单井开采量为42~84 m^3/h,单井回灌量为38~80 m^3/h。地热流体总开采量为9.73×10^5 m^3,总回灌量为9.43×10^5 m^3,总灌采比在96.9%以上,排除管道泄漏、除砂排水及住户私自使用外,无供暖尾水排放,可实现供暖后尾水100%回灌。

结束语

地球内部蕴藏着丰富的地热资源，被誉为“脚底下的能源”，是一种触手可及的绿色清洁可再生能源，已广泛用于地热发电、地热供暖及休闲娱乐等。相对主要分布于全球板块边缘或大陆裂谷附近的高温地热田，沉积盆地内深层砂岩中蕴藏的水热型中低温地热资源分布更为广泛，具有开发利用成本低、热效率高、供暖效果好的特点，加大其开发利用是助力实现我国“双碳”目标的重要途径。目前开采砂岩热储中地热水用于规模化供暖的地区主要有位于渤海湾盆地的北京市、天津市、河北省、山东省，位于关中盆地的西安市、咸阳市，位于松辽盆地的黑龙江省等。早期只采不灌的粗放开采方式，导致了地热资源集中开采区热储压力（水位）的大幅下降；将地热供暖尾水回灌入开采热储成为缓解热储压力（水位）持续下降、保证地热资源可持续开采的关键；各地热开采区地方政府出台了地热资源管理办法，强制要求地热供暖企业必须实行回灌。但砂岩热储回灌难度大，单位回灌量衰减迅速，回灌工程的可持续运行保证程度低，制约了砂岩热储地热资源的进一步开发。合理的采灌井布局，科学的回灌井钻探和成井工艺，精密的回灌系统与工艺流程，有效的回灌系统运行维护和保养是保证回灌工程成功的关键。本书基于当前砂岩热储勘查研究和地热尾水回灌领域的最新创新成果及工程实例，对砂岩热储回灌关键技术进行了系统的总结凝练，并提出了回灌条件下地热水可持续开采量计算方法，以期能为砂岩热储的大规模生产性回灌和水热均衡约束下可持续开采量的计算评价提供技术支持。

为进一步促进砂岩热储地热资源可持续开发利用，建议进一步做好以下工作：

（1）加强大规模采灌条件下地温场、水动力场与水化学场演化规律与趋势的监测研究，为采灌井布局优化、保证水热采灌均衡提供原位监测数据支撑。

（2）揭示砂岩热储地热资源大规模采灌条件下地热水动力场响应过程与驱动机制、温度场响应过程与热传递机制。

（3）进一步研究不发生热突破与回灌量不衰减，即保证水热均衡前提下的合理采灌井距及采灌井优化布局。

（4）深入开展回灌井钻探的储层保护技术、井身结构与成井工艺研究，进一步提高回灌率；研发高效的地热供暖尾水过滤设备，优化回灌工艺流程，降低因回灌流体不匹配而发生储层堵塞的概率，建立砂岩热储地热尾水可持续高效回灌技术体系。

（5）加强对回灌工程运行的监督管理与效果评价，不断总结经验，推动回灌工程的标准化、科学化。

参考文献

[1] 周念沪. 地热资源开发利用实务全书[M]. 北京：中国地质科学出版社,2005：87.

[2] 陈墨香. 华北地热[M]. 北京：科学出版社,1988.

[3] 王万达. 当前我国地热供热的三大问题[J]. 地热能,2004(4)：7－12.

[4] 朱焕来. 松辽盆地北部沉积盆地型地热资源研究[D]. 大庆：东北石油大学,2011：78－81.

[5] 杨胜科,徐苑芝,王文科. 关中盆地地热资源开发利用对环境影响分析[C]//中国资源综合利用协会地温资源综合利用专业委员会. 2008 年地温资源与地源热泵技术应用论文集(第二集). 北京：地质出版社,2008：81－84.

[6] 孙红丽. 关中盆地地热资源赋存特征及成因模式研究[D]. 北京：中国地质大学(北京),2015.

[7] 闵望,喻永祥,陆燕,等. 苏北盆地地热资源评价与区划[J]. 上海国土资源,2015,36(3)：90－94,100.

[8] 王亚军. 基于三维地质建模的银川平原地热资源储量评价[D]. 北京：中国地质大学(北京),2014.

[9] 谌天德,常志勇,唐平辉. 新疆准噶尔盆地地热资源勘查开发利用条件分析[C]//中国地质学会. 第六届天山地质矿产资源学术讨论会论文集. 2008：87－91.

[10] 蔺文静,刘志明,王婉丽,等. 中国地热资源及其潜力评估[J]. 中国地质,2013,40(1)：312－321.

[11] 韩再生,郑克棪,宾德智. 我国地热资源中长期战略研讨(2020,2030,2050)[J]. 地热能,2009(1)：10－18.

[12] 陈墨香,汪集旸. 中国地热研究的回顾和展望[J]. 地球物理学报,1994,37(S1)：320－328.

[13] 郭森,马致远,李劲彬,等. 我国地热供暖的现状及展望[J]. 西北地质,2015,48(4)：204－209.

[14] 刘杰,宋美钰,田光辉. 天津地热资源开发利用现状及可持续开发利用建议[J]. 地质调查与研究,2012,35(1)：67－73.

[15] 田级生. 河北平原地热资源潜力巨大[J]. 河北地质矿产信息,2003(3):31-32.
[16] 赵阳,吕文斌,康琳,等. 河北省地热资源开发利用存在的问题及对策[J]. 地球,2016(12):471.
[17] 徐军祥,康凤新. 山东省地热资源[J]. 中国地质,1999(9):30-31.
[18] 高宗军,吴立进,曹红. 山东省地热资源及其开发利用[J]. 山东科技大学学报(自然科学版),2009,28(2):1-7.
[19] 任战利,陈玉林,李晓辉,等. 西安市地热资源可持续利用的回灌试验研究[C]//中国地球物理学会. 中国地球物理学会第二十七届年会论文集. 2011:215.
[20] 韩晓琴. 西安—咸阳地区地热资源综合开发利用规划研究[D]. 武汉:中国地质大学(武汉),2012.
[21] 王佟,王莹. 陕西渭河盆地地热资源赋存特征研究[J]. 西安科技学院学报,2004,24(1):82-85.
[22] 姜规模,吴群昌. 西安市地下热水资源可持续开发利用探讨[J]. 地质与资源,2009,18(3):210-213,236.
[23] 康凤新. 山东省地热清洁能源综合评价[M]. 北京:科学出版社,2018.
[24] 天津地热勘查开发设计院. 2016 年天津地热资源开发利用动态监测年报[R]. 天津:天津地热勘查开发设计院,2016.
[25] 马致远,豆惠萍. 西安市地下热水资源可持续开发利用的瓶颈问题研究[J]. 地下水,2011,33(1):41-43.
[26] 刘志涛. 德州市地质环境监测报告[R]. 德州:山东省鲁北地质工程勘察院,2016.
[27] Zarrouk S, Kaya E, O'sullivan M J . A review of worldwide experience of reinjection in geothermal fields[C]//Proceedings 28th NZ Geothermal Workshop. 2006.
[28] Diaz A R, Kaya E, Zarrouk S J. Reinjection in geothermal fields - A worldwide review update[C]//Proceedings World Geothermal Congress 2015. 2015.
[29] Seibt S, Wolfgramm M. Practical experience in the reinjection of thermalwaters into sandstone[C]//Presented at the Workshop for Decision Makers on Direct Heating Use of Geothermal Resources in Asia. 2008: 202-219.
[30] Martin M, Seibt A, Hoth P. Kerndurchströmungsversuche zur ermittlung von fluid-matrix-wechselwirkungen (unter besonderer berücksichtigung der kernauswahl und-vorbehandlung) [C]//Geothermische Vereinigung/Schweizerische Vereinigung für Geothermie. (Eds.), Geothermie-Energie der Zukunft, Proceedings 4th Geothermal Conference, Konstanz, Germany. 1996: 208-216.

[31] Kühn M, Vernoux J F, Kellner T, et al. Onsite experimental simulation of brine injection into a clastic reservoir as applied to geothermal exploitation in Germany[J]. Applied Geochemistry, 1998, 13 (4): 477 - 490.

[32] Seibt P, Kellner T. Practical experience in the reinjection of cooled thermal waters back into sandstone reservoirs[J]. Geothermics, 2003, 32(4): 733 - 741.

[33] Seibt A, Kabus F, Kellner T. Der thermalwasserkreislauf bei der erdwärmenutzung[J]. Geowissenschaften, 1997, 15 (8): 253 - 258.

[34] Castillo C, Kervévan C, Jacquemet N, et al. Assessing the geochemical impact of injection of cooled Triassic brines into the dogger aquifer (Paris basin, France): A 2D reactive transport modeling study proceedings [C]//Thirty-Sixth Workshop on Geothermal Reservoir Engineering. 2011.

[35] 赵季初. 鲁北砂岩热储地热尾水回灌试验研究[J]. 山东国土资源,2013(9): 23 - 30.

[36] Ungemach P. Reinjection of cooled geothermal brines into sandstone reservoirs[J]. Geothermics, 2003, 32(4): 743 - 761.

[37] Safari-Zanjani M, White C D, Hanor J S. Impacts of rock-brine interactions on sandstone properties in lower miocene sediments, southwest Louisiana[C]//Thirty-Eighth Workshop on Geothermal Reservoir Engineering. 2013: 1 - 8.

[38] 杜新强,冶雪艳,路莹,等. 地下水人工回灌堵塞问题研究进展[J]. 地球科学进展,2009,24(9): 973 - 980.

[39] 赵苏民,孙宝成,马忠平,等. 天津地区孔隙型回灌井井身结构与完井技术[C]//中国地质环境监测院,天津市国土资源局. 2009 年地温资源开发与地源热泵技术应用论坛论文集(第三集). 北京: 地质出版社,2009: 191 - 196.

[40] 赵季初. 成井工艺对砂岩热储地热尾水回灌的影响[J]. 地热能,2015(3): 11 - 14.

[41] Kang F X, Zhou Q D, Zhang P P, et al. Reinjection experiment for a sandstone aquifer in Pingyuan, China[C]//Proceedings World Geothermal Congress 2015. 2015.

[42] Lin L, Wang Y P, Sun Y X. The reinjection technology research and demonstration of Neogene Porous Guantao Reservoir in Binhai New Area, Tianjin [C]//Proceedings World Geothermal Congress 2015. 2015.

[43] Vail P R, Jr Mitchum R M, Todd R G, et al. Seismic stratigraphy and global changes of sea level[J]. See Payton, 1977: 49 - 212.

[44] Myers K J, Milton N J. Concepts and principles of sequence stratigraphy[M]. Sequence

Stratigraphy,1996.

[45] Vail P R, Audemard F, Bowman S. The stratigraphic signatures of tectonics, eustasy and sedimentology: Cycles and events in stratigraphy[J]. AAPG Berlin, 1991, 11(3): 617 - 659.

[46] Posamentier H W, Jervey M T, Vail P R. Eustatic controls on clastic deposition Ⅰ - conceptual framework[C]//Wilgus C K, Hastings B S, Kendall C G, et al. Sea level changes: An integrated approach. Vol. 42.[S.1.]: SEPM Special Publication, 1988: 109 - 124.

[47] Posamentier H W, Vail P R. Eustatic controls on clastic deposition Ⅱ - sequence and systems tract models[C]//Wilgus C K, Hastings B S, Kendall C G, et al. Sea level changes: An integrated approach. Vol. 42.[S.1.]: SEPM Special Publication, 1988: 125 - 154.

[48] Hunt D, Tucker M E. Stranded parasequences and the forced regressive wedge systems tract: Deposition during base-level fall-replay[J]. Sedimentary Geology, 1995, 95: 147 - 160.

[49] Hunt D, Tucker M E. Stranded parasequences and the forced regressive wedge systems tract: Deposition during base-level' fall[J]. Sedimentary Geology, 1992, 81: 1 - 9.

[50] Posamentier H W, Allen G P. Siliciclastic sequence stratigraphy: Concepts and applications[J]. SEPM Concepts in Sedimentology and Paleontology, 1999, 7: 210.

[51] 国景星. 济阳坳陷上第三系沉积体系研究[D]. 徐州:中国矿业大学,2002.

[52] 蔡雄飞,熊清华. 低水位体系域在地质学上的意义——以赣西北地区为例[J]. 江西地质,1999,13(3):168 - 171.

[53] 薛良清. 层序地层学研究现状、方法与前景[J]. 石油勘探与开发,1995,22(5):8 - 13.

[54] 国景星,王永诗. 济阳坳陷新近系层序地层及沉积体系[J]. 油气地质与采收率,2006,13(6):9 - 12.

[55] 王玉满,袁选俊,黄祖熹,等. 渤海湾盆地南堡凹陷新近系馆陶组沉积特征[J]. 古地理学报,2003,5(4):404 - 413.

[56] 张若祥,李建平,刘士磊,等. 渤海中部馆陶组层序地层特征及其底界研究[J]. 地层学杂志,2011,35(2):147 - 154.

[57] 吴丽艳,樊太亮,张淑品,等. 济阳坳陷上第三系层序地层及沉积体系研究[J]. 石油天然气学报(江汉石油学院学报),2005,27(3):15 - 17.

[58] 田美荣. 东营凹陷新近系馆陶组层序地层格架[J]. 油气地质与采收率,2010,17

(2):1-3.

[59] 杨帅,陈洪德,侯明才,等. 基于地震沉积学方法的沉积相研究:以涠西南凹陷涠洲组三段为例[J]. 沉积学报,2014,32(3):568-575.

[60] Schumm S A. A tentative classification of alluvial river channels[M]. United States: Geological Survey Circular 477, 1963: 477.

[61] Schumm S A. The fluvial system[M]. New York: John Wiley & Sons, 1977: 338.

[62] Galloway W E. Catahoula formation of the texas coastal plain: Depositional systems, composition, structural development, ground-water flow history, and uranium distribution[C]. Austin: University of Texas, 1977: 59.

[63] 高白水,金振奎,李燕,等. 河流决口扇沉积模式及演化规律:以信江府前村决口扇为例[J]. 石油学报,2015,36(5):564-572.

[64] 邓宏文,王洪亮,李小孟. 高分辨率层序地层对比在河流相中的应用[J]. 石油与天然气地质,1997,18(2):90-95,114.

[65] 刘刚. 沾化凹陷垦西地区新近系馆陶组沉积微相研究[J]. 地球学报,2011,32(6):739-746.

[66] 戴启德,狄明信,国景星,等. 济阳坳陷上第三系沉积相研究[J]. 地质论评,1994,40(S1):8-18.

[67] Folk R L. Petrology of sedimentary rocks: Austin[J]. Hemphill Publishing Company, 1968: 150.

[68] 黄鹂. 砂岩分类三角图规范化编辑加工探讨[J]. 长江大学学报(自然科学版),2013,10(14):106-108.

[69] 国家能源局. 岩石孔隙结构特征的测定 图像分析法: SY/T 6103—2019[S]. 北京:石油工业出版社,2020.

[70]《工程地质手册》编委会. 工程地质手册[M]. 4版. 北京:中国建筑工业出版社,2007:20-21.

[71] 李阳,李双应,岳书仓,等. 胜利油田孤岛油区馆陶组上段沉积结构单元[J]. 地质科学,2002,37(2):219-230.

[72] Passega R, Byramjee R. Grain-size image of clastic deposits[J]. Sedimentology, 1969, 13(3/4): 233-252.

[73] 冯增昭. 沉积岩石学(上册)[M]. 2版. 北京:石油工业出版社,1993:69-197.

[74] 冯增昭. 沉积岩石学(下册)[M]. 2版. 北京:石油工业出版社,1993:74-100.

[75] Wright V P, Marriott S B. The sequence stratigraphy of fluvial depostional systems the role of floodplain sediment storage[J]. Sedimentary Geology, 1993, 86: 203-210.

[76] 张周良. 河流相地层的层序地层学与河流类型[J]. 地质论评,1996,42(S1):188-193.

[77] Smith D G, Smith N D. Sedimentation in anastomosed river systems: Examples from alluvial valleys near Banff, Alberta[J]. J Sed Petrol, 1990, 50(1): 157-164.

[78] Scherer M,王晓苹,赵建章. 影响砂岩孔隙度的参数:一种预测砂岩孔隙度的模型[J]. 国外油气勘探,1989(2): 57-65.

[79] Schmoker J W, Gautier D L. 砂岩孔隙度与热成熟度的函数关系[J]. 李维安,刘晓阳,译. 地质科学译丛,1989,6(4): 61-65.

[80] Houseknecht D W. 压实作用和胶结作用对砂岩孔隙度降低之相对重要性的评估[J]. 星子,译. 海洋地质译丛,1988(5): 53-60.

[81] 姚秀云,张凤莲,赵鸿儒. 岩石物性综合测定:砂、泥岩孔隙度与深度及渗透率关系的定量研究[J]. 石油地球物理勘探,1989,24(5): 533-541.

[82] 王永兴,刘玉洁,卢宏,等. 高孔隙度砂岩储层中砂体成因类型、孔隙结构与渗透率的关系[J]. 大庆石油学院学报,1997,21(1): 12-16.

[83] 薛定谔 A E. 多孔介质中的渗流物理[M]. 王鸿勋,译. 北京:石油工业出版社,1982: 141-163.

[84] Jorgensen D G. Estimating permeability in water-saturating formations[J]. Log Analyst, 1988, 29(6): 401-409.

[85] 张金钟. 利用测井资料估算渗透率的经验公式及其物理背景分析[J]. 西安石油学院学报(自然科学版),1991(1): 16-20.

[86] 韩双,潘保芝. 孔隙储层胶结指数 m 的确定方法及影响因素[J]. 油气地球物理,2010,8(1): 43-47.

[87] 中华人民共和国国家质量监督检验检疫总局,中国国家标准化管理委员会. 地热资源地质勘查规范: GB/T 11615—2010[S]. 北京:中国标准出版社,2010.

[88] 油气田开发专业标准化委员会. 油藏分类: SY/T 6169—1995[S]. 北京:石油工业出版社,1995.

[89] Axelsson G, Bjornsson G, Flovenz O G, et al. Injection experiments in low temperature geothermal areas in Iceland [C]//Florence: Proceedings of the World Geothermal Congress 1995. 1995: 1991-1996.

[90] Axelsson G, Flovenz O, Hauksdottir S, et al. Analysis of tracer test data, and injection-induced cooling, in the Laugaland geothermal field, N-Iceland [J]. Geothermics, 2001, 30(6): 697-725.

[91] Seibt P, Wolfgramm M. Pratical experience in the reinjection of thermal waters into

sandstone[C]//Presented at the Workshop for Decision Makers on Direct Heating Use of Geothermal Resources in Asia. 2008.

[92] 赵娜. 天津孔隙型储层地热地质特征及回灌井完井工艺研究[D]. 北京：中国地质大学(北京),2014.

[93] 沈健,王连成,赵艳婷. 砂岩孔隙型回灌井成井工艺探析：以天津市滨海新区馆陶组热储为例[J]. 中国房地产(学术版),2016(21)：75－80.

[94] 胡伟伟. 地压型热储回灌堵塞机理及其防治研究：以咸阳城区为例[D]. 西安：长安大学,2012.

[95] 林建旺,赵苏民. 天津地区馆陶组热储回灌量衰减原因探讨[J]. 水文地质工程地质,2010,37(5)：133－136.

[96] 王连成. 天津市新近系馆陶组地热流体回灌研究[D]. 北京：中国地质大学(北京),2014.

[97] 沈健,边宗斌,武佩良. 射孔技术在天津市滨海新区馆陶组热储层回灌工程中的应用[C]//中国科学技术协会,中国地质学会. 地热能开发利用与低碳经济研讨会：第十三届中国科协年会第十四分会场论文集.2011：188－192.

[98] 高宝珠,曾梅香. 地热对井运行系统中回灌井堵塞原因浅析及预防措施[J]. 水文地质工程地质,2007(2)：75－80.

[99] 张远东,魏加华. 冰岛 Laugaland 地热田示踪试验与回灌温度模拟[J]. 中国科学院研究生院学报,2005(6)：761－766.

[100] 吕灿. 超深层孔隙型热储地热尾水回灌堵塞机理[J]. 城市建设理论研究(电子版),2017(26)：180.

[101] 雷海燕,朱家玲. 孔隙型地热采灌开发方案的数值模拟研究[J]. 太阳能学报,2010,31(12)：1633－1638.

[102] 徐国芳,马致远,周鑫,等. 地压型热储流体尾水回灌化学堵塞机理研究：以咸阳回灌一号井为例[J]. 工程勘察,2013,41(7)：40－44,49.

[103] 郑磊,马致远,郑会菊,等. 西安与咸阳孔隙型热储尾水回灌堵塞机理对比[J]. 水资源保护,2015,31(3)：40－45.

[104] 高宗军,郭加朋,李哲,等. 东营市城区地热储人工回灌条件及分区研究[J]. 地水,2009,31(5)：4－8.

[105] 李元杰. 地热回灌示踪技术及热储模拟实验研究[D]. 北京：中国地质科学院,2010.

[106] 冯红喜,阴文行. 地热回灌防腐过滤器及配套技术试验[J]. 探矿工程(岩土钻掘工程),2012,39(2)：18－21.

[107] 何满潮,刘斌,姚磊华,等. 地下热水回灌过程中渗透系数研究[J]. 吉林大学学报(地球科学版),2002(4):374-377.
[108] 庞菊梅,王树芳,孙彩霞,等. 雄县地热田示踪试验的解释及分析[J]. 城市地质,2011,6(2):12-17.
[109] 徐胜强,陆斌,崔世波,等. 咸阳地热 WH1 井砂岩地层回灌试验研究与应用[J]. 探矿工程(岩土钻掘工程),2014,41(7):7-11.
[110] 李新国,赵军. 武清地热热储数值模拟[J]. 天津大学学报(英文版),2001,7(3):197-201.
[111] 王仁忠. 成井工艺对砂岩热储地热尾水回灌的影响[J]. 城市建设理论研究(电子版),2017(26):173.
[112] 朱红丽,刘小满,杨芳,等. 开封市深层地热水回灌试验分析与研究[J]. 河南理工大学学报(自然科学版),2011,30(2):215-219.
[113] 徐巍. 北京小汤山地区地热回灌关键问题的初步研究[D]. 长春:吉林大学,2016.
[114] 程万庆,刘九龙,陈海波. 地热采灌对井回灌温度场的模拟研究[J]. 世界地质,2011,30(3):486-492.
[115] 曾梅香,李会娟,石建军,等. 新近系热储层回灌井钻探工艺探索[J]. 地质与勘探,2007(2):88-92.
[116] 王明育,马捷,郝振良. 地下含水层热储井位置选择和布置[J]. 成都理工大学学报(自然科学版),2005(1):12-16.
[117] 何满潮,刘斌,姚磊华,等. 地热水对井回灌渗流场理论研究[J]. 中国矿业大学学报,2004(3):245-248.
[118] 林建旺,刘小满,高宝珠,等. 天津地热回灌试验分析及存在问题[J]. 河南理工大学学报(自然科学版),2006(3):200-204.
[119] 刘雪玲,朱家玲. 新近系砂岩地热回灌堵塞问题的探讨[J]. 水文地质工程地质,2009,36(5):138-141.
[120] 王光辉,赵娜,赵苏民,等. 天津地区新近系地热回灌井不同完井工艺应用效果对比[J]. 地质找矿论丛,2013,28(3):481-485.
[121] 闫文中,穆根胥,刘建强. 陕西渭河盆地关中城市群地热尾水回灌试验研究[J]. 上海国土资源,2014,35(2):32-35.
[122] 陈建兵,张斌. 西安三桥地区地热回灌井数值模拟研究[J]. 地下水,2017,39(2):21-23,69.
[123] 朱家玲,朱晓明,雷海燕. 地热回灌井间压差补偿对回灌效率影响的分析[J]. 太

阳能学报,2012,33(1):56-62.
[124] 江国胜,王光辉,赵娜,等. 滨海新区西部馆陶组回灌井填砾成井工艺的应用分析[J]. 地质调查与研究,2014,37(2):149-154.
[125] 白铁珊. 对低温热储实施回灌的探讨:以北京城区地热田为例[C]//中国能源研究会. 北京地热国际研讨会论文集.2002:3.
[126] 吴继强,张纪哲,李晓辉,等. 西安市城区地热水人工加压回灌试验研究[J]. 水资源与水工程学报,2014,25(5):215-218.
[127] 马忠平,王艳宏,沈健,等. 天津馆陶组地热回灌井钻井和射孔工艺探讨[J]. 探矿工程(岩土钻掘工程),2014,41(8):36-39.
[128] 高志娟,李铎,李书恒. 天津市大港区地热井回灌模式探讨[J]. 人民长江,2012,43(1):22-24,41.
[129] 梁静,郭全成. 河南新乡地热回灌试验及可行性分析[J]. 黄河水利职业技术学院学报,2016,28(3):38-41.
[130] 王贵玲,张发旺,刘志明. 国内外地热能开发利用现状及前景分析[J]. 地球学报,2000,21(2):134-139.
[131] 王彦俊,刘桂仪,胡松涛. 鲁北地区地热资源区划分研究[J]. 地质调查与研究,2008,31(3):270-277.
[132] 曾铁军. 深层地热水井钻探工艺[J]. 煤田地质与勘探,2000,28(1):60-64.
[133] 吴泉源. 聊城地区地热地质条件浅析及钻井设计建议[J]. 山东师大学报(自然科学版),1999,14(4):409-413.
[134] 谭志容. 东营市城区馆陶组热储回灌性能分析[J]. 山东国土资源,2010,26(8):13-17.
[135] 王光辉,赵娜,唐永香,等. 孔隙型地热资源回灌模式研究:以天津市滨海新区为例[J]. 地质调查与研究,2014,37(2):155-160.
[136] 刘善军. 山东地下热水资源的形成与开发前景[J]. 山东地质,1997,13(2):48-53.
[137] 朱继东,李铁良. 北工大分层回灌分层回扬地热井成井工艺[J]. 探矿工程,2003,30(3):48-50.
[138] 何满潮,刘斌,姚磊华,等. 地热单井回灌渗流场理论研究[J]. 太阳能学报,2003,24(2):197-201.
[139] 彭新明,张勇,赵立新. 北京地区地热井钻探工艺发展[J]. 探矿工程(岩土钻掘工程),2004,31(8):56-59.
[140] 贾志,张芬娜,杨忠彦,等. 射孔技术在孔隙型地热回灌井中的应用[J]. 地下水,

2015,37(2):106－109.
[141] 张勇,黄群英,肖作学. 填砾工艺在地浸钻孔施工中的应用[J]. 铀矿冶,2009,28(3):113－116.
[142] 孙彩霞,李海奎,王树芳,等. 地热尾水回灌及示踪试验在雄县地热项目中的应用[J]. 地热能,2012(3):5－10.
[143] 龚育龄,王良书,刘绍文,等. 济阳坳陷地幔热流和深部温度[J]. 地球科学(中国地质大学学报),2005,30(1):121－128.
[144] 赵光贞. 山东地区地热井钻井工艺技术[J]. 探矿工程(岩土钻掘工程),2006,33(6):43－45.
[145] 龙高峡,刘江涛,康清普. 第三系热储地热井地热尾水回灌试验研究[J]. 河北地质,2012(1):34－36.
[146] 杨永红,马正孔,单联生,等. 碎屑岩孔隙型热储地热尾水高效回灌思路探讨[J]. 中国石油大学胜利学院学报,2020,34(2):1－4.
[147] 常明. 地热回灌井回灌效果降低原因分析及解决办法[J]. 石化技术,2016,23(9):263.
[148] 马致远,侯晨,席临平,等. 超深层孔隙型热储地热尾水回灌堵塞机理[J]. 水文地质工程地质,2013,40(5):133－139.
[149] 刘志涛,刘帅,宋伟华,等. 鲁北地区砂岩热储地热尾水回灌地温场变化特征分析[J]. 地质学报,2019,93(S1):149－157.
[150] 王学鹏,刘欢,蒋书杰,等. 沉积盆地砂岩热储回灌试验研究:以山东禹城市为例[J]. 地质论评,2020,66(2):485－492.
[151] 秦耀军,张平平. 山东省砂岩热储地热资源开发利用模式探讨[J]. 山东国土资源,2018,34(10):93－98.
[152] 云钏,汤勇,陈国富,等. 黄骅市新近系砂岩热储回灌能力分析[J]. 中国高新区,2017(11):114－115.
[153] 沈健,王连成,赵艳婷. 天津市中心城区老旧地热回灌系统技术改造方法探析[J]. 地质调查与研究,2016,39(2):153－156.
[154] 丁锡峰. 市政工程道路排水管道施工技术分析[J]. 工程技术研究,2019,4(21):101－102.
[155] 刘泽,张翼龙,李潇瀚,等. 人工回灌条件下回灌水水量及水质对地下水化学特征的影响[J]. 干旱区资源与环境,2020,34(10):171－178.
[156] 李璐,卢文喜,杜新强,等. 人工回灌过程中含水层堵塞试验研究[J]. 人民黄河,2010,32(6):77－78.

[157] 周世海,杨询昌,梁伟,等. 德州市城区地热水人工回灌试验研究[J]. 山东国土资源,2007,23(9):11-14.
[158] 王磊. 污水压力深隧内衬连续缠绕玻璃钢管结构的设计和优化[J]. 福建建设科技,2020(4):24-27.
[159] 高伟胜. 给排水工程常用塑料管道应用及施工质量研究[J]. 建筑工人,2020,41(11):40-44.
[160] 杜东照,胡学俊,贾彩艳,等. 玻璃钢夹砂管道在新沂市尾水导流工程中的质量控制[J]. 江苏水利,2020(6):70-72.
[161] 宋亚非. 板式换热器的选型及应用[J]. 科技创新导报,2019,16(28):54-55.
[162] 王建,王丽娟,王伟,等. 旋流过滤器除砂效果实验模拟研究[J]. 内蒙古石油化工,2019,45(5):121-124.
[163] 李义曼,庞忠和. 地热系统碳酸钙垢形成原因及定量化评价[J]. 新能源进展,2018,4(6):274-281.
[164] 戴群,王聪,罗杨,等. 砂岩地热储层回灌堵塞机理研究及治理对策[J]. 精细石油化工进展,2017,18(6):10-13.
[165] 河北省质量技术监督局. 地热回灌运行操作规程:DB13/T 2553—2017[S]. 2017.
[166] 何满潮,李春华,朱家玲,等. 中国中低焓地热工程技术[M]. 北京:科学出版社,2004:241-242.
[167] 刘久荣. 地热回灌的发展现状[J]. 水文地质工程地质,2003,30(3):100-104.
[168] 阮传侠,冯树友,沈健,等. 天津滨海新区地热资源循环利用研究:馆陶组热储回灌技术研究与示范[J]. 地质力学学报,2017,23(3):498-506.
[169] 天津市国土资源和房屋管理局. 天津市地热回灌运行操作规程(试行)[Z]. 2006.
[170] 武晓峰,唐杰. 地下水人工回灌与再利用[J]. 工程勘察,1998(4):37-39,42.
[171] 张平平,张东生,刘胜利,等. 商河县馆陶组热储地热尾水回灌可行性研究[J]. 山东省国土资源,2015,31(8):50-53.
[172] 张新文,胡彩萍,胡松涛,等. 东营市中心城区地热田地热回灌可行性分析[J]. 山东国土资源,2009,25(8):17-20.
[173] 周鑫. 沉积盆地孔隙型地下热水回灌堵塞机理研究:以西安三桥地热尾水回灌井为例[D]. 西安:长安大学,2013.
[174] 云智汉,马致远,周鑫,等. 碳酸盐结垢对中低温地热流体回灌的影响:以咸阳地热田为例[J]. 地下水,2014,36(2):31-33.

[175] 王兴. 地下热水生产井与回灌井间距及其影响因素[J]. 地下水,2005,27(2):116－117,120.

[176] 张平平,王秀芹. 回灌水温对砂岩热储回灌效果的影响分析:以德州市地热田馆陶组热储为例[J]. 山东国土资源,2015,31(6):64－67.

[177] 张春志,李朋,张秋锋. 鲁东构造型地热田回灌过程中压力对回灌量的影响研究:以威海市宝泉汤为例[J]. 山东国土资源,2015,31(2):16－18,23.

[178] 王连成,沈健,宋美钰. 地热流体回灌对温度场的影响分析[C]//中国科学技术协会,中国地质学会. 第十三届中国科协年会第十四分会场:地热能开发利用与低碳经济研讨会论文集.2011:141－147.

[179] 林黎,王连成,赵苏民,等. 天津地区孔隙型热储层地热流体回灌影响因素探讨[J]. 水文地质工程地质,2008,35(6):125－128.

[180] 杜晓宇,车昕昊,王天慧. 回灌井管材及铁锰离子对地下水源热泵回灌影响试验[J]. 供水技术,2018,12(2):17－20.

[181] 潘俊,宋佳蓉,王昭怡,等. 硫酸盐还原菌和铁细菌对回灌堵塞影响的试验研究[J]. 水文地质工程地质,2018,45(4):31－36.

[182] 夏璐. 人工回灌含水层微生物堵塞机理与控制技术研究[D]. 青岛:中国海洋大学,2015.

[183] 单蓓蓓. 含水层物理堵塞的回灌试验与数值模拟[D]. 青岛:中国海洋大学,2013.

[184] 云智汉. 深层孔隙型热储地热尾水回灌堵塞机理及示踪技术研究:以咸阳回灌二号井为例[D]. 西安:长安大学,2014.

[185] 张德忠,马云青,苏永强. 河北平原地热流体可采量计算方法及岩溶热储分布规律研究[J]. 中国地质调查,2018,5(2):78－85.

[186] 张中祥,韩建江,徐健,等. 沉积盆地型层状热储可采资源量计算方法探索[J]. 水文地质工程地质,2005,32(1):73－77.

[187] 李宜程. 山东省中深层地热资源开发潜力分区评价[D]. 济南:山东建筑大学,2016.

[188] 谭志容,高宗军,赵季初. 基于 Modflow 软件的德州市城区馆陶组热储数值模拟研究[J]. 地下水,2017,39(3):19－21,29.

[189] 刘志明,梁继运,刘春雷. 地热回灌条件下流体可采量评价方法[J]. 地下水,2016,38(2):61－63.

[190] 赵志宏,刘桂宏,谭现锋,等. 基于等效渗流通道模型的地热尾水回灌理论模型[J]. 水文地质工程地质,2017,44(3):158－164.

[191] 刘志明,王贵玲,蔺文静. 地热回灌条件下单井开采权益保护半径的计算[J]. 地下水,2014,36(6):72,75.

[192] 王贵玲,刘志明,刘庆宣,等. 西安地热田地热弃水回灌数值模拟研究[J]. 地球学报,2002,23(2):183-188.

[193] 杨询昌,王成明,冯守涛,等. 德州市城区地热水动态与开采量关系[J]. 山东国土资源,2011,27(7):25-28.

[194] 徐军祥. 山东省地热资源[M]. 北京:地质出版社,2014.

[195] 李征. 地下水开采量计算方法概述[J]. 海河水利,2014(1):34-36,46.

索 引

J

K

L

M

P

Q

R

S

T

Z